FULDA — GINSBERG

TONERDE UND ALUMINIUM

I. Teil

TONERDE UND ALUMINIUM

ERGEBNISSE UND ERFAHRUNGEN AUS DER BETRIEBSPRAXIS

1920—1950

VON

WILHELM FULDA † und HANS GINSBERG

DR. PHIL. DR.-ING. HABIL.

I. TEIL

DIE TONERDE

Mit 50 Abbildungen, 1 Tafel und 66 Tabellen

1951

WALTER DE GRUYTER & CO.

vormals G. J. Göschen'sche Verlagshandlung, J. Guttentag, Verlagsbuchhandlung, Georg Reimer, Karl J. Trübner, Veit & Comp.

BERLIN W 35

Unser Titelbild zeigt einen Ausschnitt aus dem Kalzinierbetrieb einer Tonerde-Fabrik

vormals G. J. Göschen'sche Verlagshandlung — J. Guttentag, Verlagsbuchhandlung
Georg Reimer — Karl J. Trübner — Veit & Comp.
Berlin W 35
Archiv Nr. 528951 Printed in Germany
Satz: Walter de Gruyter & Co., Berlin W 35
Druck: H. Wendt G. m. b. H., Berlin W 35

Inhalt

Vorwort

Die Tonerdeindustrie als Erzeugerin des Vorstoffes für die Aluminiumhütte hat in Deutschland, bedingt durch die Zeitverhältnisse vor und während der beiden Weltkriege, ihre eigene Entwicklung genommen. Diese gab den Anlaß zu einer Berichterstattung aus der Praxis, von der der erste Teil zum Thema „Tonerde und Aluminium" hiermit der Fachwelt übergeben werden soll.

Die vorliegende Arbeit will kein Lehrbuch im engeren Sinne sein. Sie will beim Studium möglichst getreu die Entwicklung unserer Betriebe miterleben lassen, einzelne Etappen, die heute nur noch historisches Interesse haben, festhalten, darüber hinaus aber auch zur weiteren Forschung anregen.

Es ist beklagenswert, daß es Herrn Dr. Wilhelm Fulda als Mitberichterstatter nicht mehr vergönnt war, seine Arbeit, die er auf Anregung des Unterzeichneten mit soviel Freude und Eifer aufgegriffen hat, abzuschließen. Herr Fulda starb am 25. 9. 1950 im Alter von fast 71 Jahren.

Bonn, im Februar 1951.

H. Ginsberg

EINFÜHRUNG

Eine recht umfangreiche Literatur über die Tonerde-[1]) und Aluminium-Produktion besteht bereits. Sie umfaßt Berichte über die technischen Arbeitsgänge in ihren allgemeinen Grundzügen und auch einzelne wissenschaftliche Abhandlungen spezieller Fragen dieses Fachgebietes. Doch fehlt bisher eine Zusammenfassung praktischer Betriebsergebnisse in ausführlicher Darstellung.

So wurden die Verfasser aus dem Kreise ihrer Kollegen in der Betriebspraxis und an der Hochschule immer wieder nach den im Betrieb gewonnenen Erfahrungen und den für die Weiterentwicklung der Arbeitsgänge vordringlichen wissenschaftlichen Problemen angesprochen.

Dies wird verständlich, wenn man berücksichtigt, daß unsere Industrie erst während der letzten drei Jahrzehnte aus kleinen Anfängen zu einer wirklichen Großindustrie herangewachsen ist und mit ihren Betriebserfahrungen aus leicht begreiflichen Gründen zunächst zurückgehalten hat.

Deutschland hatte Ende der dreißiger Jahre eine sehr moderne Tonerde- und Aluminium-Industrie. Man bedenke, daß im Jahre 1920 die Aluminium-Produktion Deutschlands nur rund 14000 t betrug, 1939 dagegen 200000 t. Die entsprechenden Weltproduktionen lagen um rund 128000 t im Jahre 1920 und 600000 t im Jahre 1939. Während dieser zwei Jahrzehnte war Deutschland also ganz beachtlich an der Ausweitung der Aluminium-Industrie beteiligt. Während des zweiten Weltkrieges verschoben sich die Verhältnisse infolge der enormen Anstrengungen der USA und Kanadas. Die Produktionszahlen erreichten 1943 in Deutschland rund 260000 t, in der Welt dagegen rund 1800000 t[2]).

Der Kreis von Fachleuten, die einen Gesamtüberblick über die doch recht stattliche Reihe von Einzelprozessen auf dem Wege vom „Erz" zum „Hütten-Aluminium" bekommen haben, ist verhältnismäßig klein. Um so wünschenswerter erscheint es daher, daß nunmehr, nachdem die Prozesse eine gewisse Reife erreicht haben und in Deutschland die ganze Entwicklung mit Abschluß des Krieges einen jähen Einschnitt erfahren hat, bisherige Ergebnisse gesammelt werden, als Beitrag zur Geschichte einer bedeutenden Entwicklungsperiode unseres Industriezweiges, vor allem aber auch als Anknüpfungspunkt für weitere Forschungsarbeit.

Im Gegensatz zu der bereits vorliegenden Buchliteratur möchte daher diese Arbeit einen ausführlichen Bericht über Erfahrungen im Betrieb bringen und sich dabei vorzugsweise auf diejenigen der Verfasser und ihrer unmittelbaren Mitarbeiter stützen.

---

[1]) Mit der Bezeichnung Tonerde ist hier stets gemäß den Gepflogenheiten des fachlichen Sprachgebrauches der Chemie reines Aluminiumoxyd gemeint.

[2]) Genauere Angaben vgl. Teil II, „Aluminium".

Einführung

Man sollte annehmen, daß ein Verfahren, an dem über Jahrzehnte lang gefeilt worden ist, einen letzten Stand erreicht hat. Interessanter- und erfreulicherweise haben aber gerade die Jahre nach dem zweiten Weltkrieg besonders deutlich gezeigt, wie selbst so ausgeklügelte Arbeitsgänge wie die hier behandelten noch entwicklungs- und an neue Verhältnisse anpassungsfähig sind.

Es wird daher Wert darauf gelegt, nicht nur den letzten Stand des Verfahrens zu schildern, sondern einen möglichst umfassenden Überblick über die Entwicklungsstufen der einzelnen Arbeitsgänge während der letzten dreißig Jahre zu geben.

Von Verfahren, die in der Literatur erwähnt oder durch mündliche Mitteilung zur Kenntnis der Verfasser gekommen sind, werden nur die behandelt, die eine praktische Bedeutung erlangt haben oder in größeren Anlagen ausprobiert sind. In diesem Falle wird auf die Quelle ausdrücklich hingewiesen, während sonst Erfahrungen der Verfasser zugrunde liegen.

Besonderer Wert wird auch auf die Besprechung der benutzten Apparate und Maschinen gelegt. Diese werden nicht im einzelnen beschrieben, da sie bekannt und an anderen Stellen der Literatur behandelt sind. Berichtet wird lediglich, wie die Maschinen und Apparate sich im Rahmen des betreffenden Fabrikationsganges bewährt haben, welche Änderungen durchgeführt wurden bzw. für die Zukunft empfohlen werden oder auch nur an welcher Stelle des Fabrikationsganges sie mit Erfolg eingefügt werden konnten.

Unsere Erfahrungen wurden in den Werken der Vereinigte Aluminium-Werke A.G. (abgekürzt VAW) gesammelt. Nur dadurch, daß die VAW uns gestattete, diese zu veröffentlichen, war uns die nachfolgende Berichterstattung möglich, wofür wir an dieser Stelle nochmals besonders danken möchten.

Verwertet sind Arbeiten zahlreicher Mitarbeiter, die wir leider nicht alle mit Namen aufführen können, denen wir aber an dieser Stelle herzlichst danken. Es sollen hier nur einige unserer Mitarbeiter namentlich genannt werden, die sich besonders bei Entwicklungsarbeiten verdient gemacht haben:

Herr Dr. G. Bauermeister (†),
Herr Dr. G. Holder,
Frl. Dr. M. Stäsche,
Herr Dr. R. Wittig,
Herr Dr. Fr. W. Wrigge.

Danken möchten wir auch Herrn Dr. G. Schumann, Lünen, für die Neuberechnung der Mengenumläufe, Herrn Dr. H. Bode, Grevenbroich, für einige Beiträge zu den „chemischen Grundlagen", Frl. Maja Gieseler und Frau Elly Diener, geb. Gilbert, für die umfangreichen schriftlichen Arbeiten. Die Erstgenannten haben sich freundlicherweise auch für das Korrekturlesen zur Verfügung gestellt. Die zeichnerischen Vorarbeiten erledigte stud. chem. Alfred Ginsberg.

Wir hoffen, daß die Absichten, die bei der Abfassung des vorliegenden Buches richtungweisend waren, erreicht werden, nicht zuletzt zum Nutzen der jüngeren Fachkollegen.

A. Die Aufschlußverfahren für Bauxite

I. Der Rohstoff

1. Allgemeines zur Entstehungsgeschichte der Bauxite

Der Bauxit ist ein Gemenge von meist wasserhaltigen Sauerstoffverbindungen des Aluminiums, Eisens, Siliciums, Titans und einer Reihe anderer Stoffe von untergeordneter Bedeutung, die im Bauxit vorkommen. Die ersten Proben Bauxit, die näher untersucht wurden, stammten aus südfranzösischen Lägern[1]). Von dem kleinen Ort Les Beaux ist der Name hergeleitet. Berthier war der Auffassung, daß es sich dabei in der Hauptsache um ein Mineral der Formel $Al_2O_3 \cdot 2H_2O$ handele. Erst in neuerer Zeit haben Röntgenuntersuchungen erwiesen, daß diese Verbindung nicht existiert bzw. nicht nachzuweisen ist.

Während die südfranzösischen „Bauxite" und auch die Mittelmeer-„Bauxite" geologisch in Carbonatgestein, besonders in Kalkgebirge eingelagert sind, entstanden andere Tonerdehydratgesteine, namentlich die der Tropen, aber z. B. auch die am Vogelsberg vorkommenden, durch Verwitterung von Silikatgestein. Auch auf diese hat man die Bezeichnung Bauxit ausgedehnt. Bauxit ist also keine eindeutige Mineralbezeichnung, sondern ein Sammelbegriff für Tonerdehydratgesteine verschiedenster geologischer Herkunft geworden.

In Europa werden meist Bauxite verarbeitet, die aus Kalkgebirgen entstanden sind, in Amerika und Japan solche, die von Silikatgesteinen zurückblieben.

Die Gesamtmenge der nachgewiesenen Bauxitvorkommen ist sehr beträchtlich. Im ganzen werden die nachgewiesenen Bauxitvorkommen auf über 1000 Millionen Tonnen geschätzt. Sie reichen, soweit sich heute übersehen läßt, für mehrere hundert Jahre. Doch sind an den alten Fundstätten (Frankreich) die Bauxite mit niedrigem SiO_2-Gehalt schon seltener geworden.

Die Entstehung des Bauxites aus Kalkgebirgen kann man sich so vorstellen, daß durch Regenwasser vorzugsweise der Kalk allmählich gelöst und entfernt wurde. In früheren Zeitaltern der Erde war der Gehalt der Luft an Kohlensäure wahrscheinlich sehr viel höher als heute, infolgedessen war auch im Regenwasser mehr Kohlensäure und dieses Wasser also angriffsfreudiger auf den Kalkstein als die heutigen Regenwässer. Außer dem Kalk wurde auch die Kieselsäure, die im Kalkgebirge als Ton vorhanden ist, größtenteils mitgelöst. Es blieben die Oxyde des Aluminiums Eisens, Titans und etwas Kieselsäure in Form von Ton sowie andere unbedeutende Substanzreste zurück. Der gesamte Rückstand wurde dann von dem Wasser me-

[1]) Der eigentliche Bauxitbergbau begann 1873 in Villeveyrac (Hérault) in Südfrankreich.

chanisch fortgeführt und sammelte sich an Stellen, an denen sich die Wasser wieder beruhigten. Zuweilen scheint die Umwandlung noch weiter gegangen zu sein, wie man aus den Vorkommen in Istrien sieht. Hier findet man Ablagerungen, sogenannte Dolinen, die teils aus Bauxit, teils nur noch aus Eisenoxyd bestehen.

Die Verwitterung der silikathaltigen Urgesteine in den Tropen hat man sich entsprechend vorzustellen. Es müssen hier hauptsächlich Alkalien und Kieselsäure gelöst worden sein. Die Lösung der Alkalien erfolgte offenbar relativ leicht, die der Kieselsäure viel schwieriger und nur unter Bedingungen, wie sie in tropischem Klima möglich sind. In den gemäßigten Zonen wurden die Urgesteine nur bis zum Kaolinit ($Al_2O_3 \cdot 2\,SiO_2 \cdot 2\,H_2O$) abgebaut, der deshalb in Deutschland als Ton oder Kaolin den verbreitetsten Tonerdeträger[1]) darstellt. Zur Zeit der Basalt-Erosion im Vogelsberg herrschte in Deutschland tropisches Klima.

Die Form, in der sich das Aluminiumoxyd bei der Erosion der Kalksteine und Silikatgesteine zunächst ausscheidet, ist wohl amorphes Aluminium-Hydroxydgel. Dieses Gel altert, wie man vielfach nachgewiesen hat, und es entstehen kristallisierte Produkte mit typischen Röntgendiagrammen. Sicher nachgewiesen sind zwei Reihen von Aluminium-Oxyden und -Hydroxyden:

Eine α-Reihe mit dem Diaspor ($Al_2O_3 \cdot 1\,H_2O$) und Korund (Al_2O_3) und eine γ-Reihe mit dem Hydrargillit ($Al_2O_3 \cdot 3\,H_2O$), dem unbeständigen Bayerit von derselben Zusammensetzung, ferner dem Böhmit ($Al_2O_3 \cdot 1\,H_2O$) und dem γ-Al_2O_3. Eine Verbindung $Al_2O_3 \cdot 2\,H_2O$ ist — wie bereits erwähnt — bisher nicht nachgewiesen. Sieht man von dem Diaspor ab, so ist bei normalem Druck und normaler Temperatur das beständigste Aluminium-Hydroxyd das $Al_2O_3 \cdot 3\,H_2O$ (Hydrargillit). Aus künstlich hergestellten Aluminium-Hydroxyd-Gelen entsteht immer das Trihydrat meist als Hydrargillit, unter besonderen Verhältnissen auch als Bayerit. Erst bei erhöhter Temperatur entsteht in übersättigter Aluminatlauge als Bodenkörper Böhmit. Man hat keine Veranlassung anzunehmen, daß es in der Natur anders sein sollte. Man weiß überdies, daß der in den Tropen aus Silikatgestein entstehende Bauxit ein Trihydrat (Hydrargillit) ist.

Merkwürdig ist nur, daß in der Natur noch andere Aluminium-Hydrate mit weniger Hydratwasser vorkommen (Böhmit und Diaspor). Es ist nicht anzunehmen, daß bei der Entstehung des Bauxits Temperaturen von 100^0 und darüber bestanden haben. Die wahrscheinlichste Erklärung ist folgende: Der Bauxit ist nach seiner Bildung starkem Gebirgsdruck ausgesetzt gewesen und hat dabei Wasser abgegeben. Zur Begründung der Ansicht sei folgendes angeführt:

Die Dichte des Hydrargillit ist 2,424, die des Böhmit 3,014. Auch wenn man den Entwässerungsprozeß betrachtet:

$$Al_2O_3 \cdot 3\,H_2O \longrightarrow Al_2O_3 \cdot 1\,H_2O + 2\,H_2O$$

so steigt die Dichte, selbst auch solange kein Wasser aus dem System entfernt ist, von 2,424 auf 2,549. Unter solchen Bedingungen muß nach bekannten Gesetzen bei erhöhtem Druck die Neigung bestehen, daß sich aus Hydrargillit der Böhmit bildet.

[1]) Mit der Bezeichnung „Tonerde“ ist hier stets gemäß den Gepflogenheiten des fachlichen Sprachgebrauches der Chemie reines Aluminiumoxyd, Al_2O_3, gemeint.

Interessant ist, daß der Gehalt an gebundenem Wasser zuweilen bei Bauxiten, die aus benachbarten Vorkommen stammen, sehr verschieden ist. So war z. B. der Gehalt an gebundenem Wasser in den Jahren 1942, 1943 und 1944 im ungarischen Bauxit im Durchschnitt aus Lieferungen von hunderttausenden von Tonnen aus den Gruben bei Gant (Verladestation: Bodajk) 14,39% H_2O, bei der 20 km weiter südlich gelegenen Grube von Is?ka Sankt Georgy (Verladestation: Moha) 20,16%. Es ist nicht anzunehmen, daß die klimatischen Verhältnisse an beiden Stellen verschieden gewesen sind, dagegen kann der Gebirgsdruck verschieden gewesen sein. In der zu derselben Formation gehörenden Bauxitgrube Ujbarok ist die Tonerde sogar ganz als Hydrargillit vorhanden, wie die Analyse der Tabelle 1 zeigt:

Tabelle 1

Analyse eines ungarischen Bauxits mit hohem Gehalt an Hydratwasser

Glühverlust . . .	26,4%	TiO_2	2,1%
Al_2O_3	49,0%	MnO_2	1,4%
Fe_2O_3	15,1%	Cr_2O_3	Spuren
CaO	0,0%	V_2O_5	Spuren
SiO_2	5,9%		

Es wäre eine dankbare Aufgabe für ein wissenschaftliches Institut, obige Ansichten durch Experimente zu erhärten. Noch wichtiger wären Untersuchungen über den Diaspor.

Es ist bisher noch nicht gelungen, den Diaspor künstlich darzustellen. Da er in der Natur nur verunreinigt vorkommt, so kennt man seine physikalischen und chemischen Daten nicht genau. Man weiß, daß der Diaspor mit Natronlauge (und auch mit Salzsäure) sehr viel schwerer reagiert als Böhmit und Hydrargillit. Der Abbau des Wassers aus dem Diaspor verläuft dagegen bei Temperaturen um 400° vollständiger als beim Böhmit. Es entsteht dabei angeblich direkt Korund (α-Al_2O_3). Bei normaler Temperatur scheint der Diaspor das energieärmste, d. h. beständigste von den Aluminium-Oxydhydraten zu sein. Über seine Bildungsweise in der Natur kann man keine Angaben machen. Es ist anzunehmen, daß bei extrem hohen Gebirgsdrucken statt Böhmit teilweise Diaspor aus dem Trihydrat entstanden ist, da seine Dichte mit 3,3 bis 3,5 sehr hoch liegt.

Die Aufschließbarkeit der Bauxite mit Natronlauge wird schwerer vom Hydratgillit über Böhmit zum Diaspor. Beim Hydrargillit braucht man keine starken Laugen zum Aufschluß anzuwenden, sondern kann sich mit dünneren Laugen begnügen. Andererseits genügen solche Laugen für den Aufschluß von Diaspor nicht. Man geht bei diesem am besten auf Laugen von 1,45 bis 1,48 spez. Gewicht (45—47° Bé) und erhöht die Temperatur und damit den Druck in den Autoklaven auf etwa 10—15 atü. Sehr günstig beeinflußt wird die Aufschließbarkeit des Diaspor, wenn man ihn so hoch erhitzt, daß das gebundene Wasser anfängt wegzugehen (bei ca. 400°). Nach Erfahrungen auf anderen Gebieten sind in solchen Stadien, in denen ein Kristallgitter einstürzt und das neue sich noch nicht gebildet hat, die Stoffe besonders reaktionsfähig. Dies hat sich auch im Falle des Bauxites als richtig erwiesen (vgl. S. 25 ff. unter griech. Bauxit!).

2. Bestandteile des Bauxits und ihre Bedeutung für die Verarbeitung

Der Gehalt an Aluminiumoxyd im Bauxit (auf getrocknete Substanz bezogen) liegt bei den zur Verwendung kommenden Sorten meist zwischen 50 und 60% Al_2O_3. Gelegentlich gibt es auch Bauxite mit noch höherem Al_2O_3-Gehalt. An Aluminium enthält also der Bauxit etwa 30%. Im Vergleich zu Eisenerzen hat der Bauxit, dieses reichste aller Aluminium-Erze, nur wenig Metallgehalt. Dies hat seinen Grund darin, daß im Aluminiumoxyd (Al_2O_3) von 54 Teilen Aluminium 48 Teile Sauerstoff, während im Eisenoxyd (Fe_2O_3) von 56 Teilen Eisen nur die Hälfte, nämlich 24 Teile Sauerstoff gebunden werden. — Es ist ein prinzipieller Nachteil der Leichtmetalle, insbesondere des Aluminiums, daß sie den Sauerstoff nicht nur sehr viel fester als die Schwermetalle, sondern auch viel mehr Sauerstoff je Gewichtseinheit binden. Schon aus diesem Grunde muß die Herstellung des Metalls bei dem Aluminium immer sehr viel teurer bleiben als beim Eisen.

Von den Nebenbestandteilen des Bauxits kommen Wasser, Eisenoxyd, Kieselsäure und Titansäure in allen Bauxitsorten in Mengen von mehreren Prozenten vor, dagegen sind Verbindungen von anderen Stoffen wie Kalzium, Mangan, Chrom, Zink, Phosphor, Arsen, Fluor, Vanadium, Schwefel, Kalium, Beryllium, Gallium, Zer, Nickel, Kupfer und organischen Substanzen meist nur unter einem Prozent, vielfach gar nicht oder nur in Spuren vorhanden. Je genauer man den Spuren der Elemente nachgeht, um so mehr Elemente findet man. Im folgenden sollen eingehender nur die Nebenbestandteile behandelt werden, die bei der Fabrikation eine Rolle spielen oder vielleicht einmal wichtig werden können.

Tabelle 2

Analysen verschiedener Bauxite

	Indischer Bintang-Bauxit %	Kroatischer Mostar-Bauxit %
Glühverlust	30,26	13,66
Al_2O_3	56,44	61,08
Fe_2O_3	11,35	20,29
SiO_2	1,88	0,62
TiO_2	0,91	3,83
CaO	0,0	Spuren
Cr_2O_3	0,02	0,15
V_2O_5	0,0	0,12
P_2O_5	0,0	Spuren

Bezüglich des gebundenen Wassers nahm man an, daß das Trihydrat beim Erhitzen stets in Monohydrat übergeht und dieses bei höheren Temperaturen weiter Wasser verliert, die letzten Anteile erst bei verhältnismäßig hoher Temperatur. Geht man von einem in der Natur vorkommenden Monohydrat aus, so gibt dieses beim Erhitzen das Wasser zunächst langsamer ab als das natürliche Trihydrat bei den entsprechenden Temperaturstufen. Wie die Aufstellungen (Tabellen 2 und 3) zeigen, hat der Bintang-Bauxit (Trihydrat) bei 250° C noch 8,5% H_2O. dagegen Bauxit aus der Gegend von Mostar (Monohydrat) noch 12,9% H_2O. Offenbar wird beim Trihydrat durch das Herausgehen der beiden ersten Wasseranteile das Gefüge des Moleküls stark gelockert, so daß das letzte Wasser leichter entweicht. Bei höherer Erhitzung gleichen sich die Unterschiede wieder annähernd aus (siehe Tabelle 3).

Tabelle 3
Wassergehalte nach Erhitzen bis:

°C	Indischer Bintang-Bauxit %	Kroatischer Mostar-Bauxit %
105	30,26	13,66
150	29,88	13,36
200	28,65	13,18
250	8,51	12,94
300	5,02	12,04
350	4,68	11,83
400	3,58	10,16
450	1,50	3,13
500	1,18	1,12
600	0,92	0,57
700	0,67	0,38

In jüngster Zeit wurde gemeinsam mit W. Feldmann[1]) die Umwandlung des Monohydrates (Böhmit) in γ-Al_2O_3 genauer untersucht. Auf verschiedene Weise hergestellte Proben von Monohydrat wurden in vorgeheizten dickwandigen Muffeln geglüht, so daß die Erwärmung auf die Soll-Temperatur schnell vor sich ging. In gewissen Zeitabschnitten wurden die Proben jeweilig röntgenographisch überprüft.

Nach den Versuchsergebnissen steht außer Zweifel, daß die bisher in der Literatur angegebene Umwandlungs-Temperatur von rd. 300° C zur Umwandlung nicht ausreicht. Nach 24-stündiger Glühung bei 380° und selbst nach 6-stündiger Glühung bei 430—445° C waren röntgenographisch keine Anzeichen einer beginnenden Umwandlung zu erkennen.

Dagegen war nach einer Glühdauer von 1 Stunde bei 450—470° C die Bildung einer geringen Menge γ-Al_2O_3 dadurch feststellbar, daß eine der schwachen Böhmit-Linien, die sehr nahe bei der stärksten γ-Al_2O_3-Linie liegt, durch das Auftreten dieser Linie eine Verbreiterung und damit eine scheinbare Schwächung erfuhr. Nach 3-stündiger Glühung hatte diese γ-Al_2O_3-Linie beträchtlich an Intensität zugenommen. Nach 5-stündiger Glühung waren die stärksten γ-Al_2O_3- und Böhmit-Linien praktisch gleich deutlich. Nach 9-stündigem Glühen waren die Böhmit-Linien gänzlich verschwunden, die Präparate also völlig in γ-Oxyd übergegangen. Die Fortsetzung der Glühung bis zu 24 Stunden änderte das Diagramm nicht mehr.

Analoge Untersuchungen am Trihydrat haben gezeigt, daß beim Erhitzen bei 500—520° C nach etwa einer Minute im Röntgenogramm noch die beiden stärksten Trihydrat-Linien, daneben das vollständig durchgebildete Linien-System des Böhmit und auch schon die stärksten Linien des γ-Oxyds feststellbar sind. Nach 5 Minuten war die Probe praktisch völlig in γ-Oxyd umgewandelt.

[1]) W. Feldmann und H. Ginsberg (noch unveröffentlicht).

Diese Ergebnisse stimmen mit denen der Tabelle 3 qualitativ überein (vgl. auch die Debye-Scherrer-Diagramme im Anhang!).

Die Verbindungen des Eisens sind abgesehen vom Wassergehalt der bedeutendste Nebenbestandteil des Bauxits. Bei den Bauxiten des Mittelmeergebietes beträgt der Gehalt an Fe_2O_3 im getrockneten Bauxit meist zwischen 15% und 23%. Bezüglich des Eisengehalts gibt es aber auch Ausnahmen. So haben einige französische Vorkommen nur sehr wenig Eisen und werden als „weißer“ Bauxit bezeichnet. Dieser enthält aber sehr viel Kieselsäure. Er wird wegen seines geringen Eisengehaltes hauptsächlich zur Herstellung von Aluminiumsulfat verwendet. Ein Beispiel für eine Analyse eines solchen Bauxits enthält Tabelle 4.

Tabelle 4
Analyse eines sogenannten „weißen“ Bauxits

Glühverlust . . .	14,62%	SiO_2	24,20%
Al_2O_3	53,83%	Fe_2O_3	2,95%
		TiO_2	4,40%

In den Bauxiten, die aus Silikatgesteinen entstanden sind, ist die Menge des Eisens oft sehr viel geringer, als bei den Bauxiten des Mittelmeergebietes. So hat der in den Vereinigten Staaten in größtem Maßstabe verwendete Guyana-Bauxit meist weniger als 5% Fe_2O_3. Der oben erwähnte indische Bauxit hat 11% Fe_2O_3.

Im Bauxit ist das Aluminiumoxyd und das Eisenoxyd sehr ineinander verwachsen, so daß es bisher nicht gelungen ist, beide Substanzen mit Hilfe physikalischer Methoden zu trennen. Man hat probiert, den fein gemahlenen Bauxit durch Schlämmen oder durch Flotation oder auf Grund der verschiedenen spezifischen Gewichte seiner Bestandteile unter Anwendung spezifisch schwerer Flüssigkeiten in Al_2O_3- und Fe_2O_3-reiche Anteile zu zerlegen. Eine gewisse Anreicherung tritt ein, aber keine auch nur annähernd quantitative Trennung. Wäre das der Fall, so könnte man daran denken, das Al_2O_3 aus dem Bauxit ohne chemischen Prozeß zu gewinnen.

Das Eisen liegt im Bauxit als Fe_2O_3 mit oder ohne Kristallwasser vor. Andere Verbindungen (FeS und Fe_3O_4) kommen nur gelegentlich vor und sollen bei der Beschreibung der Einzelvorkommen erwähnt werden. Für den Sinteraufschluß des Bauxits spielt es keine Rolle, in welcher Form in physikalischer Hinsicht die Eisen-sauerstoff-Verbindungen im Bauxit vorhanden sind. Denn beim Glühen des Bauxits mit Soda werden auch diese aufgeschlossen. Es bilden sich dabei Alkali- bzw. Erdalkaliferrate-(III). Bei der darauf folgenden Auslaugung des Sinters erhält man hydrathaltige Eisenverbindungen im Rotschlamm, deren Korngröße und Wassergehalt unabhängig von den Eigenschaften des Fe_2O_3 im Bauxit sind. Anders beim Bayerprozeß. Dabei wird das Fe_2O_3 im Autoklaven nicht aufgeschlossen und seine physikalische Form, die es im Bauxit hat, bleibt erhalten. Diese tritt dann in der „Klärfähigkeit“ der entstehenden Rotschlämme zutage, d. h. in der Fähigkeit der Eisenverbindungen, sich in der Aluminatlauge abzusetzen. Dieses Klären der Lauge ist bei der modernen Bayerapparatur eine Notwendigkeit, denn der Bayerprozeß ist ohne Klärung der Laugen in Eindickern nicht durchzuführen. Auf Einzelheiten soll bei der Besprechung in den folgenden Abschnitten eingegangen werden. Hier sei nur soviel gesagt, daß man eine schlechte Klärung nicht immer auf die physikalischen Eigenschaften der Eisenverbindungen im Bauxit schieben kann. Wenn man z. B. einen Bauxit schlecht aufschließt oder den Aufschluß mit Laugen verdünnt, bei denen das Hydrat schon anfängt auszufallen, so klärt er auch im allgemeinen schlecht. Das hängt sehr wahrscheinlich damit zusammen, daß die Aluminiumhydrate ein geringeres spezifisches Gewicht haben als die Eisenoxyde und daß deshalb der tonerdehaltige Rotschlamm leichter in der Lauge schwimmt als der tonerdefreie. Es können aber auch kolloidchemische Verhältnisse die Ursache sein (vgl. den Aufschluß beim Pedersen-Verfahren S. 138 und „Klären der Laugen" S. 38)

Man weiß, daß in einigen Bauxiten z. B. bei dem Drniš-Bauxit das Eisen in Form von Limonit ($Fe_2O_3 + 1\,H_2O$) vorliegt, in anderen, besonders den dunkelroten harten Bauxiten als wasserfreier Hämatit (Fe_2O_3). Man hat keinen Anhalt, wie die Klärfähigkeit des Bauxits vom Zustand des Fe_2O_3 im Bauxit abhängt. Es bleibt nichts übrig, als die verschiedenen Bauxite auf ihre Klärfähigkeit von Fall zu Fall zu prüfen (s. S. 36).

Der im Bauxit ermittelte Glühverlust besteht zum größten Teil aus dem an Al_2O_3 und Fe_2O_3 gebundenen Wasser. Um nun einige Anhaltspunkte über die Art der Eisen- und Aluminium-Hydrate zu gewinnen, sind von W. Fulda folgende recht interessante Überlegungen angestellt und experimentell durchgeprüft worden:

Wenn man den Bauxit vor dem alkalischen Aufschluß nur bei 105° trocknet, so müßten die Hydrate des Aluminiums und Eisens unverändert bleiben, d. h. beim Glühen des nach dem Aufschluß anfallenden und getrockneten Rotschlammes noch vollständig nachweisbar sein. Glüht man aber den Bauxit vor dem Aufschluß auf 400—450°, so sollte das im Bauxit enthaltene Eisen sein Kristallwasser praktisch restlos verlieren, das Hydratwasser der Tonerdeverbindung aber im wesentlichen zurückbleiben. Getrocknete Rotschlämme aus derartig verschieden vorbehandelten und aufgeschlossenen Bauxiten müßten also bezüglich ihres Glühverlustes eine Differenz aufweisen, die entsprechend ausgewertet werden kann.

Mit einer Reihe von Bauxiten verschiedener Herkunft wurde eine derartige Versuchsreihe durchgeführt. Die Resultate enthält die Tabelle 5.

Tabelle 5
Glühverluste von Rotschlämmen aus Bauxiten verschiedener thermischer Vorbehandlung

Bauxit bezeichnet nach Fundort 1		Trocknung bzw. Glühen des Bauxites 2	Glühverlust, der nach dem Aufschluß gewonnenen Rotschlämme bez. auf 1 Mol Fe_2O_3 3	Differenz von a) und b) der Spalte 3 4	Mol H_2O 5	Abgerundet und bezogen auf Fe_2O_3 6
Iszka-szent-Georgy (Ungarn)	a)	105° C	44,4	21,0	1,17	$1\,H_2O$
	b)	400° C	23,4			
Bintang (Indien) . . .	a)	105° C	23,8	8,6	0,48	$^1/_2 H_2O$[1])
	b)	450° C	15,2			
Bihar (diasporhalt.), Rumänien) . . .	a)	150° C	12,9	1,6	0,09	$\div H_2O$
	b)	450° C	11,3			
Mostar I (Jugoslawien)	a)	105° C	18,7	8,7	0,48	$^1/_2 H_2O$
	b)	400° C	10,0			
Mostar II (Jugoslawien)	a)	105° C	36,7	23,6	1,3	$1\,H_2O$
	b)	400° C	13,1			

[1]) Ein Hydrat mit $\frac{1}{2}$ H_2O ist zwar u. W. nicht bekannt!

Im allgemeinen ergibt sich aus den Differenzwerten der Spalte 4 ein etwas höherer Hydratwasser-Gehalt, der offensichtlich darauf zurückzuführen ist, daß im Rotschlamm aus dem geglühten Bauxit weniger organische Substanz enthalten ist als in dem Rotschlamm aus nur getrocknetem Bauxit. Ferner kann auch die bei 400° C schon beginnende Entwässerung von Aluminium-Monohydrat zu einer Erhöhung der Differenzwerte führen. Entsprechende Versuche an Präparaten haben gezeigt, daß die Entwässerung von Eisen-Monohydrat bei 400° doch ziemlichen Schwankungen unterliegt (80—100% des normalen Wertes). Diese werden offensichtlich durch die erwähnten Ungenauigkeiten kompensiert. So kommt es, daß die in der vorstehenden Tabelle nach dieser etwas groben Methode erhaltenen Versuchsergebnisse doch noch brauchbar sind. Nach Abzug des an Eisen gebundenen Hydratwassers verbleibt ein restlicher Glühverlust, der einige Anhaltspunkte über die im Bauxit vorliegenden Tonerdehydrate gibt.

Während es für den Aufschluß des Bauxits keine Bedeutung hat, ob etwas mehr oder weniger Eisen vorhanden ist, spielt der Gehalt des Bauxits an Kieselsäure für die alkalischen Aufschlußverfahren eine entscheidende Rolle. Die Kieselsäure liegt im Bauxit meist als Kaolinit ($Al_2O_3 \cdot 2SiO_2 + 2H_2O$) vor, daneben kommt hier und da Quarzit vor. Daß die Kieselsäure in Form von Kaolinit vorliegt, kann man durch Erhitzen des Bauxits beweisen. Erhitzt man Ton auf 900° C, so bildet sich neben Sillimanit freie SiO_2, die mit verdünnter Lauge bei 90° C herausgelöst werden kann. Die Kieselsäure des Bauxits verhält sich ganz entsprechend. Darauf beruht die Möglichkeit, den Bauxit teilweise zu entkieseln (s. Abschnitt A II, 4b S. 132).

Beim Sintern des Bauxits mit Soda oder beim Aufschließen desselben im Autoklaven mit Natronlauge wird der Kaolinit des Bauxits angegriffen und verwandelt sich in ein unlösliches Natrium-Aluminium-Silikat: $2Na_2O \cdot 2Al_2O_3 \cdot 3SiO_2 \cdot 2H_2O$ (nicht $9H_2O$, wie infolge eines Druckfehlers in einem alten Fachbuch oft angegeben). Diese Verbindung entsteht übrigens nicht direkt beim Aufschluß des Bauxits, sondern zunächst geht Kieselsäure in Lösung und setzt sich dann weiter zu obigem Salz um. Dies geht unter anderem daraus hervor, daß man beim Bauxitaufschluß mit aluminatfreier Natronlauge leicht sehr kieselsäurereiche Lösungen erhält, ähnlich denen, die beim Lösen des Sinteraufschlusses regelmäßig anfallen, wobei Laugen mit 2 g/l SiO_2 und mehr vorkommen. Nach der Formel enthält das Natrium-Aluminium-Silikat auf 1 g SiO_2 1,13 g Al_2O_3. In der Praxis ist der Verlust noch größer, bis zu 2 g Al_2O_3. Außerdem geht noch das 1,18-fache an Alkali (als Na_2CO_3 gerechnet) verloren. In früheren Jahrzehnten kamen deshalb nur Bauxite von etwa 3% Kieselsäure zur Verwendung. Auf dieser Grundlage und der des Al_2O_3-Gehaltes wurde auch der Bauxit gekauft. Hatten die Bauxite mehr als 3% SiO_2, wurde die doppelte Menge des überschießenden Betrages an dem Al_2O_3-Gehalt des Bauxits gekürzt und der Bauxit entsprechend geringer bewertet.

Mit der Zeit wurden die Bauxitvorkommen mit 3% SiO_2 seltener. Man verarbeitete vor dem Kriege solche bis zu Gehalten von 5% SiO_2, während des Krieges ging man sogar bis zu 7,5%. Durch den hohen Kieselsäuregehalt hat man nicht nur hohe Verluste an Alkali und Tonerde, sondern auch die Kapazität der Tonerdefabrik sinkt erheblich. Wenn man die den tatsächlichen Verhältnissen angepaßte Annahme macht, daß bei der Verarbeitung von Bauxit mit z. B. 3,75% SiO_2 ein

Filterrückstand (Rotschlamm) mit 8% SiO_2 (auf getrocknete Substanz gerechnet) erhalten wird, so erhöht sich der Trockenrückstand bei Verarbeitung von im übrigen gleich zusammengesetztem Bauxit aber mit 7,5% SiO_2:

um 8 Teile für SiO_2 . .	= 8	Teile
8 × 1,13 Teile für Al_2O_3	= 9,1	„
8 × 0,69 „ „ Na_2O	= 5,5	„
also insgesamt um	22,6	Teile.

Die Leistung der Tonerdefabrik sinkt entsprechend. Da bei hochkieselsäurehaltigen Bauxiten der Aufschluß der gewinnbaren Tonerde meist schlechter ist als bei hochwertigen, erhöht sich die Rotschlammenge noch mehr und damit geht die Kapazität der Tonerdefabrik noch weiter zurück.

Im Gegensatz zum Kieselsäuregehalt schwankt der Gehalt an Titanverbindungen in den europäischen Bauxiten nicht erheblich. Er bewegt sich meist um 3% herum. In welcher Kristallform oder Verbindung das Titan im Bauxit vorliegt, ist nicht bekannt. Es wird angenommen, daß das Titan im Rotschlamm als Natriummetatitanat vorliegt. Man verliert also durch die Gegenwart von Titanverbindungen im Bauxit wohl Alkali, aber keine Tonerde. Wenn auch diese Titanverbindungen von der Natronlauge etwas gelöst werden, kommen doch solche Konzentrationen in den Laugen im allgemeinen nicht vor, wie sie bei der Kieselsäure erwähnt wurden. Die gewonnene Tonerde hat unter 0,01% TiO_2; wenn sie mehr hat, rührt das daher, daß der Rotschlamm nicht sauber aus der Aluminatlauge ausgeschieden wurde. Nur wenn man den Bauxit mit sehr hoch konzentrierten Laugen über 42° Bé (spez. Gewicht 1,410) aufschließt, erhält man erhebliche Mengen Titan in den Laugen gelöst, so daß man bei einigen Bauxiten mit besonders leicht aufschließbaren Titan-Verbindungen daran denken kann, nebenher auf diese Weise oder auch durch Aufbereitungsverfahren aus dem Rotschlamm TiO_2 zu gewinnen. Es sind eine Reihe von entsprechenden Vorschlägen gemacht worden[1]). Bisher hat aber keiner dieser Vorschläge praktische Anwendung gefunden.

Der Gehalt an organischen Substanzen wird meist dadurch bestimmt, daß man den Bauxit im Luftstrom auf 600° C erhitzt. Man findet dann z. B. bei Mostarbauxit 1,1—1,5% Kohlensäure (auf die angewandte Bauxitmenge bezogen). Eine andere Methode, die zwar wissenschaftlich nicht einwandfrei aber praktisch nützlich ist, besteht darin, daß man den Bauxit in Natronlauge aufschließt und dann den Verbrauch an n/10-$KMnO_4$ der auf 25° Bé (spez. Gewicht 1,21) verdünnten Aufschlußlauge bestimmt. Man erhält damit einen Vergleichswert. Die Aufschlußlauge des obengenannten kroatischen Bauxits verbrauchte z. B. 175 ccm n/10-$KMnO_4$ je Liter Lauge. Je nach der Herkunft schwankt natürlich der Gehalt an organischer Substanz: ungarische Bauxite haben oft doppelt so viel, indische nur halb so viel, wie dieser kroatische Bauxit. Die Bestimmung der organischen Substanz läßt voraussagen, ob im Betrieb eine helle, durchsichtige Lauge, oder eine dunkelbraune, wenig durchsichtige mit dem jeweiligen Bauxit erhalten wird, wenn man diesen vorher nicht besonders hoch erhitzt. Mit der erwähnten Methode läßt

[1]) Z. B. DRP. 525908 (1927) VAW — H. Ginsberg. DRP. 702397 (1936) VAW — O. Peter. DRP. 478740 (1928) Metallgesellschaft.

sich das einfach kontrollieren. Ein ungarischer Bauxit gab nach dem Aufschluß mit Natronlauge (40° Be spez. Gewicht 1,38) eine kaffeebraune (verdünnte) Aluminatlauge mit einem Verbrauch von 300 ccm n/10-$KMnO_4$ je Liter; derselbe Bauxit, auf 300° C erhitzt, gab eine gelbgrüne Lauge mit einem Verbrauch von nur 49 ccm n/10-$KMnO_4$ je Liter. Die organische Substanz der Lauge reagiert beim Erhitzen der Aluminatlauge mit dem Ätznatron und verwandelt dies teilweise in Soda, die abgeschieden werden muß, was wegfällt, wenn man den Bauxit vorher glüht. Die Schädlichkeit der organischen Substanz für den Ausrührprozeß des Bayerverfahrens ist umstritten, ist aber bei einigen Bauxiten nachgewiesen. Es kommt sicher auf die Art der organischen Substanz an. Durch Untersuchungen an Bauxiten über die Zusammensetzung der organischen Substanz wurde Huminsäure nachgewiesen. Systematische Untersuchungen an verschiedenen Vorkommen fehlen (vgl. hierzu „Ausrühren des Hydrats" S. 86).

Selbst die Bauxite, die aus Kalkgebirgen entstanden sind, haben oft keinen Kalk oder nur in Spuren. Bei anderen kommen Gehalte an Kalk von 0,2 bis 0,4% CaO vor, gelegentlich auch über ein Prozent. Es scheint, daß die Bauxite, die Phosphor enthalten, auch Kalk zeigen, so daß man annehmen kann, daß der Kalk teilweise als Phosphat (Apatit) vorliegt. Untersuchungen darüber sind noch nicht angestellt. Der Kalk des Bauxits hat keine Nachteile für den Aufschluß. In vielen Fabriken wird regelmäßig Kalk zum Aufschluß nach dem Bayer-Verfahren und dem Sinter-Verfahren zugegeben.

Das Vorkommen von Manganverbindungen im Bauxit beschränkt sich in den meisten Fällen auf weniger als 0,1%, z. B. wurden in französischem Bauxit 0,07% Mn_2O_3, in Gant-Bauxit (Ungarn) 0,08% gefunden. Es reichert sich bei einigen Gruben an den Rändern der Läger an. Eine solche Probe liegt offenbar der oben mitgeteilten Analyse des Ujbarok-Bauxits zugrunde, mit 1,4% MnO_2 (Tabelle 1 S. 5). Man erkennt den Gehalt an Mangan oft an einer lebhaften violetten Färbung des Bauxits. — Das Mangan hat keinen schädlichen Einfluß auf den Aufschluß, im Gegenteil, es befördert die Oxydation der organischen Substanzen im Autoklaven. Zuweilen wird deshalb sogar dem Aufschlußgemisch etwas Braunstein zugesetzt.

Chromverbindungen kommen in den europäischen Bauxiten meist in Mengen von 0,1 bis 0,3% Cr_2O_3 vor. Da das Chrom vermutlich ähnlich an Eisen gebunden ist wie im normalen Chromerz, so wird das Chrom im Bayer-Verfahren nicht aufgeschlossen, wohl aber beim Sinterverfahren durch Soda bei 1200° C. Bei diesem Prozeß sammelt es sich in den Aluminatlaugen als Natriumchromat an und muß regelmäßig abgeschieden werden, wenn man nicht die Gesundheit besonders der in der Eindampferei beschäftigten Arbeiter gefährden will. Das Chrom kann z. B. durch Na_2S aus den Laugen in Form von $Cr(OH)_3$ ausgeschieden werden. Dieses kann man dann für die Herstellung von Natriumchromat oder auch von grüner Farbe verwenden (Veralu-Farbe der VAW). Sonst scheidet man es mit $FeSO_4$-Lösung in den Aufschlußlaugen ab.

Viele Bauxite enthalten auch Zink. Abschließende Untersuchungen der Bauxite in dieser Richtung liegen noch nicht vor. Aber es zeigt sich, daß die Aluminatlaugen des Bayerprozesses regelmäßig Zink enthalten, und zwar etwa 0,02 g im Liter der Ausrührlauge. Ein Teil des Zinks geht beim Ausrühren in die Tonerde und mit dieser ins Metall. Im Aluminium schwankt der Zinkgehalt zwischen 0,02% bis 0,06%. Er ist immerhin so hoch, daß man ihn bei der Festlegung der Normen für die Reinheit des Metalles berücksichtigen muß. Der größere Anteil des Zinks im Aluminium stammt aber gewöhnlich aus den Aschen der Anodenkohlen (s. im zweiten Teil „Aluminium").

Beim Gehalt des Kalks im Bauxit wurde darauf hingewiesen, daß dieser in Beziehung mit dem Phosphorgehalt des Bauxits steht. Dies zeigt auch die nachfolgende kleine Aufstellung (Tabelle 6).

Tabelle 6

Beziehung zwischen Kalk- und Phosphorgehalten im Bauxit

	Bintang-Bauxit (Indien)	Gant-Bauxit (Ungarn)	Französischer Bauxit	Jugoslawischer Bauxit (Mostar)
CaO	0,0%	0,39%	0,29%	Spur
P_2O_5	0,0%	0,44%	0,21%	Spur

Die Phosphorverbindung wird auch beim Bayer-Verfahren teilweise (etwa ein Drittel bis zur Hälfte) aufgeschlossen, sammelt sich bis zu etwa 1—1,2 g/l in der ausgerührten Lauge an und scheidet sich dann zusammen mit den weiter unten angegebenen Bestandteilen nach dem Eindampfen der Laugen beim Abkühlen ab. Sind größere Mengen Phosphorverbindungen im Bauxit, wie z. B. bei dem von Gant, so spielt der Phosphorgehalt eine Rolle bei der Anfertigung der richtigen Analyse des Bauxits. Bei den Analysen, die dem Kauf des Bauxits zugrundegelegt werden, wird häufig so vorgegangen, daß man zunächst in den Filtraten der Kieselsäurebestimmung eine Gesamtfällung der Oxyde Al_2O_3, Fe_2O_3 und TiO_2, vornimmt und wägt. Die in gesonderten Proben bestimmten Mengen von Fe_2O_3 und TiO_2 werden dann von dem gefundenen Gewicht abgezogen. Der Restbetrag wird als Al_2O_3 angesehen. Man muß von diesem Betrag auch das vorhandene P_2O_5 abziehen, da dieses mit den Oxyden ausfällt. V_2O_5 und Cr_2O_3 werden in der Regel vernachlässigt. Wenn man, wie beim Sinterverfahren, die Tonerde mit Kohlensäure aus der Aluminatlauge fällt, so fällt das in der Aluminatlauge befindliche P_2O_5 mit aus und kommt dann mit der Tonerde in die Aluminiumbäder, in denen es zu elementarem Phosphor reduziert wird und an der Badoberfläche verbrennt.

Neben der Phosphorsäure sind in den Aluminatlaugen geringe Mengen von Arsensäure, die zusammen mit den im folgenden behandelten Vanadinverbindungen abgeschieden werden.

Größere Bedeutung hat der Gehalt des Bauxits an Vanadin-Verbindungen. In den verschiedenen Bauxiten schwankt der Vanadingehalt sehr (Tabelle 7).

Tabelle 7

V_2O_5-Gehalt verschiedener Bauxite, bezogen auf getrockneten Bauxit

Ungarischer Bauxit (Gant und Iszka) . .	0,07%
Französischer Bauxit	0,05%
Jugoslawischer Bauxit (Mostar)	0,15%
Indischer Bauxit (Bintang)	0,00%

Beim Bayer-Verfahren geht etwa ein Drittel des Vanadiums in die Lauge, beim Sinterverfahren erheblich mehr.

Die Gewinnung des Vanadiums in Form von Natrium-Vanadat wird später beschrieben (s. S. 118).

Über den Gehalt an Fluor im Bauxit ist wenig bekannt. Eine kolorimetrische Bestimmungsmethode ist ausgearbeitet. Das Fluor scheidet sich mit dem oben erwähnten Vanadinsalz ab. Aus der Menge des abgeschiedenen Fluors kann man schließen, daß im Bauxit 0,01 bis 0,02% F vorhanden sind, wenn man die Annahme macht, daß alles Fluor beim Aufschluß in Lösung geht. Das Fluor reichert sich in der verdünnten Aluminatlauge auf 1 g F im Liter an. Einige Bauxite (z. B. einige ungarische) enthalten so viel Fluor, daß dieses nicht allein mit dem Vanadinsalz aus der Lauge entfernt werden kann. In diesem Falle scheidet sich Natriumfluorid als harte Kruste beim Eindampfen ab und hemmt den Wärmeübergang in den Eindampfkörpern. Auf die Verhinderung der Krustenbildung wird später eingegangen. Erwähnt sei nur, daß im Lautawerk bei einer Produktion von über 100000 t Tonerde im Jahr etwa 50 t Natriumfluorid abgeschieden werden mußten.

Ein Element, das meistens gar nicht, hier und da aber in beträchtlichen Mengen im Bauxit vorkommen kann, ist der Schwefel. Er liegt dann als FeS_2 (Markasit) vor. In anderen Fällen ist der Bauxit mit Alunit vermischt. Der Markasit oxydiert sich leicht an feuchter Luft zu Ferrosulfat und schwefliger Säure und veranlaßt dadurch, ebenso wie der Alunit, einen Verbrauch an Soda. Es entsteht in den Aluminatlaugen Natriumsulfat. Wenn nicht zuviel Sulfat aus anderen Quellen, z. B. durch unreine Heizgase, den Laugen zugeführt wird, reichert es sich trotzdem nicht in diesen an. Denn es wird bei der Bildung des Natrium-Aluminium-Silikates mit in dieses Salz eingebaut und mit diesem abgeschieden. So enthielt ein Rotschlamm, der aus einer Lauge mit 0,23 g SO_3 je Liter sich absetzte, 0,82 g SO_3 (auf getrockneten Rotschlamm berechnet). Der Rotschlamm enthielt 13% SiO_2. Beim Sinterverfahren geht der Schwefel teilweise mit den Abgasen des Aufschlußofens aus dem Prozeß heraus.

Wenn der Schwefel im Bauxit als Alunit vorliegt, so wird im Bauxit natürlich auch Kalium nachgewiesen.

Beryllium wird unter Umständen in den Bädern der Aluminiumelektrolyse gefunden, in die es mit der Tonerde gelangt ist. Es verursacht dort sehr harte Krusten des Kryoliths und beeinträchtigt dadurch die Arbeiten an den Öfen sehr erheblich. Bei näherem Nachforschen stellte sich heraus, daß in dem besonderen Falle die Tonerde, die für die Elektrolyse benutzt worden war, aus Hydrat stammte, das bei sehr tiefer Temperatur ausgerührt war. Dabei schied sich, zusammen mit dem Hydrat, das oben erwähnte Vanadinsalz ab, das offenbar auch das Beryllium enthielt; es wurde auch in der Ausrührlauge nachgewiesen. Nach Literaturangaben[1]) enthalten Bauxite BeO bis 0,01%.

[1]) Nach Th. Ernst im Taschenbuch f. Chemiker u. Physiker 1949, S. 1269.

Auch Galliumverbindungen kommen im Bauxit vor, offenbar in sehr wechselnden Mengen. Bisher ist noch keine Trennungsmethode des Galliums für die hier vorliegenden Verhältnisse ausgearbeitet. Auch hat man sich noch nicht mit seinem Einfluß in der Fabrikation und im Metall beschäftigt. Nach Angaben von geologischer Seite begleiten Spuren von Gallium das Aluminium in den Silikaten. Die Analysendaten schwanken zwischen 0,1 und 0,003% Ga_2O_3 im Bauxit.[1])

Verbindungen des Zers und anderer seltenen Erden sind in den ungarischen Bauxiten in kleinsten Mengen nachgewiesen worden; sie bleiben im Rotschlamm, ebenso wie das Nickel, während man Spuren von Kupfer in der Tonerde gefunden hat.

Magnesium kommt als Begleiter von Kalzium im Bauxit in sehr geringen Mengen vor.

Zum Schluß sei noch eine Zusammenstellung über die Gehalte an Verunreinigungen gegeben, die durch den Bauxit bei normalen Aufschlußbedingungen in die Tonerde hineinkommen (Tabelle 8).

Tabelle 8

Normale Grenzgehalte der Verunreinigungen in der Tonerde in %

SiO_2 . . .	0,03 — 0,12
Fe_2O_3 . . .	0,02 — 0,05
TiO_2 . . .	0,005 — 0,015
CaO . . .	0,01 — 0,03
ZnO . . .	0,01 — 0,06
MgO . . .	0,0 — 0,01
Mn_2O_3 . . .	0,001 — 0,003
V_2O_5 . . .	0,001 — 0,003
Cr_2O_3 . . .	0,001 — 0,006
CuO . . .	0,0007 — 0,007

[1]) Neuerdings scheiden amerikanische Tonerdefabriken das Gallium laufend aus den Laugen ab.

3. Bauxite verschiedener Lagerstätten

Die Bauxitvorkommen in den verschiedenen Ländern sind in den folgenden Kartenskizzen vermerkt; die Erfahrungen, die mit verschiedenen Erzen gemacht wurden, werden mitgeteilt[1]) (Abb. 1).

Deutschland (Nr. 1 und 2 der Karte von Europa)

Das einzige Vorkommen, wenn auch nur von geringer Bedeutung, ist dasjenige vom Vogelsberg (Oberhessen). Es wurden in den Jahren 1920 bis 1922 einige tausend Tonnen aus dieser Lagerstätte im Lautawerk verarbeitet. Der Bauxit ist aus Basalt entstanden und enthält die Tonerde in Form von Trihydrat (Tabelle 9).

Tabelle 9

Bauxit vom Vogelsberg

Analyse:		
	Glühverlust	27,0%
	Al_2O_3	49,0%
	SiO_2	3,9%
	TiO_2	3,6%
	Fe_2O_3	17,0%

Das Vorkommen ist für den Abbau nicht nur deshalb ungünstig, weil es sich beschränkt auf kleine Teilvorkommen, meist auf den Kuppen der Hügel, sondern auch deshalb, weil der Bauxit mit Ton und anderem erdigen Material vermischt ist. Der Bauxit selbst besteht aus bis faustgroßen kugeligen Knollen, die wie Kartoffeln im Erdreich sitzen. Um sie zu verwerten, war eine Waschanlage (in Münster am Vogelsberg) bestehend aus einer rotierenden Trommel aufgestellt worden. Die Gewinnung eines brauchbaren Bauxites war so teuer, daß er mit den ausländischen Erzen nicht konkurrieren konnte. Er wurde später nicht mehr für die Herstellung von Aluminium verwendet.

Österreich (Nr. 3 bis 5 der Karte von Europa)

Auch die österreichischen Bauxitlager sind nicht sehr mächtig. Sie liegen alle in den nördlichen Kalkalpen. Ihr Wert wird noch dadurch beeinträchtigt, daß sie kieselsäurereich sind. Z. B. wurden bei einem Salzburger Bauxit 43% Al_2O_3 und 10% SiO_2 gefunden. Der Bauxit ist meist in Streifen in den Kalkschichten eingelagert. Im Liegenden befindet sich Dolomit. Über dem Bauxit befinden sich jüngere Kalkgebirge. Die einzige Stelle, an der einige Millionen Tonnen Bauxit nachgewiesen sind, liegt bei Unterlaußa. Dort wurden in der letzten Zeit des Krieges etwa 3000 t im Monat gewonnen. Zum Abtransport des Bauxits, der teilweise in 1000 m Höhe gefunden wird, waren verschiedene Seilbahnen errichtet worden. Der Bauxit selbst ist sehr hart und dicht. Der Kieselsäuregehalt des Bauxits schwankt zwischen 4 und 16% SiO_2. Eine Durchschnittsanalyse einer Partie von 6500 t enthält Tabelle 10.

[1]) Eine ausführliche Darstellung der Bauxitvorkommen findet sich in Gmelins Handbuch, Band Aluminium, Teil A, S. 88—99; ferner in der Zeitschrift „Metall" 1949, S. 62.

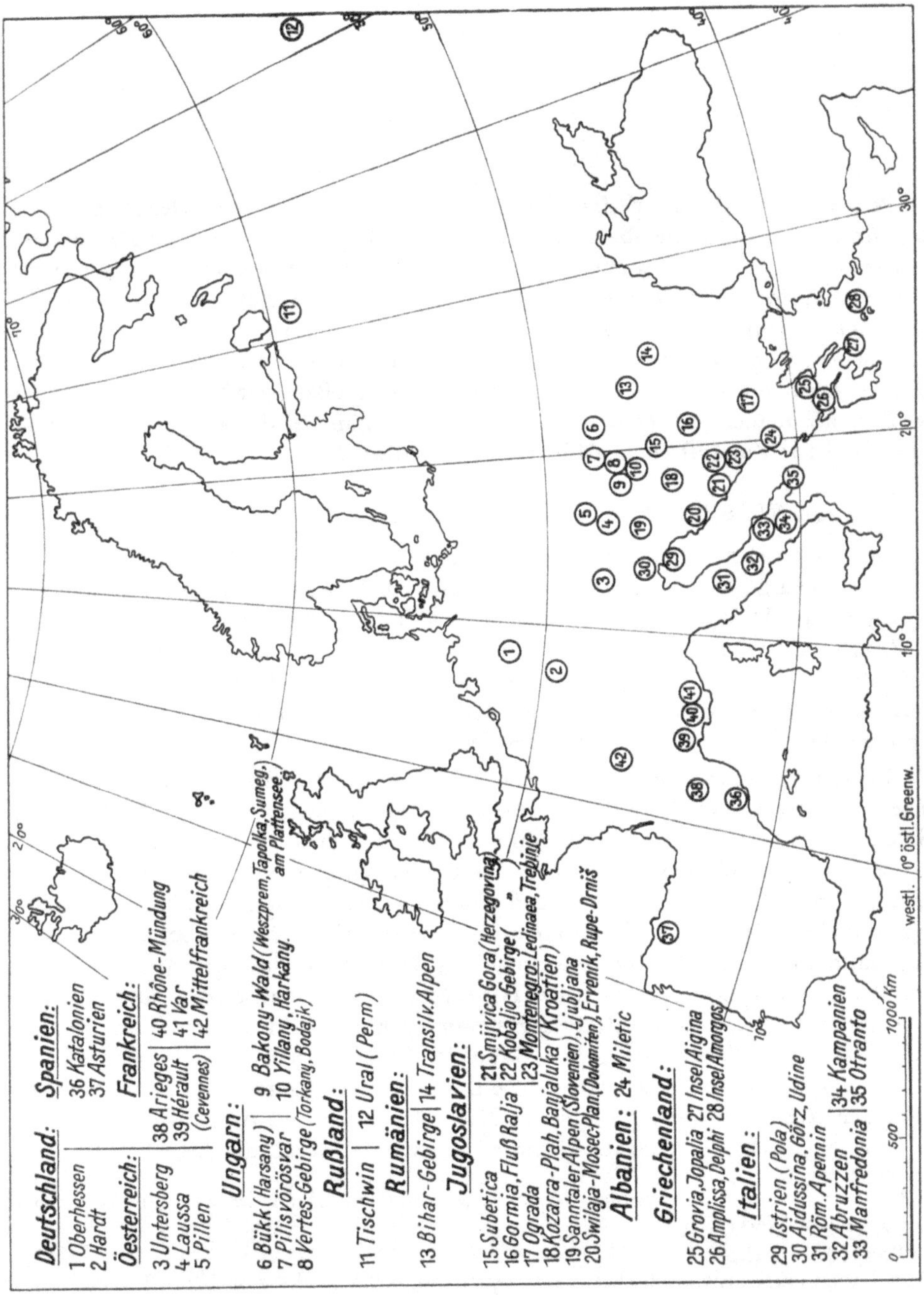

Abb. 1. Bauxitlagerstätten in Europa.

Tabelle 10

Unterlaußa-Bauxit

Anhaftendes Wasser .	2,50%
Glühverlust	12,70%
Al_2O_3	51,27%
Fe_2O_3	22,13%
SiO_2	10,46%
TiO_2	2,76%

Bemerkenswert ist der geringe Gehalt an anhaftendem Wasser. Der Bauxit wird im Winter nicht zusammenbacken. Er ist gleichmäßig dunkelrot, in der Zusammensetzung in bezug auf SiO_2 aber sehr variabel. Wegen seines dichten Gefüges muß dieser Bauxit möglichst fein gemahlen werden, wenn er im Bayerprozeß verarbeitet werden soll, denn er ergibt einen sehr schweren Rotschlamm, der sich im Eindicker und in den Rohrleitungen festsetzt, wenn er nicht sehr fein ist. Obwohl alle Anstalten getroffen sind, in Unterlaußa den Bauxit in großzügiger Weise, bis zu 1000 t je Tag, abzubauen, ist es doch zweifelhaft, ob man bei der schlechten Qualität des Bauxits in Zukunft einen Abbau vornehmen wird.

Ungarn (Nr. 6 bis 10 der Karte von Europa)

Die ungarischen Bauxitlagerstätten sind sehr ausgedehnt. Die reichsten liegen im Vertesgebirge und im Bakonywald in den Ausläufern der Alpen. Sie befinden sich auch auf Dolomit. Die Mächtigkeit der Vorkommen beträgt mehrere Meter, z. B. 10 m bis 30 m; ihre Länge und Breite mißt nach hunderten von Metern. Die Mächtigkeit der den Bauxit deckenden Kalkschicht ist sehr verschieden, teils ist sie so schwach, daß sie abgebaggert werden kann (z. B. in Gant), teils ist sie so stark, daß der Bauxit im Tiefbau gewonnen werden muß.

Charakteristisch für den ungarischen Bauxit ist die große Menge an anhaftendem Wasser, 17—21%. Der Bauxit ist weich, teilweise sogar schmierig. Die größeren Stücke verwittern und zerfallen offensichtlich dadurch, daß der Frost infolge der großen Mengen anhaftenden Wassers das Gefüge sprengt. Die Farbe ist nicht einheitlich, meist hellrot bis gelb; in den einzelnen Vorkommen befinden sich hellere und dunklere Partien. Die Qualitäten wechseln von Grube zu Grube, aber auch in ein und derselben Grube sind erhebliche Unterschiede, so daß beim Gewinnen von nur kieselsäurearmem Bauxit viele Bohrproben analysiert werden und minderwertige Bauxite auf die Halde gefahren werden müssen. Im letzten Kriege wurde von dieser Aussortierung abgesehen, dafür der Versand an Bauxit erheblich erhöht.

An sich wußte man schon längere Zeit, daß in Westungarn Bauxite vorkommen; aber den Anstoß zu einer gründlichen Durchforschung und Aufschließung der gesamten ungarischen Lagerstätten wurde erst gegeben durch die Arbeiten der Alu-

[1]) Die Vereinigte Aluminium-Werke A.G. besaß am Ende des zweiten Weltkrieges die folgenden Werke:

Tonerdefabriken:
in Lautawerk/Lausitz, - Lippewerk/Lünen/Westf. - Nabwerk/Schwandorf/Bayern.

Aluminiumhütten:
in Lautawerk/Lausitz, - Lippewerk/Lünen/Westf. - Erftwerk/Grevenbroich/Ndrh., Innwerk/Töging a. Inn/Bayern - Mattigwerk/Ranshofen/Österr.

minium Erzbergbau und Industrie-Gesellschaft (Budapest) in der Mitte der zwanziger Jahre. Als Resultat dieser Arbeiten bei Gant (Vertesgebirge) kam 1926 der erste westungarische Bauxit nach Deutschland. Die Gruben bei Gant, Hasszuharasztos und Meleges entwickelten sich zu den ergiebigsten Bauxitlieferanten Europas. Sie lieferten im Kriege allein an die VAW jährlich über 400000 t Erz. Z. B. waren es 1942 Mengen von 434000 t mit folgender Durchschnittsanalyse:

anhaftendes Wasser	18,6%
Al_2O_3	55,0%
SiO_2	7,3%
TiO_2	2,7%

Im Jahre 1943 betrugen die an die VAW[1]) gelieferten Mengen 412000 t. Die entsprechenden Analysendaten waren:

anhaftendes Wasser	18,2%
Al_2O_3	53,6%
SiO_2	7,0%
TiO_2	2,8%

Die Gesamtproduktion Ungarns an Bauxit in dieser Zeit war etwa eine Million Tonnen jährlich. Man kann schätzen, daß im ganzen bisher aus den Gruben bei Gant 10 Millionen Tonnen Bauxit gewonnen wurden. Das Lautawerk und das Nabwerk haben ihren Bauxitbedarf von 1927 bis 1941 zum allergrößten Teil mit Gant-Bauxit gedeckt. Jetzt sind die Grubenfelder bei Gant zum großen Teil abgebaut. Da man das allmähliche Nachlassen der Bauxitmengen voraussah, erschloß man vor einigen Jahren ein großes Grubenfeld 20 km südlich von Gant bei dem Ort Iszka Sankt Georgy. Der Abbau in großem Ausmaß setzte hier im Jahre 1942 ein. Ein weiteres großes Bauxitfeld liegt bei Halimba. Andere Vorkommen werden weiter unten erwähnt.

Der Bauxit bei Gant ist hellrot mit braunroten und gelben Partien durchsetzt und mit dunkleren Adern und besolithischen Einschlüssen durchzogen. Er ist sehr weich, hat 18—20% anhaftendes Wasser, zerfällt beim Lagern sehr stark und gibt dann schließlich mit Wasser zusammen eine Masse, die etwa Tonkonsistenz hat.

Tabelle 11

Bauxit von Gant (getrocknet bei 105°)

Glühverlust. . .	14,4 %
Al_2O_3	54,0 %
Fe_2O_3	20,0 %
SiO_2	7,0 %
TiO_2	2,8 %
Mn_2O_3	0,14%
CaO	0,30%
P_2O_5	0,30%
V_2O_5	0,06%

Vor dem Kriege wurden hunderttausende von Tonnen aussortierten Bauxits von Gant geliefert, die 3,5—4,0% SiO_2 und 54,0—57,5% Al_2O_3 aufwiesen. Wie die meisten ungarischen Bauxite, besitzt der Ganter Bauxit kleine Beimengungen von seltenen Erden usw. Man kann diese qualitativ nachweisen und evtl. auch gewinnen,

[1]) s. S. 18, Fußnote!

wenn man den Rotschlamm mit Ammoniumbisulfat behandelt, den entstehenden Alaun nach dem Abfiltrieren auskristallisiert und die Lösung auf 90° erhitzt. Dann hydrolisieren die kleinen Beimengungen, während die gelöste Kieselsäure erst bei weiterem Erhitzen der Lösung auf 100° C ausflockt. Die Klärfähigkeit des aus Ganter Bauxit entstehenden Rückstandes, des sogen. Rotschlammes, ist gut, wenn man den Bauxit vor dem Aufschluß auf 300° C erhitzt, wobei sein Glühverlust auf 11% zurückgeht.

Der Bauxit von Iszka Sankt Georgy besteht teilweise aus Trihydrat (Tabelle 12).

Tabelle 12

Bauxit von Iszka Sankt Georgy

Glühverlust	20,16%
Al_2O_3	50,0—52,0%
Fe_2O_3	17,0—19,0%
SiO_2	5,0— 6,0%
TiO_2	2,80%
CaO	0,37%
P_2O_5	0,38%
Mn_2O_3	0,09%
V_2O_5	0,06%

Der Gehalt an Manganverbindungen ist sehr wechselnd. Die Randstücke des Vorkommens sind violett gefärbt und haben einen höheren Gehalt an Mangan. Der Abbau des Iszka-Bauxits geschieht zunächst im Tagebau. Doch erstreckt sich das Vorkommen weit in den Berg hinein, wobei es etwas abfällt. Bohrungen bis über 100 m Tiefe haben das Vorhandensein des Bauxits in großer Ausdehnung sichergestellt. Die Gesamtbauxitmenge wird ebenso groß sein wie die bei Gant. Trotz des relativ niedrigen Al_2O_3-Gehaltes geht die Kapazität der Tonerdefabrik beim Verarbeiten dieses Bauxits nicht zurück, weil wegen des hohen Glühverlustes die Menge des Rückstandes nicht größer ist als bei den reinen Böhmit-Bauxiten. Dies gilt natürlich für alle Bauxite mit hohem Glühverlust. Die Klärfähigkeit des Rotschlammes aus Iszka-Bauxit ist schlecht. Erst wenn man den Bauxit soweit erhitzt, daß er im allgemeinen unter 8% Glühverlust hat, bekommt man bessere Werte.

Die Lieferungen von Iszka-Bauxit an die VAW im Jahre 1942 betrugen 178000 t

mit 52,7% Al_2O_3
4,6% SiO_2
und 2,5% TiO_2
bei 17,4% anhaftendem Wasser.

Im Jahre 1943 waren die entsprechenden Zahlen 171000 t

mit 51,0% Al_2O_3
4,6% SiO_2
und 2,7% TiO_2
bei 17,5% anhaftendem Wasser.

Der Halimba-Bauxit wird noch nicht abgebaut, aber durch Bohrungen ist ein großes Bauxitvorkommen sicher nachgewiesen. Der Al_2O_3-Gehalt ist relativ niedrig,

49—51%. Merkwürdig ist sein Gehalt an Schwefel, der von einem Gehalt an Alunit herkommt. Der Prozentsatz an Schwefel schwankt sehr und zwar zwischen 0,01% bis über 10%. Im letzten Falle besteht das Material schon zum größten Teil aus Alunit (theoretisch hat Alunit 15,5% Schwefel). Man müßte wohl erst technische Vorkehrungen treffen, ehe man an die Verarbeitung des Materials herangeht.

Ein anderes Vorkommen ist das von Ujbarok. Es ist erst neuerdings aufgeschlossen worden. Im zweiten Halbjahr 1943 wurden der VAW von dort 25000 t mit folgender Durchschnittsanalyse geliefert:

Al_2O_3	49,4%
SiO_2	5,9%
TiO_2	3,7%

Eine ausführliche Analyse eines Musters findet sich in Tabelle 1. Der Bauxit ist ein Trihydrat, das beim Erhitzen auf 250° C sein Hydratwasser bis auf 8% abgibt. Danach hat das Bauxitmuster 60% Al_2O_3 und 7,1% SiO_2. Das Aussehen des Bauxits ist hellrot mit gelben und grauen Pisolithen und dunkelroten Adern.

Nach dem Erhitzen des Bauxits auf 250° C ist die Aufschlußlauge nicht mehr kaffeebraun mit 270 ccm n/10-$KMnO_4$-Verbrauch je Liter, sondern gelb mit 148 ccm n/10-$KMnO_4$-Verbrauch.

Ferner kommt Bauxit bei Bagolyhegy vor (Tabelle 13).

Tabelle 13
Bauxit von Bagolyhegy

Glühverlust	16,0%
Al_2O_3	57,0%
SiO_2	5,0%
Fe_2O_3	18,0%
TiO_2	3,0%
CaO	0,5%

Der Bauxit besteht aus weichen hellroten Stücken mit rotbraunen Einsprengungen, schließt sich gut auf. Der aus ihm gewonnene Rotschlamm klärt am besten beim vorhergehenden Erhitzen des Bauxits auf 400° C (10,6% Glühverlust).

Es soll noch erwähnt werden das Vaszony-Vorkommen, dessen Bauxit ähnlich dem Iszka-Bauxit ist. Dieser wird im Tagebau gewonnen. Ferner existieren noch eine Reihe anderer Gruben, z. B. die bei Sumeg (Tabelle 14).

Tabelle 14
Bauxit von Sumeg

Glühverlust	12,9%
Al_2O_3	55,0%
Fe_2O_3	26,0%
SiO_2	3,2%
TiO_2	2,9%

Vorteilhafteste Glühtemperatur: 275° C, günstigster Aufschlußdruck: 8 atü.

Mit obigen Beispielen sind wohl alle vorkommenden Eigentümlichkeiten der ungarischen Bauxite beschrieben, dagegen noch nicht alle Vorkommen erwähnt.

Rußland (Nr. 11 und 12 der Karte von Europa)

Die russischen Bauxite sind schwer zu verarbeiten; die Tichwiner Vorkommen deshalb, weil sie sehr kieselsäurereich sind, die Uralbauxite, weil sie diasporhaltig sind. — Die Verfasser haben keine größeren Erfahrungen mit diesen Bauxiten sammeln können.

Rumänien (Nr. 13 und 14 der Karte von Europa)

Von den rumänischen Bauxiten sind die vom Bihargebirge die wichtigsten. Das Erz kommt in langgestreckten Lagerstätten zwischen zwei Kalkschichten vor. Es wurde besonders während des ersten Weltkrieges abgebaut. Später wurde es infolge der frachtlich günstiger liegenden westungarischen und jugoslawischen Lagerstätten und der günstigeren Qualität dieser Bauxite nicht mehr beachtet.

Der Biharbauxit ist dunkelrot, stückig, sehr hart und diasporhaltig. In der Zusammensetzung war der damals gelieferte Bauxit sehr gleichmäßig. Die Durchschnittsanalyse von mehreren hunderttausend Tonnen zeigt Tabelle 15.

Tabelle 15

Bihar-Bauxit

Glühverlust	11,74%
Al_2O_3	57,10%
Fe_2O_3	24,16%
SiO_2	3,68%
TiO_2	3,26%

Die Schwankungen der Halbmonatspartien in den Gehalten an Al_2O_3 betrugen etwa $\pm$ 3%, an $SiO_2 \pm$ 1,5%. Von 1919 bis Herbst 1921 war der rumänische Bauxit der überwiegende Rohstoff für die Tonerdeproduktion des Lautawerkes.

Der Gehalt an Diaspor macht sich schon bei der Analyse bemerkbar, indem beim ersten Aufschluß eine gewisse Menge Al_2O_3 nicht erfaßt wird und noch einmal aufgeschlossen werden muß. Auch im Betrieb zeigte sich die schwere Aufschließbarkeit darin, daß selbst beim Sinterverfahren, das in den zwanziger Jahren allein im Lautawerk betrieben wurde, der Aufschluß oft unvollständig war. In einer Tonerdefabrik, die nur nach dem Bayerverfahren arbeitet, lag der rumänische Bauxit jahrzehntelang auf der Halde, weil er im Bayerverfahren große Schwierigkeiten bereitet. Beim Vermahlen des Bauxits entsteht ein sehr scharfes und sehr schmirgelndes Korn, so daß man besondere Vorkehrungen gegen den Verschleiß treffen muß.

Jugoslawien (Nr. 15—23 der Karte von Europa)

ist eines der reichsten Bauxitländer. Es hat vor dem Kriege schon jährlich mehrere hunderttausend Tonnen gefördert; dabei sind die meisten Vorkommen noch nicht in Angriff genommen, sondern hauptsächlich nur die, welche in der Nähe der Küste liegen. Auch auf den Inseln, die der Küste vorgelagert sind, kommt Bauxit vor. Ein historisches aber wenig wirtschaftliches Interesse haben die Gruben im Sanntal (Slowenien). Dort hat Dr. K. J. Bayer[1]) die ersten Versuche für sein Verfahren durchgeführt und auch eine kleine Versuchsanlage gebaut. Diese Vorkommen sind nicht

[1]) DRP. 65604 (1892).

bedeutend. Im zweiten Weltkriege wurden sie untersucht und einige tausend Tonnen abgebaut. Die Gesamtmenge des abbauwürdigen Materials wird auf hunderttausend Tonnen geschätzt. Die Qualität des Sanntal-Bauxites läßt oft zu wünschen übrig.

Weit wichtiger sind die Vorkommen von Ervenik und Drniš in Dalmatien. Besonders aus den Vorkommen des letztgenannten Ortes wurden in den Jahren vor dem zweiten Weltkriege große Mengen Material geliefert. Das Lippewerk allein hat jährlich 50000 t Drniš-Bauxit verarbeitet. Die Qualität ist, was die Zusammensetzung anbetrifft, sehr gut (Tabelle 16).

Tabelle 16

Bauxit von Drniš

Glühverlust	20—22%
Al_2O_3	51—53%
Fe_2O_3	20—23%
SiO_2	1— 3%
TiO_2	2,5— 3,75%
CaO	0,3%

Wegen Transportschwierigkeiten war die Einfuhr von Drniš-Bauxit nach Deutschland während des Krieges sehr gering. Die wichtigsten Analysedaten des eingeführten Bauxits waren: 52,5% Al_2O_3, 2,1% SiO_2 und 2,8% TiO_2 bei 7,7% anhaftendem Wasser.

Der Bauxit besitzt eine gelb-rote Farbe, ist in der chemischen Zusammensetzung immer gleichmäßig gut. Er ist ausgezeichnet durch einen geringen Kieselsäure- und einen hohen Wassergehalt; letzterer stammt aus amorphem Al-Oxydhydrat (Alumogel) und aus kristallisiertem Mono- und Trihydrat.

Beim Erhitzen verläuft die Entwässerungskurve nicht gleichmäßig bei allen Bauxiten. Insbesondere ist anzunehmen, daß die (verfestigten) Gele das Wasser eher abgeben, als die kristallisierten Hydrate. Man kann aus der Entwässerungskurve Rückschlüsse auf den Alumogelgehalt ziehen. Da die Gele leichter löslich sind als die Kristallhydrate, hätte die Untersuchung vielleicht auch praktisches Interesse.

Der Drniš-Bauxit hat eine unangenehme Eigenschaft: der Rotschlamm klärt außerordentlich schlecht im Bayerverfahren. Er wurde jahrelang von den Bayerfabriken abgelehnt. Vorgeglüht und mit anderem gut klärenden Rotschlamm liefernden Bauxit gemischt, läßt er sich auch im Bayerverfahren verarbeiten. Im Nabwerk und Lippewerk sind z. B. monatelang Mischungen von 75% ungarischem und 25% dalmatinischem Bauxit von Drniš durchgesetzt worden. Ist eine Mischung nicht möglich, muß man Zusätze von Stärke und niedere Laugenkonzentration bei der Verarbeitung anwenden.

In Drniš handelt es sich um zusammenhängende größere Vorkommen, die im Stollenbetrieb gewonnen werden müssen.

Im Gegensatz dazu bestehen die Bauxitlager in der Herzegowina[1]) besonders bei Mostar (Tabelle 17), aus zahlreichen kleineren und einigen größeren (bis 1000000 t und darüber) Einzelvorkommen, die im Tagebau abgebaut werden, an den sich hier und da ein Tiefbau anschließt. Infolge der verschiedenen Herkommen

[1]) Bauxite dieser Herkunft wurden von einem Arbeiter seiner Aussprache „Herze-Kowina" gemäß mit „HK" abgekürzt und so die entsprechenden angelieferten Waggons zwecks richtiger Leitung bei der Halden-Entladung bezeichnet. „HK" ist zum Begriff geworden!!

ist schon die Farbe des Bauxits sehr verschieden und schwankt zwischen gelb und dunkelrot. Auch die Qualitäten wechseln, doch überwiegen die guten Sorten, so daß die schlechten diesen zugemischt werden konnten.

Tabelle 17
Bauxit von Mostar

	I	II	III
	%	%	%
Glühverlust . . .	12,9	14,7	13,3
Al_2O_3	62,5	56,9	56,5
Fe_2O_3	20,9	21,3	24,9
SiO_2	0,7	3,4	1,4
TiO_2	3,6	3,0	3,3
CaO	—	0,15	0,1
V_2O_5		0,12—0,15	
Cr_2O_3		0,15—0,28	

Der Bauxit von Mostar hat im Gegensatz zum dalmatinischen Bauxit nur ein wenig mehr gebundenes Wasser als der Formel $Al_2O_3 \cdot 1\ H_2O$ entspricht. Die Menge des anhaftenden Wassers beträgt etwa 8%. Die Klärfähigkeit des Rotschlamms im Bayerverfahren ist meist ausreichend, zwar nicht so gut wie beim Gant-Bauxit, aber immerhin besser als bei dem Drniš-Bauxit. Die besten Resultate erreicht man, wenn man ihn bei niedriger Temperatur, entsprechend niedrigem Druck (6—8 atü) und nach niedriger Glühtemperatur aufschließt (220° C, Glühverlust des geglühten Bauxits 10—12%). Die groben, weichen Bauxitstücke verwittern im Freien vollständig. Im allgemeinen ist die Aufschließbarkeit im Bayerverfahren sehr gut, besser als die des Drniš-Bauxits. Wegen der Transportschwierigkeiten kamen im Kriege nur relativ geringe Mengen Mostar-Bauxit nach Deutschland. Die VAW erhielt 1942 nur 21000 t und 1943 nur 39000 t mit einer Durchschnittsanalyse von

Al_2O_3	56,8%
SiO_2	2,4%
TiO_2	2,8%
bei	7,6% anhaftendem Wasser.

Neuerdings wird noch ein großes Bauxitvorkommen aufgeschlossen: Boranska Krupa. Es ist ein harter gleichmäßig roter Bauxit mit gut klärendem Rotschlamm und guter Analyse (60% Al_2O_3 und 3% SiO_2).

Seit dem Kriegsende gehören auch die Istrischen Bauxite zu Jugoslawien. Diese Vorkommen waren lange bekannt und wurden während des Krieges 1914 bis 1918 ausgebeutet. In den zwanziger Jahren entfalteten Firmen von den verschiedensten Nationen lebhafte Schürf- und Abbautätigkeit in Istrien. Inzwischen ist es ruhiger geworden. Die Vorkommen waren nicht so reich, wie man angenommen hatte und ein Teil der oben genannten Gesellschaften hat seine Tätigkeit Ende der zwanziger Jahre oder Anfang der dreißiger Jahre eingestellt. Besonders die Vorkommen mit gutem Bauxit sind seltener geworden.

Der Bauxit kommt in mehr oder weniger großen Nestern vor, aus denen er im Tagebau gewonnen wird. Der istrische Bauxit ist meist von heller Farbe mit dunklen Adern durchsetzt. Er ist mittelhart und verwittert an der Luft nur wenig. Die Analysen bewegen sich in denGrenzen der Tabelle 18.

Tabelle 18

Istrischer Bauxit

Anhaftende Feuchtigkeit	6—11%
Glühverlust	12—15%
Al_2O_3	54—59%
Fe_2O_3	20—23%
SiO_2	2,7— 5,0%
TiO_2	3— 4%

Wenn mehr als 6—11% anhaftende Feuchtigkeit gefunden wird, so ist diese meist auf dem Lager oder dem Transport hinzugekommen. Eine Eigentümlichkeit besitzen viele istrische Bauxite: sie weisen einen Gehalt an Schwefel auf, und zwar liegt dieser als FeS_2 vor. Bei längerem Liegen an der Luft oxydiert sich dieser zu Eisen-(II)sulfat und schwefliger Säure, die am Geruch erkennbar ist. Das FeS_2 findet sich hauptsächlich in den Randzonen der Bauxitvorkommen. Schiffsladungen hatten im Durchschnitt 0,3—0,5% Schwefel.

Im Bayerverfahren ist die Klärung der Rotschlämme bei istrischen Bauxiten gut, dagegen ist der Aufschluß unter den normalen Bedingungen nicht quantitativ. Man muß höhere Drucke im Autoklaven oder höhere Laugenkonzentrationen als gewöhnlich anwenden.

Griechenland (Nr. 25—28 der Karte von Europa)

In Griechenland kommt außer Bauxit auch Korund vor. Es existieren auch Übergänge von einem zum anderen Gestein, wie die Analysen von eingesandten Proben (I und II) mit ihrem geringen Glühverlust zeigen (Tabelle 19).

Tabelle 19

Griechischer Bauxit

	I	II	III
	%	%	%
Glühverlust	6,5	4,7	12
Al_2O_3	58,3	67,0	53—60
Fe_2O_3	31,0	24,7	20—22
SiO_2	0,9	0,4	1—4
TiO_2	3,0	4,4	3

Der griechische Bauxit ist oft sehr diasporhaltig. Selbst wenn das nicht zutrifft wie bei einigen Lagern in Mittelgriechenland, so ist doch seine Härte sehr hoch. Seine Farbe ist dunkelrot. Die Aufschlußfähigkeit in Natronlauge eines stark diasporhaltigen Bauxits aus dem Gravia-Vorkommen zeigt Tabelle 20.

Tabelle 20

Aufschlußfähigkeit griechischer Bauxite

	I	II	III	IV
Glühtemperatur des Bauxits	250° C	250° C	500° C	500° C
Druck beim Aufschluß	6 atü	6 atü	6 atü	15 atü
Konzentration der Lauge	40° Bé	48° Bé	48° Bé	40° Bé
% Ausbeute	38,9	80,8	93,2	93,3

Die Ausbeute an Al_2O_3, die beim Aufschluß unter normalen Bedingungen nur 38,9% beträgt (Spalte I der Tabelle 20), wird durch Erhöhung der Laugenkonzentration auf 48° Bé auf 808% gesteigert und kommt auf 93,2%, wenn man die Glühtemperatur des Bauxits, und Laugenkonzentration erhöht. Wenn man Autoklaven besitzt, in denen man den Bauxit bei 15 atü aufschließen kann, so kommt man auch mit Lauge von 40° Bé auf denselben Wert. Das Arbeiten mit hochkonzentrierten Laugen hat manche Nachteile: hohe Eindampfkosten, große Löslichkeit der Titansäure usw.

Die Klärfähigkeit der Rotschlämme aus griechischen Bauxiten ist gut. Die Bauxite müssen für einen guten Aufschluß möglichst fein gemahlen werden. Der Abbau dieser Bauxite erfolgte wegen der Schwierigkeiten, die sie beim Bayerverfahren verursachen, bisher nur in bescheidenem Maße, obwohl die chemische Analyse günstig ist (Tabelle 19/III).

Eine Partie von 2220 t, die 1943 an die VAW geliefert wurde, hatte 53,2% Al_2O_3, 1,4% SiO_2 und 2,6% TiO_2. Die anhaftende Feuchtigkeit war, wie bei allen griechischen Bauxiten, sehr gering; sie betrug 3,0%.

Italien (Nr. 29—35 auf der Karte von Europa)

Seit der Mitte der dreißiger Jahre spielen die Bauxite aus Mittelitalien, die vom Hafen von Manfredonia (an der Adriaküste) aus verladen werden, eine Rolle. Von dort bezog die Tonerdefabrik der Montecatini in Venedig im Kriege allein jährlich 130000 t. Es handelt sich um einen normalen Bauxit mit einem Tonerdegehalt von etwa 55% und einem Kieselsäuregehalt von etwa 4,5%. Sein Rotschlamm klärt im Bayerverfahren sehr gut. Als Beimengung hat er sehr harte Körner, die reich an Eisen sind und wahrscheinlich aus Fe_3O_4 bestehen. Gelegentlich kommen auch in anderen Bauxiten solche lokale Eisenanreicherungen vor. Sie werden in der Mühle nur unvollkommen zertrümmert. Um ihre Ansammlung auf den Böden der Eindicker, in den Ventilen, Rohrleitungen usw. zu verhindern, baute man in der italienischen Fabrik besondere Absitzkästen in den Fabrikationsgang ein, die von Zeit zu Zeit geleert wurden.

Frankreich (Nr. 38—42 auf der Karte von Europa)

Frankreich, das klassische Land der Bauxitgewinnung, hat, wie erwähnt, dem Aluminiumerz auch seinen Namen gegeben. Zwar wird jetzt in der unmittelbaren Umgebung von dem Städtchen Les Beaux kein Bauxit mehr gewonnen. Aber in den Kalksteinformationen zu beiden Seiten des Unterlaufes der Rhone in den Departements Var und Hérault und neuerdings auch in den Ausläufern der Pyrenäen blüht noch ein sehr lebhafter Bauxitbergbau. Frankreich wetteifert mit Ungarn in Europa um die höchste jährliche Bauxitproduktion. Nur die Qualität hat sich mit den Jahren verschlechtert. Die Lagerstätten mit sehr kieselsäurearmem Bauxit sind zum großen Teil abgebaut. Besonders beim Aufschluß von neuen Vorkommen muß man auf kieselsäurereichere Lager zurückgreifen. So wurde für die Tonerdefabrik, die 1941 von den Deutschen in Südfrankreich projektiert wurde, ein Bauxitlager in Aussicht genommen, dessen Erz im Mittel 7% Kieselsäure enthält. Auch die

Analyse des ausgeführten Bauxits zeigt dieses Ansteigen des Kieselsäuregehaltes. Eine von der VAW im Jahre 1921 bezogene Dampferladung an Bauxit hatte eine Zusammensetzung gemäß der Tabelle 21.

Tabelle 21

Französischer Bauxit

1921

Anhaftendes Wasser . . .	8,0%
Glühverlust	11,8%
Al_2O_3	60,1%
FeO_3	23,3%
SiO_2	1,4%
TiO_2	3,0%

Eine Durchschnittsanalyse des gelieferten französischen Bauxits aus den Jahren 1942/43 zeigt Tabelle 22.

Tabelle 22

Französischer Bauxit aus den Jahren 1942—1943

Anhaftende Feuchtigkeit.	7,9%
Glühverlust	12,8%
Al_2O_3	54,3%
Fe_2O_3	23,5%
SiO_2	6,1%
TiO_2	2,8%
Mn_2O_3	0,07%
CaO	0,29%
P_2O_5	0,21%
V_2O_5	0,05%

Der Bauxit ist weich bis mittelhart. Die Aufschließbarkeit im Bayerverfahren ist gut, ebenso klärt der Rotschlamm sehr gut, auch wenn der Bauxit nicht geglüht wird, weshalb die französischen Tonerdefabriken von der Aufstellung einer Bauxittrockenanlage bisher absahen.

Über die außereuropäischen Bauxite liegen — mit Ausnahme der niederländisch-indischen Bauxite — keine eigenen Betriebserfahrungen vor.

Amerika (Karte der Weltvorkommen Nr. 1—5).

1. USA

Aus dem Gebiet des südlichen Nordamerika wird schon sehr lange Bauxit gewonnen, insbesondere in Arkansas einige hunderttausend Tonnen jährlich. Ähnlich wie in Istrien, sind die besten Lagerstätten ausgebeutet. Was noch übrig ist, hat meist sieben und mehr Prozent Kieselsäure. Es ist nicht bekannt geworden, daß man bei der Verarbeitung dieses Bauxits Schwierigkeiten hatte. Mit diesem Material hat man die ersten ganz großen Tonerdefabriken mit moderner Apparatur (Eindicker und Druckfilter) betrieben. Soweit die Tonerde nicht an Kieselsäure gebunden ist, liegt sie als Trihydrat vor und ist sehr leicht aufschließbar.

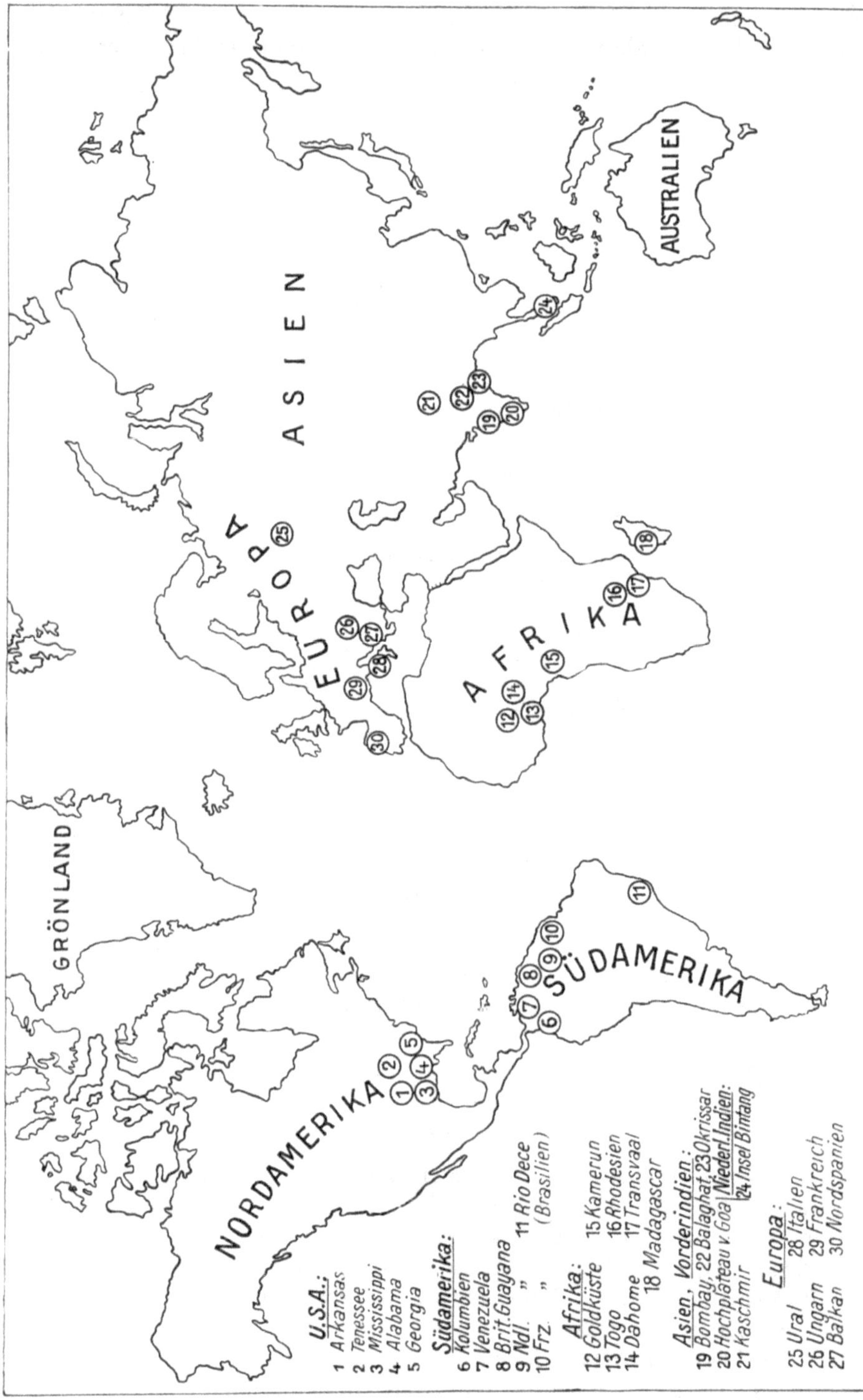

Abb. 2. Bauxitlagerstätten, Weltvorkommen.

2. Guayana

Im Gegensatz zu den nordamerikanischen Bauxiten handelt es sich bei diesem Erz um ein ganz hochwertiges Material. Die Tonerde liegt als Trihydrat vor. Der Bauxit hat oft über 60% Al_2O_3; der Kieselsäuregehalt ist gering. Auch der Eisenoxydgehalt beträgt nur wenige Prozente. Dies alles ist für die Verarbeitung sehr günstig. Das Trihydrat löst sich sehr leicht in Natronlauge. Diese braucht deshalb nicht eingedampft zu werden wie bei dem normalen Bauxit. Die geringe Menge Kieselsäure ermöglicht eine fast quantitative Gewinnung des Al_2O_3 und die geringe Menge Eisenoxyd hat zur Folge, daß zur Auswaschung und Filtration des Rotschlammes die Aufstellung einer relativ kleinen Waschapparatur genügt. Näheres ist im Abschnitt II 1 d cc, S. 84 beschrieben.

In Britisch- und Niederländisch Guayana werden sehr große Mengen Bauxit gewonnen. Die Tonerdefabrik in Mobile (Kalifornien), die im Kriege einen Bedarf von etwa 800000 t Bauxit im Jahre hatte, deckte diesen Bedarf in erster Linie aus diesen Vorkommen. Der Bauxit wird bei der Grube gebrochen, gewaschen und in Drehtrommeln getrocknet, um Fracht zu sparen.

3. Brasilien, Jamaika, Haiti

Die Vorkommen auf Jamaika und Haiti wurden im Laufe des Krieges in Angriff genommen, die brasilianischen schon etwas vor dem Kriege. Besonders die Vorkommen von Jamaika sind sehr reichhaltig.

Afrika (Karte der Weltvorkommen Nr. 12—18)

Außer gelegentlichen Proben, die ziemlich viel Titan zeigten, sonst aber in der Analyse dem indischen Bauxit (S. 7) entsprechen, ist uns von diesem Vorkommen nichts bekannt geworden. Die Vorkommen an der Goldküste sind nach den bisherigen Schätzungen die ausgedehntesten der Erde. Die Bauxitförderung erreichte im Kriege über 100000 t im Jahr. Neuerdings scheint dieses Vorkommen an Interesse zu gewinnen!

Asien

Die asiatischen Bauxite der tropischen Zone, die zum größten Teil in Japan verarbeitet wurden, kamen schon vor dem Kriege wegen ihrer guten Qualität in Europa zur Verwendung, trotz der Verteuerung durch die lange Seereise. Speziell die Bauxite der Insel Bintang (Niederländisch-Indien) wurden schon einige Jahre vor dem Kriege in größeren Schiffsladungen eingeführt. Aus der Analyse, die in Tabelle 2 mitgeteilt ist, geht hervor, daß es sich um einen sehr guten Bauxit handelt mit den gleichen Vorteilen des Guayana-Bauxits. Der von der VAW in Lünen verarbeitete Bauxit bestand aus rotbraunen bis 2 cm großen Knollen. Was die Klärfähigkeit im Bayerverfahren anbelangt, so sind zwei günstige Glüh-Temperaturen festgestellt: 105—150° C und ca. 400° C. Bei Temperaturen von 250° C klärt der Schlamm sehr viel schlechter. Der Gehalt an organischer Substanz geht beim Erhitzen des Bauxits auf 400° C auf ein Minimum zurück. Die verdünnte Aufschlußlauge des bei 105° getrockneten Bauxits hat 111 ccm n/10-$KMnO_4$-Verbrauch je Liter, dagegen 31 ccm n/10-$KMnO_4$-Verbrauch bei dem auf 400° C erhitzten Bauxit.

Hier sei die folgende Übersicht eingefügt:

Tabelle 23

Bauxitförderung in den Ländern mit großen Bauxitvorkommen
(Zahlen in 1000 t nach Angaben des „Bureau of Mines" und Zeitschrift „Metall")[1])

	1938	1940	1943	1944	1946	1947
USA.	324	450	6350	2900	1020	—
Holländisch Guyana . .	378	615	1660	629	1100	1739
Britisch Guyana	470	635	1920	626	1200	—
Ungarn	540	650	1000	900	150	137
Frankreich	695	490	917	665	473	—
Italien	380	530	300	100	—	25
Niederländisch Indien .	24	275	300	200	—	—
Jugoslawien	405	290	220	50	—	—
Goldküste	—	15	163	110	114	96
Sowjetunion	300	—	—	400	—	—

II. Die Verfahren

1. Der Aufschluß mit Natronlauge (Bayer-Verfahren)

a) Die chemischen Grundlagen des Verfahrens

Wie in dem vorhergehenden Kapitel über die Rohstoffe näher ausgeführt wurde, enthalten die Bauxite Aluminiumhydrate, bei denen eine Kristallstruktur nicht nachweisbar ist neben solchen von einer ausgesprochenen Kristallstruktur mit typischen Röntgendiagrammen. Zu diesen letzteren gehören das Monohydrat, AlO(OH), das in zwei Modifikationen vorkommt, nämlich als Böhmit, γ-AlO(OH), und Diaspor, α-AlO(OH) und ferner das Trihydrat, Hydrargillit, γ-$Al(OH)_3$.

Der Bayer-Prozeß beruht nun darauf, daß diese Hydroxyde sich in heißer Natronlauge mehr oder weniger leicht lösen. Den Lösevorgang kann man nach alter Schreibweise formulieren:

$$(1)\quad AlO(OH) + NaOH + aq \longrightarrow NaAlO_2 + x\,H_2O \searrow$$
$$(2)\quad Al(OH)_3 + NaOH + aq \longrightarrow NaAlO_2 + 2\,H_2O \nearrow Al(OH)_3 + NaOH + aq$$

Wenn man die so erhaltenen Lösungen abkühlt, verdünnt und mit „Impfhydrat" versetzt, verlaufen die Reaktionen im Sinne des gemeinsamen rechten Teiles der Gleichungen. Man sagte: die Natriumaluminatlösung wird hydrolisiert und es fällt Trihydrat aus.

Gegen diese Formulierung spricht, daß im allgemeinen die Hydrolyse von Salzlösungen mit der Temperatur zunimmt und nicht — wie hier festgestellt — abnimmt. Nach neueren Anschauungen gilt deshalb die folgende Formulierung:

$$(3)\qquad Al(OH)_3 + (OH)' \rightleftarrows Al(OH)_4'$$

Schon Werner hat $Al(OH)_4'$-, $Al(OH)_5''$- und $Al(OH)_6'''$-Anionen angenommen, was später (1933 Brandenberger) durch röntgenometrische Bestimmungen bei Kalzium- und Strontium-Hydroxyaluminat als richtig nachgewiesen wurde. Die Hydroxyaluminate sind ähnlich aufgebaut wie die Fluoaluminate, z. B. Kryolith $Na_3^{\cdots}(AlF_6)'''$.

[1]) Zeitschrift „Metall" 3 (1949) 62.

Man kann auf Grund dieser Anschauungsweise nur von einer indirekten Hydrolyse sprechen. Es reagiert kein Wasser mit dem gelösten Stoff wie bei den echten Hydrolysen, sondern durch die Verdünnung der Laugen wird die (OH) - Ionenkonzentration vermindert und dadurch das Gleichgewicht in der Gleichung (3) nach links verschoben, das $Al(OH)_3$ teilweise zur Abscheidung gebracht und die Natronlauge wiedergewonnen.

Für diese Auffassung sprechen auch die von R. Scholder[1]) durchgeführten Versuche. Dieser fand, daß beim Aufschließen der Tonerdehydrate mit konzentrierter Natronlauge diese teilweise durch Halogensalz, z. B. Natriumchlorid, ersetzt werden kann, ohne daß die Aufschlußfähigkeit der Lauge dadurch vermindert wird. Es entstehen in den Lösungen außer wasserhaltigen Anionen von der Formel $Al(OH)'_4$, $Al(OH)_5''$, $Al(OH)_6'''$ solche mit der Formel $Al(OH)_3 \cdot Cl'$, $Al(OH)_4 \cdot Cl''$ und $Al(OH)_5 \cdot Cl'''$. Auf die praktische Bedeutung dieser Reaktionen soll später (S. 94) zurückgekommen werden.

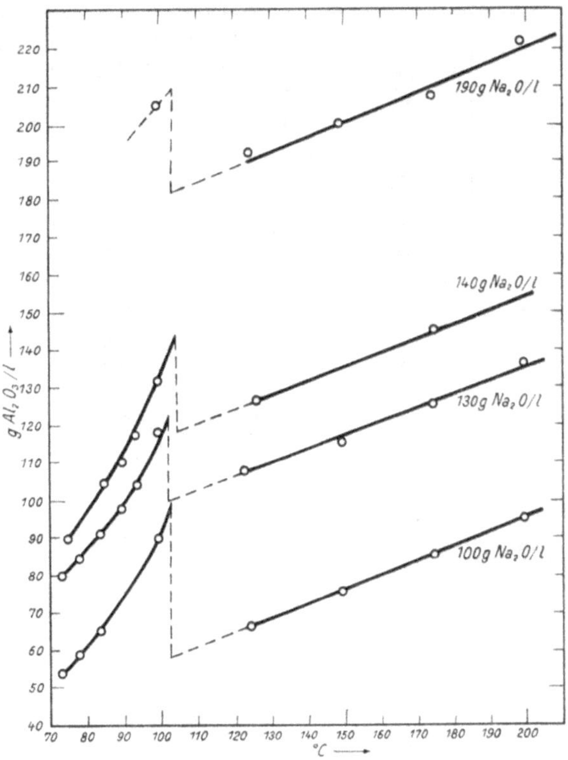

Abb. 3. Löslichkeit von Tonerdehydrat in Laugen verschiedener Konzentration in Abhängigkeit von der Temperatur.

Der Aufschluß des Bauxits mit Natronlauge ist seit mehr als 50 Jahren bekannt. Trotz seiner Wichtigkeit wurde eine systematische Untersuchung erst im Jahre 1942 im Lautawerk begonnen, und zwar auf Anregung und unter Leitung von W. Fulda[2]). Die Resultate sind in Tabelle 24 und in Abbildung 3 wiedergegeben.

Die Versuche wurden in einem Thermostaten durchgeführt, dessen Temperatur zwischen 74^0 C und 200^0 C variiert wurde. Bis zu Temperaturen von 94^0 wurden eiserne Gefäße mit Rührwerk angewandt; bei höheren Temperaturen wurden kleine Druckgefäße von 50 ccm Inhalt benutzt, die auf einem Schlitten befestigt waren und dauernd hin- und herbewegt wurden. Die Druckgefäße wurden mit Aluminatlauge gefüllt, die an Tonerde nicht gesättigt war. Außerdem wurde feines Tonerdehydrat („Impfstoff") in die Druckgefäße gegeben. Die Menge des Tonerde-

[1]) R. Scholder, F. P. 821298 (1937), Z. f. angew. Chemie 49 (1936) 255.

[2]) G. Bauermeister, Z. Aluminium, April (1941) 205; G. Bauermeister u. W. Fulda, Z. Aluminium, März (1943) 1.

hydrates war stets größer als die Aufnahmefähigkeit der Lauge für $Al(OH)_3$. Es wurden immer fünf Druckgefäße gleichzeitig mit derselben Lauge bei derselben Temperatur für einen Versuch angewandt. Nach vier bis fünf Tagen wurde eine Probe herausgenommen und in kaltem Wasser abgeschreckt. Um diese Abschreckung möglichst intensiv zu gestalten, waren die Druckgefäße entsprechend klein.

Tabelle 24

Löslichkeit von Tonerdehydrat in Laugen verschiedenster Konzentration

Nr.	Temperatur °C	Kaustisches Verhältnis $\frac{Na_2O}{Al_2O_3}$	Al_2O_3 g/l	Na_2O g/l (In der Ausgangslauge)	Bodenkörper
1	74	3,09	53,2	100	$Al_2O_3 + 3\,H_2O$
2	79	2,76	59,4	100	
3	84	2,56	64,0	100	
4	89	2,33	70,5	100	
5	94	2,20	75,0	100	
6	100	1,82	90,4	100	
7	125	2,44	67,6	100	$Al_2O_3 + 1\,H_2O$
8	160	1,96	83,9	100	
9	175	1,91	83,3	100	
10	200	1,74	94,7	100	
1	74	2,65	80,4	130	$Al_2O_3 + 3\,H_2O$
2	79	2,50	85,2	130	
3	84	2,30	92,6	130	
4	89	2,16	98,6	130	
5	94	2,03	105,2	130	
6	100	1,78	120,0	130	
7	125	1,97	108,5	130	$Al_2O_3 + 1\,H_2O$
8	150	1,87	114,0	130	
9	160	1,74	122,4	130	
10	175	1,67	127,6	130	
11	200	1,56	136,8	130	
1	74	2,57	89,7	140	$Al_2O_3 + 3\,H_2O$
2	79	2,46	93,5	140	
3	84	2,16	106,8	140	
4	89	2,08	110,6	140	
5	94	1,97	117,0	140	
6	100	1,74	132,2	140	
7	125	1,80	127,6	140	$Al_2O_3 + 1\,H_2O$
8	150	1,70	135,2	140	
9	175	1,59	144,6	140	
10	200	1,51	152,2	140	
1	100	1,52	206	190	$Al_2O_3 + 3\,H_2O$
2	125	1,62	193	190	$Al_2O_3 + 1\,H_2O$
3	150	1,54	203	190	
4	175	1,50	208	190	
5	200	1,41	222	190	

Bei ca. 15° C ändert sich das Mol-Verhältnis von $Na_2O : Al_2O_3$ in der Lauge in absehbarer Zeit nicht, da offensichtlich die Reaktionsgeschwindigkeit zu gering ist. Bei den höheren Temperaturen wurde nach Verlauf je eines Tages ein weiteres Druckgefäß analysiert. Wenn das Verhältnis $Na_2 : Al_2O_3$ in den beiden zuletzt genommenen Proben um nicht mehr als 0,04 variierte, wurde angenommen, daß Gleichgewicht erreicht war. Die entsprechenden Resultate wurden zur Berechnung benutzt.

Diese Versuche ergaben, daß sich das zugesetzte Tonerdehydrat $Al_2O_3 \cdot 3\,H_2O$, oberhalb 125° C stets in Monohydrat, $Al_2O_3 \cdot 1\,H_2O$, umwandelt. Dieses hat bei 125° C eine bedeutend geringere Löslichkeit als das $Al_2O_3 \cdot 3\,H_2O$ bei 100° C (vgl. dazu Tabelle 24 und Abbildung 3).

Nach den Untersuchungen, die bisher auf diesem Gebiet gemacht worden sind, sollte die Umwandlung in $Al_2O_3 \cdot 1\,H_2O$ erst bei Temperaturen von ca. 200° C mit einiger Geschwindigkeit erfolgen. Es war zwar schwer zu erklären, warum in der Natur der Bauxit soviel Monohydrat enthält. Aus dem Verlauf der Kurven (Abb. 3) ist nun zu schließen, daß das Monohydrat selbst unterhalb 100° noch beständiger ist als das Trihydrat. Die Löslichkeit von Trihydrat ist vermutlich auch in diesem Gebiet größer als die von Monohydrat, denn der Schnittpunkt beider Hydratkurven liegt in Laugen mit 140 g Na_2O je Liter bei etwa 94° C, in Laugen mit 100 g Na_2O je Liter bei etwa 70° C. Bei noch dünneren Laugen, wie sie in der Natur nur in Betracht kommen, wird sich vermutlich der Schnittpunkt der beiden Hydratkurven noch weiter senken. Bei normaler Temperatur ist aber $Al(OH)_3$ praktisch stabil (s. w. u.).

Die vorstehend beschriebenen Versuche führten H. Ginsberg und Mitarbeiter[1]) weiter fort. Übereinstimmend mit den früheren Ergebnissen wurde festgestellt, daß gut ausgewaschenes Trihydrat in reinem Wasser aufgeschlämmt einige Stunden bei 160° behandelt, sich kaum merkbar in Monohydrat umwandelt. Erhitzt man aber eine wäßrige Aufschlämmung des sorgfältig gewaschenen normalen Hydrates bei 200°, so wird eine glatte Umwandlung erreicht, und zwar bereits schon nach 2 Stunden. Geringe Mengen von Alkali, z. B. 0,3 g Na_2O im Liter, setzen die Umwandlungs-Temperatur auf etwa 180° herab. Auch in diesem Fall wird nach etwa 10 Stunden eine volle Umwandlung ins Monohydrat erreicht.

Interessant ist, daß je nach den Alkali-Mengen — und zwar schon in den Größenordnungen von 3 g bis 0,3 g Na_2O im Liter — Produkte erhalten werden, die röntgenographisch eindeutig als Monohydrat sich identifizieren lassen, aber verschiedenes äußeres Aussehen und verschiedene Schüttgewichte aufweisen. Die Schüttgewichte liegen zwischen 0,6 und 0,2. Diese Monohydrat-Präparate weisen gegenüber verschiedenen Farbreagenzien voneinander abweichende Absorptionseigenschaften auf. Alle sind chemisch sehr inaktiv, d. h. also verhältnismäßig schwer löslich, daher z. B. auch nicht verwendbar für die Sulfatherstellung. Beim Glühen über 1000° C gehen sämtliche Arten des Monohydrats über Gamma-Oxyd in Alpha-Oxyd über, und zwar, was besonders bemerkenswert ist, praktisch unter Beibehaltung des jeweiligen Schüttgewichtes der Muttersubstanz. — Weitere Untersuchungs-Ergebnisse, vor allen Dingen über den Einfluß des Alkalis, stehen noch aus.

Will man eine Aluminatlauge erhalten, aus der man Hydrat in befriedigender Menge ausrühren kann, so muß man bei verdünnten Laugen (100 g Na_2O je Liter)

[1]) H. Ginsberg und Margarete Köster (bisher unveröffentlicht).

auf ca. 200° C Aufschlußtemperatur gehen, wenn Monohydrat im Bauxit vorliegt. Dagegen löst sich in verdünnten Laugen Aluminiumtrihydrat auch schon bei 100° C oder etwas darüber in hinreichender Menge (vgl. w. u.).

Auf der guten Löslichkeit von Hydrargillit beruht es, daß in der Patentliteratur immer wieder behauptet wird, Bauxit könne man auch ohne Autoklaven aufschließen[1]). Dies gilt für Hydrargillit-Bauxite (vgl. S. 29), wie sie in den USA. im großen verarbeitet werden. Bei konzentrierten Laugen spielt die Temperatur keine so ausschlaggebende Rolle. Sie ist aber wichtig, um den Lösevorgang besonders bei Vorliegen von Böhmit zu beschleunigen.

Schon B. Neumann[2]) hat gezeigt, daß der Aufschluß von Bauxit weniger abhängig ist von der Konzentration der Natronlauge als von der Temperatur. Müller und Hiller[3]) erhielten mit Laugen von 20—22° Bé (spez. Gewicht 1,18) bei 100 atü und über 200° C in kurzer Zeit einen vollständigen Aufschluß.

W. Fulda hat Aufschlußversuche von Bauxit mit Sodalösung bei 200° C ausführen lassen und einen befriedigenden Aufschluß erhalten[4]). Dabei bekommt man zwar wegen der geringen Alkalität nur Laugen mit 4 g Al_2O_3 je Liter, weshalb der Aufschluß infolge des hohen Dampfverbrauches trotz Wegfall der Eindampferei technisch wohl nicht in Betracht kommt. Ebenso wie aber die Hydrolyse der Sodalösungen mit steigender Temperatur stark zunimmt, gibt es eine große Anzahl anderer Salzlösungen, die sich ähnlich verhalten und mit denen man vielleicht höhere Al_2O_3-Konzentrationen bekommen kann als mit Sodalösungen.

Einen wesentlichen Kostenfaktor beim Bayer-Prozeß machen die Eindampfkosten aus, die dadurch bedingt sind, daß verhältnismäßig hohe Laugenkonzentrationen beim Aufschluß, niedere Konzentrationen für das Ausrühren des Tonerdehydrates gefordert werden. Es hat daher nicht an Versuchen gefehlt, die Konzentrationsunterschiede für diese beiden Arbeitsgänge so klein wie möglich zu halten. Einen Schritt in dieser Richtung stellt der Turmaufschluß dar, der weiter unten ausführlich behandelt wird (s. S. 64). Aufschluß und Ausrühren mit der gleichen Laugenkonzentration durchzuführen, ist in der Praxis bisher nur, wie erwähnt, mit Hydrargillit-Bauxit gelungen.

Erst neuerdings wurde festgestellt[5]), daß sich die reinen böhmithaltigen Bauxite mit Laugenkonzentrationen, wie sie auch direkt zum Ausrühren verwandt werden können, schon bei 190° und darunter vollkommen aufschließen lassen, und zwar praktisch unterschiedslos innerhalb von 3—4 Stunden und auch unabhängig davon, ob eine Glühvorbehandlung des Bauxits bis etwa 400° stattgefunden hat. Untersucht wurden ungarische Bauxite, dalmatinischer Bauxit, herzegowinischer Bauxit, griechischer Bauxit (Eleusis) und französische Bauxite. Es wurden in allen Fällen Ausbeuten von 90% und darüber bei Mol-Verhältnissen von 1,9 bis sogar 1,5 erreicht. Müller und Hiller führen in ihren erwähnten Patentschriften an, daß befriedigende Ausbeuten mit Laugen von 22 Bé erst über 190° erreicht werden. Sie

---

1) DRP. 67504 (1891), 175416, 299652, E. P. 381971 (1931).
2) Ztschr. Angew. Chemie 1926, (1542).
3) F. P. 695586 (1930). E. P. 330661 (1930).
4) W. Fulda „Metall" 2 (1948) 397.
5) P.A.: V 961 IVb/12m 1950. VAW/H. Ginsberg u. M. Köster.

erhalten z. B. mit einem ungarischen Bauxit bei 230° und entsprechendem Druck eine Ausbeute von 62%, mit demselben Bauxit erst bei 280—290° und 100 atü 93%.

So überraschend hiernach die neueren Ergebnisse bezüglich der bisherigen Anschauungen und Arbeitsweisen sind, stimmen sie doch sehr gut mit denjenigen der allgemeinen Untersuchungen über die Umwandlung und chemischen Eigenschaften der Aluminiumoxydhydrate überein. Ihre betriebstechnische Verwertbarkeit steht noch aus.

Der recht elegante Bayer-Prozeß würde nicht viel nützen, wenn sich die Natronlauge nicht sehr günstig in bezug auf die Nebenbestandteile des Bauxits verhielte. Der wichtigste Nebenbestandteil, das Eisenoxyd, löst sich in der zur Anwendung kommenden Konzentration der Natronlauge nur in Spuren, nämlich als kolloidale Eisenverbindung, und zwar in höher konzentrierten Laugen etwas mehr als in verdünnten.

Über das Verhalten der Natronlauge gegenüber den anderen Bestandteilen des Bauxits ist in Abschnitt 1 berichtet. In diesem Abschnitt wurde auch das Verhalten der diasporhaltigen Bauxite behandelt (vgl. S. 22).

b) Die physikalischen Eigenschaften der Bauxite und deren Einfluß auf die Verarbeitung

Die physikalischen Eigenschaften der Bauxite sind recht verschieden. Es gibt Bauxite von breiig-toniger Konsistenz mit viel anhaftendem Wasser und andere, die fester und härter sind als Kalkstein. Infolgedessen bereitet die Hereinnahme von Bauxit in den Betrieb oftmals Schwierigkeiten. Transportelemente, die für stückiges Material brauchbar sind, versagen bei klebrig-nassem Gut; Brecher, die für weichen Bauxit jahrelang ohne Anstand liefen, fahren sich nach wenigen Tagen bei hartem Bauxit fest. Bei größeren Fabriken bleibt nichts anderes übrig, als sich auf jede Bauxitbeschaffenheit einzurichten.

Bei der Beschreibung der einzelnen Vorkommen wurde bereits näher auf die verschiedene Härte der Bauxitvorkommen eingegangen (vgl. S.16ff.) Hier sei nur erwähnt, daß diasporhaltiger Bauxit immer sehr hart ist.

Die Farbe des Bauxits ist sehr wechselnd; aber aus der Farbe kann man nur selten Rückschlüsse auf die Zusammensetzung ziehen. Gelbe Bauxite haben oft ebensoviel Eisen wie dunkelrote. Es gibt Bauxite mit einheitlich roter Farbe. Andere sind braungelb bis leuchtend gelb, oft durchsetzt mit Adern, bestehend aus einer braunroten Qualität. Häufig finden sich auch große Sphärolithe bis zu einem Durchmesser von 1 cm von abweichender, meist dunkler Farbe.

In bezug auf den Kieselsäuregehalt der Bauxite der Mittelmeerländer gibt es eine einfache qualitative Probe: kieselsäurearme Bauxite kleben infolge einer gewissen Feinporigkeit an der Zunge; während kieselsäurereiche Bauxite dies nicht tun. Dies ist dadurch zu erklären, daß die Kieselsäure im Bauxit hauptsächlich als Ton vorhanden ist und dieser je nach der Menge die Poren des Bauxites mehr oder weniger ausfüllt und die Oberfläche glättet.

Nicht alle Bauxite eignen sich für das Autoklavenverfahren gleich gut. Abgesehen von den Diaspor-Bauxiten, deren schlechte Aufschließbarkeit behandelt wurde (s. S. 5), schließen sich die harten Bauxite im allgemeinen schwerer auf als die weichen, was zweifellos mit der dichteren Packung und infolgedessen der schwerten Durchdringung des Bauxitkornes mit Lauge zusammenhängt. Es ist auch die Theorie aufgestellt worden, daß in einigen Bauxiten das Böhmit-Korn besonders groß und dadurch schlecht aufschließbar sei. Es ist nicht bekannt, ob diese Ansicht durch entsprechende Versuche belegt ist.

Ferner ist beim Autoklaven-Verfahren von Wichtigkeit zu wissen, in welcher Form das Eisenoxyd im Bauxit vorliegt. Vgl. hierzu die Ausführungen im ersten Abschnitt über die Bestandteile des Bauxits und ihre Bedeutung für die Verarbeitung (s. S. 9).

Man spricht von gut oder schlecht „klärenden Bauxiten". Gemeint sind hiermit die Klär- und Absetz-Eigenschaften der aus den Bauxiten nach dem Aufschluß gewonnenen Rotschlämme. Es wurde schon darauf hingewiesen, daß beim Sinter-

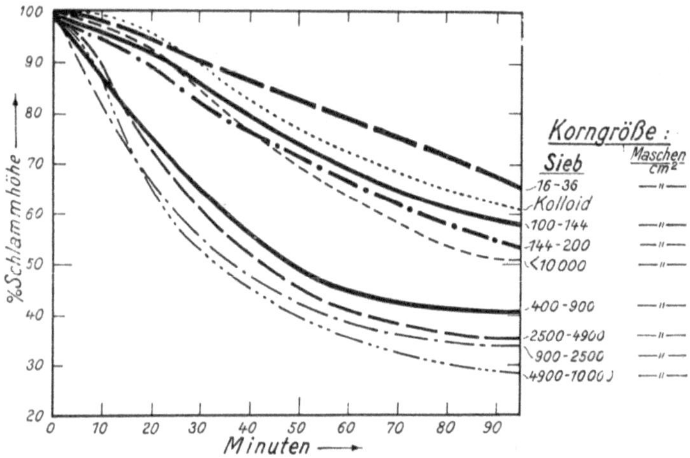

Abb. 4. Absitzkurven von Rotschlamm aus ungarischem Moha-Bauxit. Variiert ist die Korngröße des Bauxits, getrocknet bei 250° C, Glühverlust: 11,1%.

verfahren die Eigenschaft des Eisenoxydes keine Rolle spielt, auch beim Turmverfahren (einer modernen Variante des Bayer-Verfahrens — s. diese) kommt es auf die Klärfähigkeit des Bauxites nicht an, um so mehr aber beim klassischen Bayer-Verfahren.

Man bestimmt die Klärfähigkeit der Bauxite dadurch, daß man von dem Bauxit in einem Laboratoriumsautoklaven einen normalen Aufschluß nach Bayer macht, die Aufschlußlauge mit kochendem Wasser oder Waschlauge auf 25° Bé (spez. Gewicht 1,21) verdünnt und die dann über 90° C heiße Lauge in einem zylindrischen Gefäß — in einem auf Temperatur gehaltenen Wasserbad! — absitzen läßt. Wenn nach 20 Minuten Absetzdauer sich eine scharfe Trennungslinie zwischen Schlamm und Flüssigkeit gebildet hat, bei der die Höhe der Flüssigkeitsschicht etwa 20 cm beträgt, so ist in der Praxis mit einer ausreichenden Klärfähigkeit zu rechnen. Die angegebene Zeit von 20 Minuten ändert sich etwas, je nach der Autoklavenkonstruktion. Sie muß für jeden Versuchsautoklaven einmal festgelegt und vor allem auf die jeweiligen Betriebsverhältnisse abgestimmt werden. Auch sind natürlich die Ansprüche an die Klärfähigkeit verschieden, je nachdem, ob viel oder wenig Klärfläche in der Tonerdefabrik verfügbar ist. Es gibt Bauxite, wie die französischen, bei denen man keine Schwierigkeiten bezüglich der Klärfähigkeit hat. Andere Bauxite muß man ganz speziell behandeln, um sie beim Autoklaven-Verfahren verarbeiten zu können, ohne daß man Einbuße an der Produktionsmenge der Fabrik erleidet. Auch die Absetzeigenschaften des Schlammes sind in diesem Zusammenhang von Bedeutung, d. h. ob der Schlamm sich sehr locker oder sehr dicht absetzt. In beiden Fällen kann die Klärung durchaus zufriedenstellend sein. Ein lockerer Schlamm klärt im allgemeinen langsam, wirbelt sehr leicht auf. Man muß also vorsichtig eindicken, braucht demnach viel Klärfläche. Ein schnell, aber dicht und fest sich absetzender Schlamm überlastet möglicherweise das Krählwerk des Eindickers (vgl. w. u.)

Abgesehen vom Grad des Aufschlusses spielt, wie erwähnt, die Mahlfeinheit des Bauxites eine Rolle. Es ist nicht so, daß grob gemahlener Bauxit besser klärt als feingemahlener. Die entsprechenden Kurven eines schlecht klärenden ungarischen Bauxites (Iszka-Bauxit, Verladestation Moha) zeigen das umgekehrte Bild (s. Abb. 4 S. 36). Der Bauxit wurde gemahlen und dann je 2 kg der zwischen den in Tabelle 25 angegebenen Siebgrößen anfallenden Körnungen für die Absitzversuche verwandt.

Tabelle 25

Übersicht zur Abschätzung der Korngrößen einzelner Siebfraktionen

Siebmaschen je cm^2		Lichte Weite mm	
Grobsieb	Feinsieb	grob	fein
16	36	2	1
100	144	0,6	0,49
144	400	0,49	0,30
400	900	0,30	0,20
900	2500	0,20	0,12
2500	4900	0,12	0,088
4900	10000	0,088	0,060
$<$ 10000		0,060	$<$ 0,060

Schließlich wurde eine Probe des Bauxits von der Körnung $<$ 10000 noch in einer Kolloidmühle mit der berechneten Menge Aufschlußlauge von 40^0 Bé naß vermahlen. Es zeigte sich, daß der Rotschlamm aus der Bauxitfraktion 4900 bis 10000 am besten klärt und daß der Rotschlamm aus dem groben Bauxit, Fraktion 16—36, etwa eben so schlecht klärt wie der aus dem mit der Kolloidmühle vermahlenen Bauxit. Auch Versuche mit anderen Bauxiten (französischen) ergaben dasselbe Resultat.

Dieses sehr merkwürdige Verhalten gab Veranlassung, den Rotschlamm näher zu untersuchen. Hierbei zeigte sich, daß der aus grob gemahlenem Bauxit anfallende Rotschlamm aus zwei verschiedenen Bestandteilen besteht: aus solchen, die etwa die Korngröße des Bauxits behalten haben, und aus fein zerriebenen Teilchen. Diese beiden Bestandteile zeigten eine voneinander abweichende chemische Zusammensetzung (Tabelle 26).

Tabelle 26

Analysen von Rotschlämmen aus groben und feinen Bauxitanteilen

	Grober Teil	feiner Teil	Durchschnitt
Glühverlust . .	6,0%	6,8%	6,3%
SiO_2	6,0%	14,1%	11,6%
Fe_2O_3	65,4%	41,7%	49,2%
TiO_2	5,2%	5,9%	5,8%
Al_2O_3	12,5%	20,4%	16,7%

Die verschiedenen Gehalte an Kieselsäure lassen sich so erklären, daß aus den groben Körnern des Bauxits die Kieselsäureverbindung (Ton) herausgelöst wird und daß sich dann die Kieselsäure als Na-Al-Silikat auf dem Rotschlamm niederschlägt. Dieser, insbesondere der feine Anteil wird dadurch spezifisch leichter und so ein Koagulieren und Klären verhindert bzw. erschwert, wobei außerdem noch elektrostatische Kräfte eine Rolle spielen mögen (vgl. Stärkezusatz S. 40). Daß beim Bauxitaufschluß die Kieselsäureverbindung sich eher löst als der Böhmit, ist bekannt. Um diese Ansicht zu erhärten, wurden folgende Versuche angestellt.

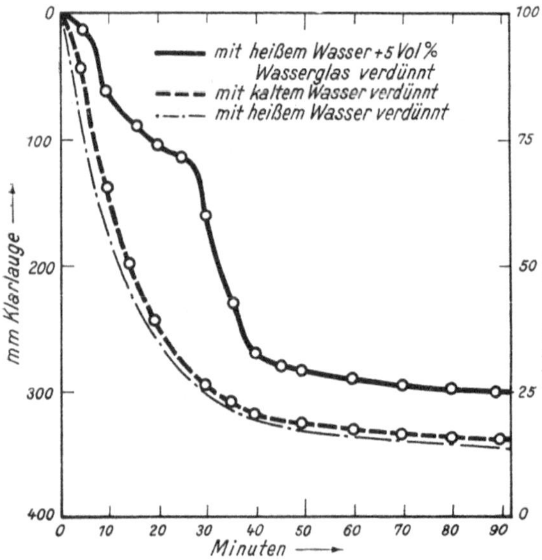

Abb. 5. Absitzkurve von Rotschlamm aus HK-Bauxit[1]), auf verschiedene Weise nach erfolgtem Aufschluß verdünnt.

Ein mit normaler Aufschlußmischung gefüllter Versuchsautoklav wurde ohne Rühren auf 6 atü erhitzt und dann erst der Bauxit vom Boden aufgewirbelt. Dadurch wurde der Temperaturbereich von 90 — 130° C, in dem die Kieselsäure löslich, der Böhmit aber noch nicht löslich ist, sozusagen übersprungen. Die Aufschlußlösung klärte etwa doppelt so gut wie eine solche von einem Aufschluß desselben Bauxits in demselben Autoklaven aber mit Rührung vom Anbeginn des Versuches (Abb. 6). Andererseits klärte ein Bauxitaufschluß sehr schlecht der statt mit Wasser mit wasserglashaltigem Wasser verdünnt wurde (Abb. 5).

Aus dem Verlauf der Kurven der Abb. 4 geht also hervor, daß kolloidfein gemahlener Bauxit bzw. daraus entstandener Rotschlamm sehr schlecht klärt. Man muß in der Fabrikation alles vermeiden, was die Emulsion des Rotschlammes in der Lauge begünstigt. Die Geschwindigkeit des Rührwerkes im Autoklaven soll nicht zu groß, die Aufschlußdauer nicht länger als nötig sein. Es empfiehlt sich, den Druck der Lauge in den Autoklaven teilweise dazu zu benutzen,

[1]) s. Fußnote S. 23!

die Aufschlußlauge so hoch zu drücken, daß keine Pumpe für die Betriebsapparaturen zwischen Autoklaven und Eindicker nötig ist. Durch eine Zentrifugalpumpe wird immer ein Zerschlagen des Rotschlammes begünstigt.

Ungünstig für die Klärung sind im allgemeinen hohe Aufschlußdrucke und hohe Konzentrationen der Aufschlußlauge. Leider ist man bei manchen Bauxiten gezwungen, für einen guten Aufschluß beides anzuwenden. Wenn man das Sinteraufschlußgut, das bei richtiger Führung des Drehofenprozesses gut absetzt unter Druck behandelt, wird es auch schlechter klärend.

Um eine gute Klärung des Rotschlammes herbeizuführen, hilft in sehr vielen Fällen ein Erhitzen des Bauxits auf 300—400° C. Man muß für jeden Bauxit die günstigste Glühtemperatur bestimmen. In der Praxis mißt man dann nicht die Temperatur des Bauxits, sondern bestimmt den Gehalt an gebundenem Wasser im Bauxit. Dieser Gehalt ist durch die Höhe der Glühtemperatur bestimmt (s. Tabelle 3).

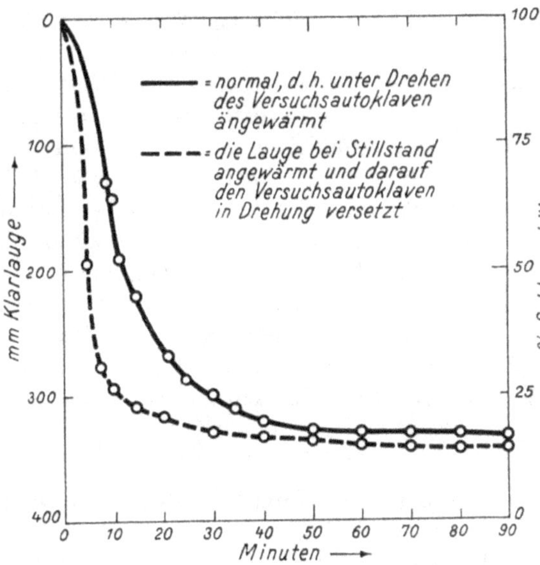

Abb. 6. Absitzkurve von Rotschlamm aus HK-Bauxit[1]). („Aufschluß" auf verschiedene Weise angewärmt).

Der Grund für die bessere Klärfähigkeit von höher erhitztem Bauxit liegt darin, daß die Kieselsäuresubstanz des Bauxits durch das Erhitzen unlöslicher in Natronlauge wird. Wenn man den der Tabelle 26 zugrunde gelegten Bauxit statt auf 400° C nur auf 105° C erhitzt, behält man im Grob-Rotschlamm nur noch 1,7% SiO_2 gegenüber 6% bei 400° C.

Beim Erhitzen des Bauxits auf noch höhere Temperaturen wird die Klärfähigkeit wieder sehr schnell schlechter, weil dann wegen des Zerfalls des Tonmoleküls die Löslichkeit der Kieselsäure in Natronlauge wieder steigt (vgl. hierzu B I).

Einige Bauxite klären so schlecht, daß selbst durch ein Erhitzen keine genügende Klärfähigkeit erreicht wird. Man kann sich dann so helfen, daß man gut klärenden und schlecht klärenden Bauxit bei den entsprechenden optimalen Temperaturen trocknet und dann beide Sorten in bestimmten Verhältnissen mischt, z. B. 75% vom gut klärenden und 25% vom schlecht klärenden Bauxit. Der gut klärende Rotschlamm reißt dann die feinen Teile des schlecht klärenden Rotschlammes mit.

Wenn diese Maßnahme nicht ausreicht, kann man zunächst versuchen, ob die Klärung durch stärkere Verdünnung der Laugen besser wird. Man hat oft einen guten Effekt, wenn man die Laugen statt mit 25—26° Bé (spez. Gewicht 1,21—1,22)

---

[1]) S. Fußnote S. 23.

mit 21—22° Bé (spez. Gewicht 1,71—1,80) aus dem Eindicker auslaufen läßt. Schließlich kann man auch gewisse Zusätze zur Lauge machen. Solche Zusatzstoffe sind in sehr großer Zahl versucht worden, aber bisher haben sich nur zwei als günstig erwiesen: der Zusatz von Stärke und der von Kalk. Während Lignin, Tannin, Dextrin fast keine Wirkung haben, verbessert der Stärkezusatz die Klärfähigkeit sehr erheblich. Durch ein Patent[1]) der Dorr-Gesellschaft ist seinerzeit dieser Zusatz bekanntgemacht und beschrieben worden. Bei schlecht klärenden Bauxiten wird durch den Zusatz von Stärke (bis zu 1 kg auf 8 m^3 verdünnter Aufschlußlauge) die Klärfähigkeit oft bis zum fünffachen verbessert. In manchen Fabriken wird ständig Stärke in den Verdünner gegeben. Günstig wirkt auch der Zusatz von Kalk. Zwar muß er so angewendet werden, daß er sich in der Lauge in feinverteilter Form befindet, was man erreichen kann, wenn man in die Aluminatlauge Chlorcalciumlösung eintropfen läßt. Man erhält einen sehr voluminösen Niederschlag, der das Eisenoxyd mit niederreißt. Man kann bis zu 3 g $CaCl_2$ je Liter Lauge anwenden, ohne einen größeren Verlust an ausgefällter Tonerde befürchten zu müssen. Natürlich hat man etwas Verlust an Alkali.

Schlechte Klärfähigkeit kommt besonders bei den ungarischen und jugoslawischen Bauxiten vor. Aber es ist nicht so, daß alle diese Bauxite nach dem Aufschluß schlecht klärende Laugen ergeben. Man muß von Fall zu Fall prüfen.

Bei dem Turmaufschluß spielt, wie erwähnt, die Klärfähigkeit des aufgeschlossenen Bauxits keine Rolle. Dagegen ist ungünstig, wenn der Bauxit nach dem Trocknen viel Staub enthält oder gar ganz aus Staub besteht. Den staubigen Bauxit muß man brikettieren, was einen zusätzlichen Arbeitsgang erfordert. Außerdem ist bisher nur ein Zusatz von ca. 25% Brikett im Turm ausprobiert. Ob wesentlich höhere Zusätze von Brikett sich im Turm verarbeiten lassen, muß noch untersucht werden.

c) Die für den Prozeß benötigte Natronlauge

Die für den Bayer-Prozeß benötigte Natronlauge kann man auf verschiedene Weise beschaffen:

1. Bezug konzentrierter Natronlauge oder festen Ätznatrons von den Ätznatronfabriken;
2. Bezug von Soda und Umsetzung dieser in verdünnter Lösung mit Ätzkalk;
3. Behandeln gemahlenen Bauxits mit Soda bei 1200° in einem Sinterofen.

Zu 1.: Die einfachste Art, den bei der Tonerdefabrikation entstehenden Alkaliverlust zu ersetzen, besteht darin, die Natronlauge in fester Form in Fässern oder als konzentrierte Lauge in Kesselwagen zu beziehen. Bei kleineren Fabriken geht man durchweg so vor. Daß dies nicht überall geschieht, liegt daran, daß das Alkali in Form von Ätznatron erheblich teurer ist als das in Form von Soda. In kleinen Anlagen und bei Verarbeitung von kieselsäurearmen Bauxiten wirkt sich aber dieser Preisunterschied nicht sehr erheblich aus, wie aus der Betrachtung auf S. 42 hervorgeht.

Das gelieferte Ätznatron ist meist sehr rein. Ein gewöhnlich vorhandener kleiner Gehalt an Kochsalz hat keinen schädlichen Einfluß. Wenn man Wasser sparen will, löst man das feste Ätznatron in verdünnter Aluminatlauge auf. Dieses geschieht am

[1]) F. P. 861741.

besten in einem Rührbehälter, der an der Seite mit eisernen Körben ausgestattet ist. In diese werden die Ätznatrontrommeln, die vorher durch einen Schneidbrenner aufgeschlitzt worden sind, mittels einer Katze eingebracht und ihr Inhalt unter Rühren gelöst. Die Lauge erhitzt sich beim Lösen des Ätznatrons sehr stark und kann bis zum Sieden kommen (Schutzbrillen!). — Es gibt auch Ätznatronlöser, in denen die Lauge im Kreislauf systematisch an dem festen Ätznatronblock vorbeigeführt wird. Für kleine Mengen mag ein solcher Apparat richtig sein.

Wenn das Ätznatron in Form von konzentrierter Lauge geliefert wird, so braucht man diese natürlich nur aus dem Kesselwagen in den Betrieb zu pumpen.

Zu 2.: Die zweite Art, die Natronlauge zu ersetzen, ist die Kaustizierung von Soda mittels Kalk. In dünner, 90° C warmer Sodalösung geht die Reaktion $Na_2CO_3 + Ca(OH)_2 \rightleftarrows 2NaOH + CaCO_3$ über 90% von links nach rechts Man stellt die Sodalösung so ein, daß man eine Lösung von 9—10% NaOH erhält.

Für kleine Anlagen genügen zwei bis vier heizbare Rührgefäße, ausgestattet mit eisernen Körben für den gebrannten Kalk. Die Temperatur des Reaktionsgemisches soll ca. 90° C betragen. Die Gefäße werden abwechselnd betrieben. Der Verlauf der Reaktion wird titrimetrisch verfolgt. Hat die Umsetzung den gewünschten Grad erreicht, wird der Inhalt des Gefäßes in einen Eindicker gepumpt. Aus diesem fließt die klare Natronlauge oben ab und geht in die Eindampferei. Die Kalziumkarbonatrückstände werden am besten auf ein Trommelfilter gepumpt, dort durch Waschen von anhaftender Lauge befreit und auf die Halde gebracht. Das anfallende Waschwasser geht wieder in die Reaktionsbehälter.

Mit zwei Rührwerksbehältern von 25 cbm kann man etwa 500 t Soda im Monat verarbeiten. Der Kalkbedarf beträgt theoretisch 53 Teile für 100 Teile Soda. Da der Kalk nie ganz rein ist und man außerdem mit einem Überschuß an Kalk arbeiten muß, ist der Kalkverbrauch meist 65—70% von dem der Soda. Genaue Zahlen müssen mit jeder Kalksorte in der Praxis ausprobiert werden.

Für größere Anlagen mit mehr als 500 t Soda Durchsatz im Monat haben sich die kontinuierlichen Anlagen bewährt, wie sie beispielsweise von der Dorr-Gesellschaft geliefert wurden. Die Soda kommt entweder lose in Kalkdeckelwagen oder in Säcken in die Fabrik. Die lose Soda wird zweckmäßig durch eine pneumatische Anlage in ein Silolager gebracht. Wegen der ätzenden Eigenschaften des Sodastaubes ist eine solche Anlage auch für mittelgroße Fabriken zu empfehlen. Von dem Silo wird die Soda kontinuierlich abgezogen. Sie fällt auf Bänder, die mit Bandwagen versehen sind. Die Bänder bringen die Soda in Löseschnecken (Paddelschnecken), in die angewärmtes Wasser oder Waschlauge hineinläuft. Die entstandene Sodalösung gelangt in einen Rührwerksbehälter, in dem der Gehalt der Lösung an Soda geprüft werden kann. Sie wird nun in die Reaktionsgefäße gepumpt.

Der Kalk wird aus dem Waggon in einen Backenbrecher und von dort mittels Elevator in ein Silo gegeben. Unter den Kalksilos ist eine Kalklöschtrommel angeordnet. Die Speisung mit Kalk aus dem Silo geschieht mittels einer Telleraufgabe. Durch Einstellen des Abstreifers kann die Menge des in die Löschtrommel gelangenden Kalkes variiert werden. In die Trommel wird gleichzeitig Sodalösung und Waschwasser gepumpt. Die entstandene Kalkmilch fließt dann über einen Klassierer, in dem die groben Anteile zurückgehalten und ausgeschieden werden. Die Kalkmilch geht über ein Sammelgefäß in die oben erwähnten Reaktionsgefäße, die mit einem gut wirkenden Rührwerk ausgestattet sind. Etwa vier bis sechs Kaustiziergefäße sind hintereinandergeschaltet, durch die die Reaktionsmischung hindurchläuft.

Von nun an ist der Gang des Betriebes derselbe wie bei der oben beschriebenen kleinen Anlage. Die fertige Lauge mit dem Kalziumkarbonat fließt in einen „ersten" Eindicker. Die klare Natronlauge läuft oben ab und wird in die Eindampferei gepumpt. Der eingedickte Kalziumkarbonatschlamm wird noch in einen oder zwei Wascheindicker und schließlich auf einem Filter ausgewaschen. Ein Wascheindicker hat etwa 60% der Fläche des „ersten" Eindickers.

Eine Verwendung für die anfallenden Kalkrückstände ist bisher nur teilweise gefunden. Man kann ihn als Düngekalk benutzen. Zu diesem Zweck muß der Rückstand getrocknet werden, damit man ein streufähiges Pulver erhält. Um wirtschaftlich zu bleiben, muß man die Trocknung mit Abgasen vornehmen. Wenn der Kalk unter Aufwendung einer hohen Fracht bezogen werden muß, kann man den Kalziumkarbonatschlamm in einem Drehofen wieder in gebrannten Kalk umwandeln. Anderenfalls ist natürlich das Brennen von stückigem Kalkstein im normalen Kalkofen billiger.

Da die Kaustizierung der Soda nicht vollständig ist, muß man in der Eindampferei aus den konzentrierten Laugen regelmäßig Soda abscheiden. Diese abgeschiedene Soda wird der Kaustizierung wieder zugeführt. Dabei ist darauf zu achten, daß der Soda nicht zu viel Aluminatlauge anhaftet. Man hat sonst Verluste an Tonerde im Kalkschlamm. Wenn man den Kalkschlamm wieder brennt, reichert sich das Kalziumaluminat im Kalk eventuell an und setzt seine Qualität herab.

Bei dem Vergleich der Wirtschaftlichkeit der beiden unter 1. und 2. besprochenen Verfahren kommt es in erster Linie auf den Preisunterschied zwischen dem eingekauften Ätznatron und der bezogenen Soda an. Ist der Preisunterschied so groß wie er in Deutschland vor dem Kriege war, lohnt sich die Einrichtung einer Kaustizieranlage auch für mittelgroße Fabriken, da die Kosten in der Kaustizieranlage etwa 75—80% der Kosten betragen, die bei Bezug fertigen Ätznatrons nötig sind.

Die Preise waren für:	1 t Ätznatron	Mk. 225,—
	1 t Soda	Mk. 95,—
	1 t gebr. Kalk	Mk. 25,—.

Um auf gleiche Alkalimengen zu kommen, sind aufzuwenden

für Soda $95 \times \frac{106}{80} =$ Mk. 125,50

für Kalk Mk. 17,50

Mk. 143,— entsprechend 1 t Ätznatron.

Dazu kommen noch die Kaustizierungskosten:

	Kontinuierl. Betr.	Diskont. Betr.
Soda + Kalk	Mk. 143,—	Mk. 143,—
Kaustizierungskosten	Mk. 18,—	Mk. 25,—
Eindampfkosten	Mk. 13,—	Mk. 13,—
	Mk. 174,—	Mk. 181,—

Dagegen sind, wie oben erwähnt, Mk. 225,— bei Bezug von Ätznatron aufzuwenden.

Aus diesen Zahlen ergibt sich, daß kein Vorteil mehr besteht, wenn der Preis für Soda Mk. 130,— und mehr je Tonne erreicht. Da im allgemeinen alle Kosten sich bei anderem Geldwert etwa proportional ändern, kann man sagen, der Preis der Soda darf von dem des Ätznatrons nicht mehr als 56% betragen, wenn noch ein Nutzen bei der Kaustizieranlage erzielt werden soll.

Zu dem Unterschied in den Kosten der kontinuierlichen und diskontinuierlichen Kaustizierung ist noch folgendes zu sagen:

Für eine große kontinuierliche Kaustizierung mit einer Verarbeitung von 4000 bis 7000 t monatlich eingeführter Soda beträgt der Lohnstundenbedarf für eine Tonne Soda zwei Lohnstunden. Dabei sind nicht gerechnet die Lohnstunden für das Hereinschaffen der Soda und Abfahren des Kalkrückstandes. Die Sodazahl schließt nicht die ca. 10% Soda ein, die nebenbei wegen der nicht vollkommenen Umsetzung der Soda anfallen und von neuem verarbeitet werden müssen. Der Dampfverbrauch ist 1—1,5 t, der Stromverbrauch 30—40 kWh je Tonne Soda. Die gesamten Sachkosten betragen 10—12 Mk.. Einschließlich der Gemeinkosten und der ziemlich hohen Kapitalkosten kommt man dann auf etwa Mk. 18,— je Tonne neuverarbeiteter Soda. Die Anlagekosten betragen etwa 400000,— Mk. Sie geben nur einen ersten Anhalt nicht nur deshalb, weil die Umrechnung der damaligen Preise auf die heutigen sehr unsicher ist, sondern auch deshalb, weil man eine solche Anlage in bezug auf Gebäude, Reserveteile usw. mehr oder weniger reichlich auslegen kann.

Bei diskontinuierlichen Anlagen betragen die Lohnstunden 2,5—5 Stunden, der Dampfverbrauch 3,5—5 t, der Stromverbrauch 45—70 kWh je Tonne verarbeiteter Soda, die Sachkosten zusammen etwa Mk. 16,—, die Gesamtkosten etwa Mk. 25,—. (Sämtliche Kosten: Basis 1939!)

Zu 3.: Den Alkaliverlust kann man auch dadurch ersetzen, daß man Bauxit mit Soda bei 1200° gemäß dem früher allgemein betriebenen Prozeß von Le Chatelier sintert. Es entsteht Natriumaluminat, während die Kohlensäure mit den Abgasen des Ofens entweicht. Der Prozeß ist ausführlich auf S. 109 beschrieben. Hier sollen nur die allgemeinen Gesichtspunkte, die für einen Vergleich mit der oben erwähnten Natronlaugebeschaffung nach 1. und 2. nötig sind, aufgeführt werden.

Der Hauptvorteil des Verfahrens ist, daß man gleichzeitig die Kapazität der Fabrik vergrößert, indem man zusätzlich noch Bauxit mit Soda im Drehofen aufschließt. Die Kombination beider Aufschlußverfahren hat bestimmte Vorteile (vgl. S. 128). Der Nachteil besteht darin, daß hohe zusätzliche Anschaffungskosten für Apparatur und Gebäude erforderlich sind. Man benötigt eine Mischerei für Bauxit und Soda, einen Drehofen und eine Lösemühle für den Sinter. Dies alles lohnt sich nur, wenn man einen größeren Bedarf an Alkali hat. Auch bedeutet das Betreiben von zwei Aufschlußmethoden eine gewisse Komplikation. Schließlich ist zu berücksichtigen, daß nach den bisherigen Ergebnissen dieses Verfahren nur für Fabriken mit einer Jahreskapazität von mindestens 50000 t Tonerde wirtschaftlich ist. Die Menge des mit dieser Anlage zusätzlich verarbeiteten Bauxites richtet sich nach dem Sodaverlust. Bei Verarbeitung von Bauxiten mit ca. 4% SiO_2 wird man etwa 10% des Bauxits durch diese Anlage schicken, bei kieselsäurereicheren Bauxiten entsprechend mehr.

Die Wirtschaftlichkeit des Verfahrens ist nur unter Berücksichtigung mit der dabei gewonnenen Tonerde zu betrachten. Sie soll deshalb im Zusammenhang mit den Berechnungen der Wirtschaftlichkeit des Bayer- und des Sinterverfahrens (S. 126) erörtert werden. Hier sei nur vorweg genommen, daß im allgemeinen die Herstellung von Natriumaluminat im Sinteraufschlußverfahren für den Ersatz des verloren gegangenen Alkalis weniger kostet als der Ersatz des Alkalis in einer Kaustizieranlage. Doch sind die Unterschiede nicht sehr erheblich (vgl. S. 42).

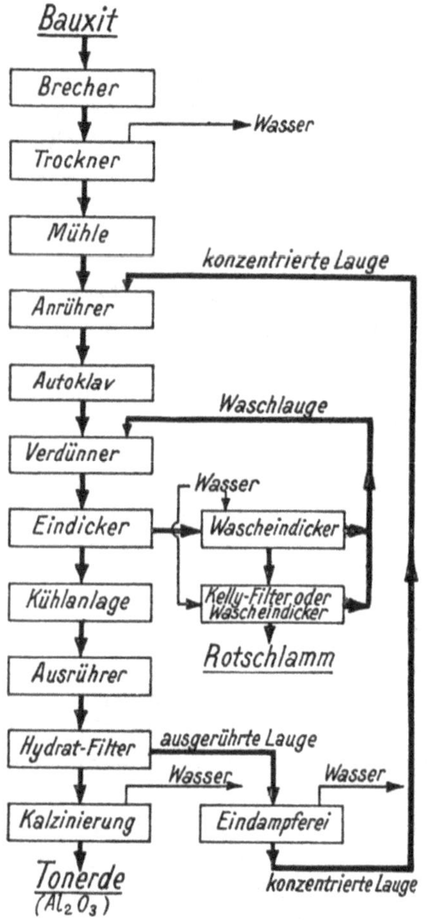

Abb. 7. Schema zum Aufschluß des Bauxits mit Lauge im Autoklaven.

Was die Notwendigkeit der Vorratshaltung der Soda anbelangt, so hängt diese von der mehr oder weniger gesicherten Zufuhr von Soda ab. Meist genügt ein Lager für einen Monatsbedarf. Für unvorhergesehene Fälle kann man Ätznatrontrommeln in einem Schuppen lagern. Noch besser ist es, die Ausrührerei reichlich zu bauen und dort Lauge in den Behältern zu stapeln. Diese darf aber wegen der Gefahr des Auskristallisierens nicht zu konzentriert sein.

d) Der Gang und die Apparatur des Bayer-Verfahrens

Im Prinzip beruht auch heute noch der Aufschluß des Bauxits mit Natronlauge auf dem in den Bayer-Patenten[1]) beschriebenen Verfahren, das von K. J. Bayer in der Nähe von Celje (Zilli) im damaligen Österreich in einem Versuchsbetrieb ausprobiert und im Laufe der neunziger Jahre in die Praxis übersetzt wurde.

Es haben sich verschiedene Varianten der Verfahren ausgebildet. Zunächst soll diejenige beschrieben werden, die sich am engsten an das ursprüngliche Verfahren anlehnt und in Europa die größte Verbreitung hat, nämlich:

Der Aufschluß des Bauxits mit starker Lauge in Autoklaven

Die einzelnen Abschnitte dieses Verfahrens sind in dem Schema der Abb. 7, ein genauer Mengenumlauf im Schema Abb. 13, S. 62 dargestellt.

Der Bauxit wird gebrochen, getrocknet, gemahlen und im bestimmten Verhältnis mit sehr starker Lauge gemischt (angerührt). Die Mischung kommt in Autoklaven,

[1]) DRP. 43977 (1887) u. DRP. 65604 (1892).

von da in Verdünner und dann zum Abtrennen der verbliebenen festen Bestandteile in Eindicker. Die nicht gelösten und im vorgenannten Eindicker in Form eines mehr oder weniger dicken Schlammes abgelagerten Bestandteile des Bauxits gehen in einen Wascheindicker, dann in Kelly-Filter oder weitere Eindicker und werden als „Rotschlamm“ aus der Fabrikation entfernt. Ist die vom Eindicker kommende Lauge nicht klar, so geht sie noch durch ein Klarfilter. Die klare Lauge wird durch eine Kühlanlage in die Ausrührer gepumpt, in denen das Tonerdehydrat ausfällt. Auf Trommelfiltern wird dann das Hydrat von der Lauge getrennt. Die Lauge wird eingedampft; das Hydrat gelangt in die Kalzinieröfen, in denen es zu Tonerde verglüht wird.

Abbildung 8 zeigt einen schematischen Lageplan einer Bayerfabrik, wie er für eine Anlage von 50000 — 100000 t/Jahr Tonerde in Betracht käme. Durch die Fabrik führen drei Eisenbahnstränge, auf denen als Hauptgüter Bauxit und Kohle herangeschafft und Tonerde und Rotschlamm abtransportiert werden. Wie üblich sind die Transportwege der festen Stoffe möglichst kurz gehalten; auch die Dampfleitungen sind durch die Anordnung des Kesselhauses in unmittelbarer Nähe der Eindampferei und des Autoklavengebäudes günstig zu verlegen; die Werkstätten liegen möglichst zentral.

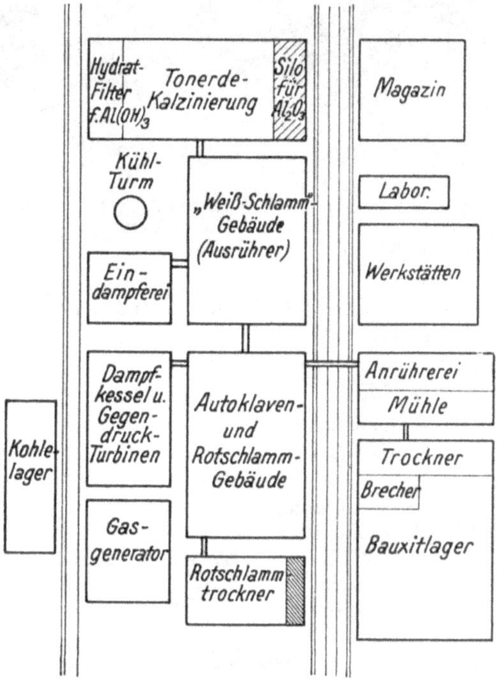

Abb. 8. Lageplan einer Bayerfabrik.

Die Abbildung 9 zeigt als Beispiel einer mustergültigen Anlage das Lautawerk, das eigentliche Mutterwerk der VAW. Das Bild stellt das Werk in dem Zustand der ersten Betriebsjahre dar, als die klare Anordnung der Anlage noch nicht durch Umbauten und Erweiterungen gestört war. Im einzelnen hierzu folgendes:

Entladen

Der Bauxit wird in unseren Breiten im allgemeinen nicht im Winter angeliefert, weil er auf den Eisenbahnwagen bei starkem Frost zusammenfriert. Bei gelindem Frost läßt man den Wagen auf der Grube mit Kochsalz bestreuen. Auch kann man bei nicht zu nassem Material den Bauxit durch Zusatz von gebranntem Kalk künstlich trocknen. Dieses Verfahren wird in Rußland oft bei Erzen angewandt. Hat man einmal einen durchgefrorenen Wagen, so gelingt es nicht, ihn in einem z. B. durch Abgase angewärmten Raum innerhalb einer annehmbaren Zeit aufzutauen. Das Losmeißeln des Bauxits dauert sehr lange. Am besten hat sich noch vorsichtiges Sprengen bewährt.

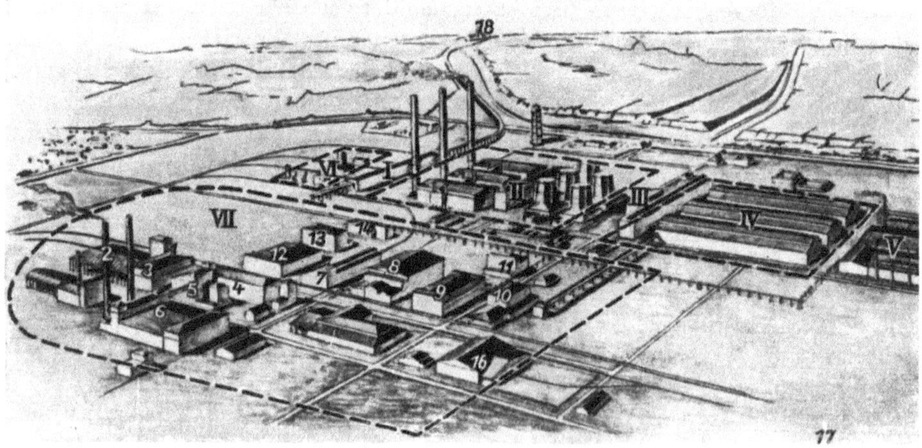

Abb. 9. Ansicht einer Tonerdefabrik.

I = Bunker für Braunkohle
II = Kraftwerk
III = Umformer: Wechselstrom / Gleichstrom
IV = Aluminiumelektrolyse
V = Gießerei
VI = Gasgeneratoren
VII = Tonerdefabrik mit den Gebäuden für
1 = Bauxitbrecher
2 = Bauxitlager
3 = Bauxittrockner
4 = Mühlen für Bauxit, Kalkstein, Soda, Schmelze
5 = Mischsilos
6 = Drehöfen für Kalk-Soda-Aufschluß
7 = Rührwerke und Autoklaven für Lösen und Entkieseln. Filter für Rotschlamm
8 = Ausrührer und Filter für Hydratschlamm
9 = Kalzinieröfen für Tonerdehydrat
10 = Silos für Tonerdelagerung
11 = Karbonisierer
12 = Drehöfen für Sodakalzinierung
13 = Eindampfer
14 = Gegendruckturbinen
15 = Werkstatt
16 = Magazin
17 = Lokomotivschuppen
18 = Braunkohlengrube

In größeren Fabriken hat man nach zwei Seiten kippende Einrichtungen zum Entleeren der Waggons. Das Kippen geschieht nicht mehr von unten mittels Spindel, sondern mittels Seilwinden, die oberhalb des Waggons angeordnet sind. Der Kipper wird durch ein überstehendes Dach geschützt und ist mit seitlichen Stocherbühnen zum Herunterstoßen des manchmal backenden Erzes ausgerüstet. Drahtseile haben sich übrigens auch bei den dem Waggonkipper nachgeschalteten Kübelaufzügen gut bewährt, wenn die Umlenkrollen möglichst groß gewählt wurden. In größeren Fabriken ist außerdem zur Hereinnahme von schlammigem Bauxit ein Greifkran vorgesehen. Denn solches Material verursacht häufig in den Transportanlagen und in den Brechern sehr große Schwierigkeiten. In der Rohmaterialhalle hat es gewöhnlich Zeit abzutrocknen. Es kommt vor, daß der nasse Bauxit in strengen Wintern auch in der Halle zusammenfriert. Man muß dann ebenfalls sprengen.

Brechen

Vom Waggonkipper gelangt der Bauxit in das Brechersystem, das gewöhnlich aus einem Kübelaufzug, einem Zubringerband und zwei hintereinander geschalteten Brechern besteht. Statt mit Aufzug läßt sich auch hier mit Greifern arbeiten. Man kann zwei gezahnte Walzenbrecher hintereinander schalten, die mit Abstreifern für klebendes Material versehen sind. Bei mittelhartem Bauxit kombiniert man einen Backenbrecher mit einem Walzenbrecher. Bei noch härterem Material wendet man zwei Backenbrecher an oder man stellt einen Kegelbrecher (Symonbrecher) auf, mit oder ohne Vorschaltung eines Backenbrechers. Die Amerikaner haben „Dixi"-Brecher konstruiert, die selbst sehr große Stücke Bauxit auf 25 bis 30 mm brechen, wie es für die Mühlen erwünscht ist.

Schwierigkeiten gibt es bei den Brechern dadurch, daß im Bauxit oftmals Eisenstücke vorhanden sind. In der Grube wird der Bauxit durch Sprengen und Aufladen des Materials auf Kleinbahnen gefördert. Da diese Einrichtung mit dem Fortschreiten des Abbaus häufig verschoben werden muß, kommen leicht Teile wie Laschen, Schrauben, selbst Waggon-Puffer in das Bauxitgut. Die Brecher sollen deshalb mit Scherstiften ausgerüstet sein, obwohl auch diese keine absolut zuverlässige Sicherung, besonders bei Walzenbrechern, geben.

Die Walzenbrecher sind also durch diese Eisenteile gefährdet. Es kommen Verbiegungen der Walzenachsen vor. Ein Radikalmittel zur Ausschaltung dieser Störungen gibt es nicht. Man hilft sich, indem man einen zuverlässigen älteren Mann zur Beobachtung an das Aufgabeband stellt. — Um feines Material nicht durch die Brecher nehmen zu müssen, kann man Roste vorschalten, die das Feine durchfallen lassen (Lieferung: Krupp Grusonwerke, Magdeburg).

Eine schon erwähnte Schwierigkeit beim Verarbeiten von schmierig-nassem Bauxit besteht darin, daß die Brecher zukleben und dann keine oder nur ganz ungenügende Leistung haben. Wie schon erwähnt, ist es in diesem Fall günstiger, das Material direkt in das Rohmateriallager oder auch sofort in den Trockenofen zu geben. Man kann für diesen Fall am Ausgang des Trockners eine Vorrichtung anbringen, die solche Bauxit-Stücke zurückhält, die Schwierigkeiten beim Einschleusen in die Mühle machen würden (s. S. 50). Bei nassem Bauxit kann man sich auch dadurch etwas helfen, daß man ihn mit trockenem Bauxitstaub „pudert".

Wegen der notwendigen Unterbrechung der Bauxitlieferungen im Winter muß man bis zum Herbst möglichst in einer gedeckten Halle einlagern. Gewöhnlich wird gebrochener Bauxit gelagert. Nachteilig hierbei ist, daß die Leistung der Brecher nicht nach dem Tagesverbrauch, sondern nach dem Eingang von Bauxit zu bemessen ist; dies hat aber den Vorteil, daß man den teilweise in sehr großen Stücken ankommenden Bauxit nicht ein zweites Mal aufnehmen muß. Übrigens muß man wegen der Größe der Stücke die Brecher oft sowieso reichlicher wählen, als es für den Tagesverbrauch von Bauxit an sich nötig wäre. Auch ist bei den Walzenbrechern die Einzugfähigkeit der Walzen mit großem Durchmesser (1000 mm) sehr viel besser, als bei kleineren Brechern, besonders auch bei schmierigem Material. Liegt die Fabrik am Meer oder an einem großen Fluß, so wird meist eine Hängebahn für die Hereinnahme des Bauxits in die Fabrikation benutzt; andernfalls wird er meist aus den Eisenbahnwagen durch Waggonkipper in den Betrieb gefördert.

Lagern

Die Materialzuführung zum Rohstofflager geschieht am besten mit Bändern. Die Höhe des Lagers beträgt 6—10 m. Das Gut wird auf diese Höhe mit Schrägbändern von höchstens 18% Steigung gefördert. Wenn die örtlichen Verhältnisse es zulassen, sollte die Abgabe der Schrägbänder so eingerichtet werden, daß einerseits das Rohmateriallager beschickt wird, andererseits der Bauxit auch direkt in die Trocknerei gelangen kann.

Ist man auf verschiedene Bauxitsorten angewiesen, was gewöhnlich der Fall ist, muß man unbedingt dafür sorgen, daß jede Bauxitsorte getrennt gelagert werden kann. Zwei oder mehrere Zuteilungsbänder, die längs des Lagers laufen, arbeiten auf verschieb- und reservierbare Querbänder, die die ganze Rohmaterialfläche bestreichen. Für den Abtransport der einzelnen Bauxitsorten haben sich unter Flur angeordnete Bänder gut bewährt. Wenn dies nicht vorgesehen ist, muß man in der Mitte des Lagers einen Gang für transportable Bänder freilassen. Für die mechanische Aufnahme des Bauxits und die Beschickung dieser Bänder haben sich z. B. die Apparate der Firma Heinzelmann & Sparrenberg, Hannover, gut bewährt. Sie bestehen im Prinzip aus zwei Zubringerschnecken, die auf ein schräg aufsteigendes Band arbeiten.

Man kann das Bauxitlager auch durch Greiferkatzen, die von einem Führer gesteuert werden, beschicken und entleeren. Doch ist diese Anlage in der Regel teurer, weil sie so groß sein muß, daß sie den oft stoßweise ankommenden Bauxit voll bewältigen kann. — In mittleren Fabriken nimmt der Greiferkran den ankommenden Bauxit auf, transportiert ihn zum Brecher und weiterhin das gebrochene Material entweder in das Rohmateriallager oder auch sogleich in den Betrieb.

Um keine zu großen und schweren Seitenwände bei den Bauxitlagern zu benötigen, läßt man den Bauxit nach der Seite abböschen. Die niedrigen Wände werden weit herausgeschoben und das Dach auf diese heruntergezogen. Man kann mit einem Schüttgewicht des Bauxits im Mittel von 1,6—1,9 rechnen, je nach Art und Stückgröße.

Wenn man sich für Kräne entscheidet, kann man auch gleich vorsehen, daß diese für die Entladung von Kalk und Kohle geeignet sind.

Das Rohmateriallager soll einen Bauxitvorrat für etwa 3—4 Monate fassen. Zweckmäßig wird noch im Freien eine größere Halde von Bauxit angelegt, auf die man nach Bedarf zurückgreifen kann. Es ist dies zwar eine zinslose Kapitalfestlegung. Aber oft ist es richtiger, Gewinne in Bauxit anzulegen als in werksfremden Werten.

Trocknen

Durch Schrägbänder, Schotterbrecherwerke oder Kübelaufzüge gelangt der Bauxit vom Rohmateriallager in die Trocknerei; Schrägbänder sind am meisten zu empfehlen. Man ordnet sie, wie oben erwähnt, zweckmäßig so an, daß sowohl Material direkt von den Brechern gefördert werden kann, als auch aus dem Rohmateriallager. Über den Trocknern sind kleine Silo angebracht. Unter diesen befinden sich Bänder, Tellerabstreifer, Schubspeiser oder ähnliche Apparate, durch die der Bauxit in bestimmter Menge den Trocknern zugeführt werden kann.

Als Trockner können gewählt werden: Etagentrockner oder Drehrohrtrockner. Die Wärmeausnutzung in beiden Apparaten ist etwa gleich gut. Die Etagentrockner sind teurer in der Anlage, beanspruchen aber weniger Platz und garantieren eine gleichmäßigere Durchwärmung der kleinen und großen Bauxitstücke. Dies ist besonders wichtig bei der Verarbeitung von sogenannten schlecht klärenden Bauxiten.

Den Einfluß der Glühtemperatur des Bauxits auf die Klärfähigkeit des Rotschlammes in den Eindickern bei manchen Bauxitsorten zeigt das Kurvenbild der Abb. 10. Dabei ist zu bemerken, daß die Versuche in einem kleinen rotierenden Autoklaven durchgeführt sind. Erfahrungsgemäß liegen die Absitzkurven, die man bei denselben Bauxiten in den großen Rührautoklaven des Betriebes erhält, ungünstiger. Aber alle Kurven werden gleichmäßig nach oben verschoben, so daß also die im kleinen erhaltenen Kurven schon ein gutes Bild für die Klärfähigkeit im großen ergeben. Die installierten Etagentrockner der Klöckner Humboldt Deutz AG., Köln-Kalk leisten bis 12 t Trockengut je Stunde.

Die sich nun anschließenden Arbeitsgänge werden in den folgenden Abschnitten behandelt, die die beiden Varianten des Verfahrens zum Gegenstand haben, nämlich den Aufschluß

a) in Rührautoklaven, bei denen gewissermaßen der Bauxit gegen die Lauge bewegt wird und

b) in sogenannten Türmen ohne Rührwerk, in denen die Lauge durch eine ruhende Bauxitschicht fließt.

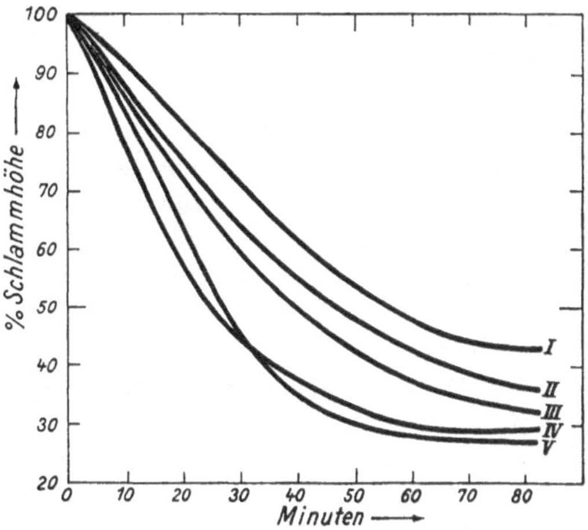

Abb. 10. Absitzkurven von Rotschlamm aus ungarischem Bauxit. Variiert ist nur die Temperatur bei der Vorerhitzung des Bauxits, dessen Korngröße zwischen Sieb 2500 und 4900 liegt.

Nach einer Behandlung bei:	150°	250°	300°	350°	500°
hat der Bauxit noch einen Glühverlust in Prozent von:	20,3	11,1	9,0	8,3	7,2
Kurve:	I	II	III	IV	V

aa) Aufschluß des Bauxits in Autoklaven

Zunächst sollen einige Kürzungen des Verfahrens erwähnt werden, die bei den Arbeitsgängen vor dem Aufschluß des Bauxits vorgenommen wurden.

Die Franzosen verzichten auf Trocknung und Feinmahlung. Sie leiten in Autoklaven ohne Rührwerk direkt Dampf ein und bringen dadurch den Bauxit intensiv in Bewegung. — Weit verbreitet sind Mahltrockner, eine Kombination von Mühle und Trockner. In diesem Fall werden durch die Mühle gleichzeitig Verbrennungsgase geführt und dadurch der Bauxit soweit abgetrocknet, daß er mahlbar wird. — Schließlich kann man auch die Trocknung weglassen, wenn man den Bauxit in Naßmühlen zusammen mit konzentrierter Lauge mahlt.

Folgt man dem im vorhergehenden Abschnitt beschriebenen ungekürzten Gang des Verfahrens, so ist dieser zwar der kompliziertere, man hat aber die besten Aussichten, die verschiedensten Bauxite in der Anlage ohne größere Schwierigkeiten verarbeiten zu können, weil dieser sich den Eigenheiten der verschiedenen Rohstoffe, auch solchen die Diaspor enthalten, am besten anpassen läßt.

Die Vor- und Nachteile der obigen gekürzten Arbeitsweisen sollen im folgenden erörtert werden.

Die Bauxite enthalten, wie früher erwähnt, mehr oder weniger große Mengen organischer Substanz. Wenn man den Bauxit überhaupt nicht trocknet oder nur einen Mahltrockner bei wenig mehr als 100° C anwendet, bleibt die organische Substanz im Bauxit erhalten. Eine Trocknung bei höheren Temperaturen kann die Klärfähigkeit des Bauxites im günstigen Sinne beeinflussen (vgl. hierzu 1 b dieses Kapitels). Wenn man Bauxite zu verarbeiten hat, die schlecht klären, diasporhaltig und daher sehr hart sind und viel organische Substanz enthalten, sind obige Vereinfachungen im Verfahrensgang nicht zu empfehlen. Die Methode der Franzosen ist nur bei Bauxiten anwendbar, die leicht zerfallen, außerdem günstig klären und wenig organische Substanz enthalten. Bei französischen Bauxiten ist das im allgemeinen der Fall. Wenn man harten Bauxit hat, wie beispielsweise meist in Rußland, so muß man mahlen.

Mahlen

Man kann die Naß-Vermahlung von Bauxit mit konzentrierter Aufschlußlauge anwenden. Die Verfasser haben keine Erfahrungen mit dieser Arbeitsweise, beurteilen sie aber günstig, besonders wenn man Bauxite verarbeitet, die wenig organische Substanz und nicht zuviel anhaftendes Wasser enthalten, also etwa 7% H_2O oder noch weniger. An Kosten stehen in diesem Fall einander gegenüber die Trockenkosten der Bauxite einerseits, die etwas höheren Eindampfkosten der Lauge infolge aufgenommenen Wassers vom ungetrockneten Rohstoff andererseits. Dazu kommen für den letzteren Fall noch die Kosten, die die organische Substanz in der Lauge verursacht. Die einfachere und billigere Vermahlung des Bauxits ist zweifellos als Vorteil zu werten. Insbesondere fällt die Staubauffangung und Entstaubung der Mühlengebäude weg. Man kann natürlich auch die Kombination wählen: Trocknung plus Naßvermahlung des Bauxits. — Die organische Substanz wird in den Autoklaven teilweise oxydiert, und zwar bis zur Kohlensäure, die mit der Natronlauge Soda bildet. Diese muß in der Eindampferei regelmäßig entfernt werden, während dies sonst nicht notwendig ist. Teils bleibt die organische Substanz auch in der Lauge und färbt diese dunkel. Dadurch wird die Kontrolle der Reinheit der Lauge sehr erschwert und auch die Ausrührzeit ungünstig beeinflußt. Man muß deshalb wenigstens zeitweise die Laugen mit Chlor oder einem anderen Oxydationsmittel behandeln. Hierüber gehen die Beurteilungen etwas auseinander. In der Tonerdefabrik in Mostar (Jugoslawien), ebenfalls auch in amerikanischen Fabriken, wurde der Bauxit nicht kalziniert. Man arbeitete mit dunkelbraun gefärbten Laugen, ohne einen nachteiligen Einfluß auf das Ausrühren festzustellen!

Bei den französischen Bauxiten beträgt die Menge Kohlensäure, die in den Autoklaven entsteht, etwa 10 kg je Tonne erzeugter Tonerde. Der Einfluß der organischen Substanz auf den Ausrührprozeß ist auch hier umstritten. In den verschiedenen Fabriken hat man voneinander abweichende Einflüsse festgestellt.

Wenn man den Bauxit naß mahlt, muß man Bauxit und Lauge vor Eintritt in die Mühle dosieren und nach der Mühle Gefäße anbringen, in denen Bauxit und Lauge auf das für den Aufschluß nötige Verhältnis gebracht werden. Zu dem Zweck stellt man am Ausgang der Mühle mindestens drei Gefäße auf, jedes so groß, daß von ihm ein Autoklav gefüllt werden kann. In eines fließt das Gemisch von Bauxit und Lauge, im zweiten wird noch Lauge zur Einstellung des erforderlichen Verhältnisses zugegeben, das dritte wird in einen Autoklaven abgepumpt. Die Beschickung der Gefäße mit Bauxit und Lauge muß so gleichmäßig wie möglich geschehen. Jedesmal wenn die Mühle eine Autoklavenfüllung geleistet hat, ertönt ein Signal und der Auslauf der Mühle wird auf ein anderes Gefäß umgestellt. Man kann diese Umstellung auch automatisieren.

Als Trockenmühlen haben sich am besten mehrkammerige Kugelmühlen mit pneumatischem Gries- und Staubtransport bewährt. Besonders wenn man verschiedene Bauxitsorten, zumal auch harte, zu verarbeiten hat, ist es nicht zu empfehlen, andere Konstruktionen als diese zu wählen, obwohl sie etwas reichlich Strom brauchen. Es ist darauf zu achten, daß die Antriebsteile nicht dem Bauxitstaub ausgesetzt sind. Man kann sie z. B. dadurch schützen, daß man sie mit einem Gehäuse versieht, in das man dauernd etwas Luft einbläst und dadurch das Eindringen von Staub verhindert. Die Mühlen werden zweckmäßig mit auswechselbaren Panzerplatten versehen. Statt Kugeln werden teilweise flache Stahl-Linsen zum Mahlen angewendet. Anzustreben ist ein Bauxit, der gut zu vermahlen ist, aber dabei keinen zu großen Prozentsatz von Anteilen enthält, die durch das 10000-Maschensieb hindurchgehen, da diese feinen Teilchen sich im Eindicker schlecht absetzen. Bei weichen Bauxiten, wie z. B. bei den ungarischen, spielt übrigens die Mahlfeinheit keine besondere Rolle für den Aufschluß. Dagegen ist wegen des Pumpenverschleißes, wegen der Klärung und des Austrages aus dem Eindicker ein zu grobes Korn zu vermeiden. Meist wird eine Mahlfeinheit mit 20—40% auf dem 5000-Maschensieb gewählt. Harte Bauxite, z. B. griechische oder rumänische, sollen feiner gemahlen werden, da sie sich schwerer aufschließen und sich die Griese dieser Bauxite in den Eindickern ansammeln, deren Krählwerke zum Stillstand bringen oder zu Verstopfungen an den Schlammablaßöffnungen Anlaß geben.

Wenn es möglich ist, beschickt man einige Autoklaven mit hartem und die anderen mit weichem Bauxit und verarbeitet das Aufschlußgemisch gemeinsam.

Der gemahlene Bauxit wird in Silo gesammelt, die einen Vorrat für ein bis zwei Tage fassen können. Man kann dann bei genügender Mühlenbelastung die Nacht- und auch die Sonntags-Arbeit bei den Mühlen ausfallen lassen. — Für die Entleerung der Silo haben sich pneumatische Auflockerungseinrichtungen von der Firma Polysius, Dessau oder Rüttler der Fa. Flämrich, Recklinghausen, gut bewährt.

Aus hygienischen Rücksichten sind in den bisher besprochenen Fabrikationsräumen Raumentstaubungen zu empfehlen, wie sie z. B. die Firma Beth, Lübeck, liefert.

Anrühren

Der gemahlene Bauxit kommt nunmehr in Gefäße mit Rührwerk, in denen er mit Lauge in dem für den Aufschluß notwendigen Verhältnis gemischt wird. Vor Eintritt des gemahlenen Bauxits in die Gefäße, „Anrührer" genannt, muß er gewogen werden, während die Lauge abgemessen und titriert wird. Man rechnet auf einen Autoklaven einen Anrührer.

Als Waagen haben sich große Gefäßwaagen mit vorgeschaltetem Puffersilo von ca. 20 m³ bestens bewährt, die den Bauxit für ein Anrührgefäß z. B. 6 t Bauxit auf einmal abwiegen. Zwischen dem Puffersilo und den Waagen befinden sich Zellenradschleusen. Bei den Waagen sind Vorkehrungen getroffen, daß kein Bauxit ungewogen durch die Waage durchlaufen kann. So kann die Kontrollkarte auch nicht abgestempelt werden, wenn die Waage nicht mit der gewünschten Bauxitmenge gefüllt war.

Als Aufschlußlauge wird in der Regel solche mit ca. 300 g Na_2O im Liter angewandt. Bei leicht aufschließbaren Bauxiten kommt man auch mit Lauge aus, die auf eine geringere Konzentration eingedampft ist. Bei schwer aufschließbaren, besonders diasporhaltigen Bauxiten geht man auf noch höhere Konzentration als 300 g Na_2O/L. Doch muß man dann dabei beachten, daß das Titan in hochkonzentrierten Laugen bei vielen Bauxiten sehr löslich wird. Man geht deshalb nicht gern über 42° Bé (spez. Gewicht 1,41). Um aber den gewünschten Aufschluß trotzdem zu erreichen, bleibt nur übrig, in den Autoklaven mit dem Druck in die Höhe zu gehen. Man wendet statt 6—8 atü Drücke bis 15 atü an. Nach Erfahrungen der Russen soll man bei diasporhaltigen Bauxiten Kalkhydrat zufügen, um besseren Aufschluß zu erhalten. Bei normalen Bauxiten ist ein solcher Effekt nicht beobachtet worden.

Das Verhältnis von Bauxit zur Lauge wird im allgemeinen so gewählt, daß die entstehende Aufschlußlauge ein Verhältnis von Na : Al = 1,8 hat. Bei leicht aufschließbaren Bauxiten kann man auf 1,7 und sogar auf noch weniger Alkali heruntergehen. Nach dem Aufschluß und dem Verdünnen sind solche Laugen instabil, besonders, wenn sie im Eindicker stundenlang mit Rotschlamm in Berührung bleiben. Man fügt in diesem Fall zweckmäßig ausgerührte Lauge dem Aufschlußgemisch und besonders den Waschlaugen in den Wascheindickern zu, so daß die Lauge wieder das Verhältnis von Na : Al = 1,8 oder höher bekommt.

Das Bauxit-Laugegemisch kann aus den Anrührern durch eine Heberleitung geführt werden, so daß größere Teile und Fremdkörper im Anrührer bleiben und gelegentlich von Hand entfernt werden. Es hilft auch ein Siebkorb vor der Saugöffnung.

Dieses Bauxitlaugegemisch hat stark schmirgelnde Eigenschaften. Diese werden noch erhöht, wenn, was öfter vorkommt, die Bauxite Körnchen von Fe_3O_4 enthalten. Selbst das aufgeschlossene Gemisch hat noch schmirgelnde Eigenschaften. Hauptsächlich sind die Pumpen dem Verschleiß ausgesetzt. Die Pumpen sollen so aufgestellt werden, daß die Lauge ihnen zufließt. Die Geschwindigkeit der Lauge in den Leitungen soll nicht mehr als 1 m je Sekunde betragen. Die dem Verschleiß besonders ausgesetzten Teile sollen aus auswechselbarem Hartstahl bestehen. Bronze und andere Buntmetalle sind zu vermeiden. Die Umlaufgeschwindigkeit der Kreiselpumpen soll nicht größer als 1450 Umdrehungen je Minute sein. Die Verfasser haben z. B. gute Erfahrungen mit Pumpen von Näher, Chemnitz gemacht.

An Autoklaven-Raum rechnet man normalerweise 3-4 m³ je Tonne Al_2O_3 und Tag, wobei der Autoklav täglich dreimal gefüllt wird. Die Größe des Autoklaven schwankt mit der Größe der Anlage. Im Lautawerk hatte man Autoklaven bis zu einer Größe von 33 m³. Es ist nicht ratsam, den Autoklaven zu groß zu wählen, weil mit zunehmenden Ausmaßen die Wände und Böden sehr viel stärker gemacht werden müssen, zumal die Autoklaven im allgemeinen immer für höheren Druck gebaut werden. als im Betrieb angewendet wird. Früher verlangte man Autoklaven mit 6—8 atü, dann ging man auf 10, weiter auf 15 und jetzt schon auf 20 atü. Diese Entwicklung kommt daher, daß manche Bauxite sich nur bei höherem Druck (d. h. höherer Temperatur) gut aufschließen, ferner aber auch, daß bei normalen aufschließbaren Bauxiten die Eindampfung der Lauge bei höherem Druck nicht so hoch getrieben zu werden braucht.

Eine bessere Ausnutzung des Autoklavenraumes und damit gleichzeitig eine wesentliche Dampfersparnis und ein besserer Ausrühreffekt wird erreicht, wenn man die Bauxitzugabe so erhöht, daß nach dem Aufschluß im Autoklaven wesentlich niedere Molverhältnisse als das bisherige von 1,8 angestrebt werden. In diesem Fall muß die Verdünnung, wie leicht einzusehen ist, möglichst unmittelbar mit vorgelegter ausgerührter Lauge vorgenommen werden. Im Betrieb haben sich Verhältnisse von 1,6 gut beherrschen lassen. In den Tonerdefabriken Mostar und Ludwigshafen sollen Molverhältnisse von 1,25 praktisch erreicht sein[1]). Auf diese Weise werden je Kubikmeter Autoklavenlauge bis zu 2,3 m³ ausgerührte Lauge zur Stabilisierung untergebracht und entsprechend die Eindampferei entlastet[2]).

In Europa sind stehende Autoklaven in Benutzung, in Amerika vielfach liegende. Bei den liegenden Apparaten läuft die Stopfbüchse im Bauxit-Laugegemisch, was ungünstig ist. Die mit der Temperatur wechselnde Längenausdehnung der Autoklaven muß bei der Aufstellung berücksichtigt werden. Man kann an dem oberen Teil der Autoklaven Pratzen anbringen und mit diesen die Autoklaven in einem Gerüst aufhängen; einfacher ist, sie auf dem Boden zu montieren und den Antrieb mittels Stirnradgetriebe und Flanschmotor auf dem Autoklaven anzuordnen oder auch durch eine elastische Kuppelung die Ausdehnung aufzufangen. Als Stopfbüchsenpackungen haben sich die Huhnschen Metallpackungen (Berlin-Tempelhof) gut bewährt. Eine Stopfbüchsenkühlung ist zu empfehlen, besonders wenn man den Autoklaven kontinuierlich arbeiten lassen will.

Das kontinuierliche Verarbeiten des Bauxit-Lauge-Gemisches in den Autoklaven hat den Vorteil, daß man mit der Hälfte des Autoklavenraumes auskommt und den laufend anfallenden Abdampf aus den aufgeschlossenen Laugen gut verwenden kann. Der Abdampf einer diskontinuierlich betriebenen Autoklavenbatterie wurde bisher nur unvollkommen zum Aufheizen der Verdünnungslaugen und anderer Wässer benutzt. Man kann auch ein Eindampfsystem mit Abdampf betreiben, muß aber dabei berücksichtigen, daß der Dampf unregelmäßig anfällt und deshalb das System nur zum Vorverdampfen der Lauge benutzt werden kann. Der Dampf bringt viele Laugeteilchen mit, was auch beachtet werden muß.

Trotz der oben genannten Vorteile hat sich der kontinuierliche Autoklavenbetrieb in Europa noch nicht recht durchgesetzt. Die einzige Anlage, die seit Jahren kontinuierlich arbeitet, ist, soweit bekannt, eine italienische Anlage. Die Schwierigkeiten liegen im folgenden: Die Pumpen müssen außer den Autoklavendrücken noch die Reibungsverluste in den Vorwärmern überwinden und sollen zur Sicherheit dazu noch einen gewissen Überdruck erzeugen, damit die Lauge in den Autoklaven nicht zu sieden anfängt. Die Pumpen müssen deshalb für einen Druck von 12—15 atü gebaut sein. Bei Anwendung von Kreiselpumpen sind entweder mehrstufige Kreisel-

[1]) H. Siegert, Schweizerische Techn. Z. 49 (1948) 777; DRP. 744754.

[2]) Vgl. auch Fußnote S. 64.

pumpen zu wählen, oder es sind drei bis vier einfache Pumpen hintereinander zu schalten. Trotz aller Mühe, die man sich dabei gegeben hat, wurde auf die Dauer die Stopfbüchsenfrage dieser Pumpen nicht zur Zufriedenheit gelöst. In einer italienischen Fabrik arbeitete man mit einer Kolbenpumpe von Weisse-Monsky, Halle/Saale. Auch bei den Vereinigten Aluminium-Werken wurden in zwei Fabriken diese Pumpen eingebaut. Wohl konnte man während des Krieges ein bis zwei Monate mit den Pumpen arbeiten; aber auf die Dauer machten die Kolbendichtungen doch zuviel Schwierigkeiten. Es ist anzunehmen, daß man mit „Friedenspackungen" der Stopfbüchsen bessere Erfahrungen macht. Eine andere Schwierigkeit besteht darin, daß die Rohre der Vorwärmer stark durch Ausscheidungen von Natrium-Aluminiumsilikat und Ablagerung von Rotschlamm verkrusten. Man kann sich dadurch helfen, daß man die Vorwärmer als Rühr-Autoklaven mit großen Heizflächen ausbildet.

Die Vorwärmer und Entspanner werden in zwei oder drei Stufen geschaltet. Der Abdampf aus den Entspannern geht direkt in die Vorwärmer. Es werden etwa 6 Autoklaven hintereinander geschaltet. Das Bauxit-Lauge-Gemisch wird oben in die Autoklaven eingeführt, um ein Ansammeln von Griesen am Boden des Autoklaven möglichst zu vermeiden. Beim Eintritt in den Entspanner und Übergang von einem Entspanner zum anderen müssen verschleißfeste Ventile eingebaut werden. Um die Schwierigkeiten des kontinuierlichen Arbeitens teilweise zu beseitigen, mischt — nach einer Patentanmeldung — die Alcoa, Aluminium Company of America, den Bauxit mit nur wenig Lauge. Dieses Gemisch wird dann unter Umgehung der Vorwärmer direkt in die Autoklaven gepumpt. Der größte Teil der Lauge hat nun keine schmirgelnden Bestandteile, enthält nur wenig Kieselsäure und ist leichter zu behandeln.

Beim diskontinuierlichen Betrieb beträgt die Aufschlußzeit im Autoklaven 4—6 Stunden. Es gibt leicht aufschließbare Bauxite, die nur eine Stunde Aufschlußzeit benötigen. Ziemlich lange Zeit nimmt das Anheizen der Lauge in Anspruch. Um es zu beschleunigen, benutzt man teils Dampf von 40 atü zum Anheizen, statt von 25 atü, teils hat man auch eine doppelte Reihe von Heizschlangen im Autoklaven angebracht. Nach Beendigung des Aufschlusses wird der Autoklav zunächst entspannt. Den letzten Überdruck abzudampfen, verursacht zu lange Zeit. Man drückt deshalb den Autoklaveninhalt mit eigenem Druck in ein höher stehendes Entspannungsgefäß und benutzt den Abdampf, um Heißwasser herzustellen. Weniger wirtschaftlich ist es, die Lauge direkt in die Verdünner zu geben, in denen dünne Lauge (Waschwasser) vorgelegt werden muß.

Eine beobachtete Betriebsstörung soll hier noch erwähnt werden. Bei leicht aufschließbaren Bauxiten war die Lauge nicht bis 300 g Na_2O/Liter eingedampft worden. Es hatte sich in den Laugen Soda angereichert. Auf den Heizschlangen der Autoklaven schied sich infolgedessen ein sehr festes, dichtes, wasserfreies Natriumkarbonat ab, das den Wärmedurchgang sehr weitgehend hinderte und damit die Produktion fast zum Erliegen brachte. Mit Wasser konnte man die Soda-Kruste lösen, aber sie bildete sich sofort wieder, solange die Lauge die hohe Sodamenge enthielt. — Es wäre eine Aufgabe, einmal die Bedingungen festzulegen, unter welchen das wasserfreie Salz ausfällt.

Verdünnen

Jeder Verdünner soll mit Rührwerk, einem breiten, senkrechten Brüden-Abzugrohr und einer Heizeinrichtung versehen sein. Die Größe der Verdünner soll etwa die dreifache Größe eines Autoklaveninhaltes besitzen, also 50—100 m^3 fassen, so daß ein Autoklaveninhalt in ihm verdünnt werden kann. Autoklaven, Verdünner und Laugeleitungen müssen isoliert werden. Es werden gewöhnlich 3 Verdünner aufgestellt; einer zum Füllen mit Lauge, der zweite zum Einstellen, der dritte wird abgepumpt. Die gleichmäßige Einstellung der Laugen ist für eine gute Klärung in den Eindickern unbedingt notwendig.

Eindicken

Vom Verdünner gelangt das Aufschlußgemisch über ein Einstellgefäß in die Eindicker. Das Einstellgefäß läuft in eine konische Spitze aus und wird immer bis zu einem Überlauf voll gehalten, so daß die Lauge mit einem geringen immer gleichmäßigen Druck auf dem Ausflußventil steht, welches die Laugezufuhr für den Eindicker regelt. Die Eindickerbehälter werden nach einem Vorschlag der Dorr-Gesellschaft als Mehrkammereindicker gebaut (vgl. Abb. 12). Die Aufschlußlauge kommt zunächst in einen Verteilerkasten, der die Lauge den übereinander liegenden Etagen zuteilt. Die Franzosen führen statt dessen die Lauge in die Mitte des Eindickers zu konzentrischen Zylindern, die mit dem Krählwerk des Eindickers sich drehen und von denen jeder Zylinder eine Etage bedient, der innerste die unterste Etage usw. Es werden gewöhnlich 4—5 Etagen übereinandergesetzt. Die Größe der Eindicker von 10—15 m Durchmesser wird so bemessen, daß 8—10 qm Oberfläche für 1 t Al_2O_3 je Tag installiert werden. Diese Eindicker sollen nicht, wie die einetagigen, eine horizontale Kante mit Überlaufrinne bei der obersten Etage besitzen, sondern mehrere Ablaufrohre, die jedes für sich in Kästen münden, die in zwei Teile geteilt sind, nämlich einen für Klarlauge und einen für Trüblauge. Durch einen einfachen Handgriff fließt die Lauge nach der einen oder anderen Seite. Die Trüblauge fließt in den Verdünner zurück. Oder man errichtet eine Rückführung und nimmt mitgekommene Feststoffe durch Nachfiltration weg.

Die Lauge verweilt in den Eindickern etwa 24 Stunden und hat dabei Gelegenheit, mit der Ausscheidung von Tonerdehydrat zu beginnen, besonders wenn die Laugen ein Verhältnis Na:Al = 1,8 oder darunter besitzen. Man kann die Laugen stabiler machen, wenn man etwas Kalkmilch oder besser noch Chlorkalziumlauge der in den Eindicker einfließenden Lauge zugibt (etwa 0,5 bis 1 kg je m^3 Lauge). Dieser Zusatz verbessert auch die Klärfähigkeit der Laugen. Man kann dann bis 3 kg Kalziumchlorid (mit 70% $CaCl_2$) zufügen. Daß oft die Feststoffe der Aufschlußlauge sich im Eindicker nur sehr schwer absetzen, ist schon früher erwähnt worden (s. S. 36). Der Zusatz von stärkehaltigen Stoffen, z. B. 1 kg Roggenmehl auf 8 m^3 verdünnter Lauge wird zur Verbesserung der Klärfähigkeit der Lauge angewandt. Ein höherer Zusatz hat keine bessere Wirkung und vermehrt nur die Menge der organischen Substanz in der Lauge.

Die Lauge im Eindicker soll bei einem Molverhältnis von 1,8 bis 1,85 auf einer Temperatur von über 90° C gehalten werden, um ein Ausfallen von Tonerdehydrat in den Rotschlamm zu verhindern. Bei einem höheren Molverhältnis, bis annähernd 2 kann die Temperatur niedriger sein[1]).

Sehr unangenehm ist, wenn sich der Rotschlammablauf des Eindickers verstopft. Dies hat z. B. seine Ursache darin, daß sich nach einem Betrieb von ein bis zwei Jahren Krusten in dem Eindicker ansetzen. Diese werden allmählich so dick, daß sie das Krählwerk erreichen, von diesem stückweise ausgebrochen werden, zum Auslauf des Behälters gelangen und diesen verstopfen. Auch durch Temperaturschwankungen können Krusten losgelöst werden.

Es ist deshalb unbedingt zu empfehlen, an der untersten Etage des Eindickers einen Stutzen für einen Notauslauf vorzusehen. Durch täglich einmaliges Heben und Senken des Rührwerkes, was bei den von der Firma Dorr gelieferten Eindickern

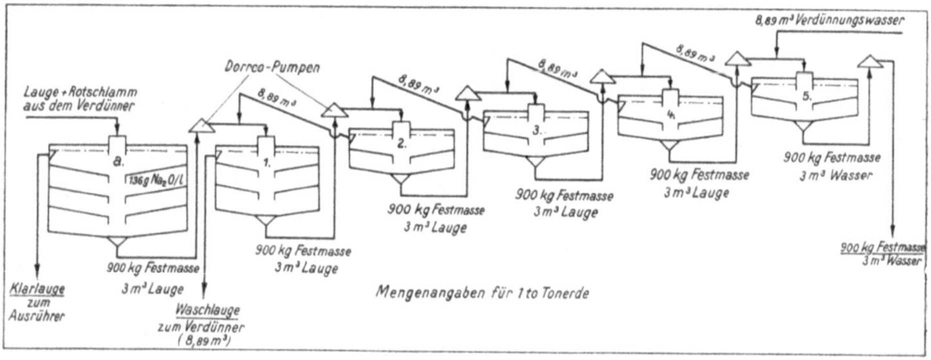

Abb. 11. Systematisches Auswaschen von Rotschlamm in einer Batterie von Dorr-Eindickern.

möglich ist, kann man das Wachsen der Krusten verfolgen. Nach etwa ein bis zwei Jahren Betriebszeit muß der Eindicker geleert und gereinigt werden. — Wegen der Krusten sind unter den Eindickern noch folgende Vorrichtungen zu empfehlen. Man sollte eine Abflußleitung von 150—200 mm mit zwei hintereinander geschalteten Freiflußschiebern und einem Schalenfänger vorsehen. Die Freiflußschieber sind doppelt anzuordnen, weil es vorkommt, daß sich ein Schieber wegen der Krusten nicht mehr vollkommen schließen läßt. Als Schieber haben sich die sogenannten Rothschen Schieber von Schwärzel & Frank, Frankfurt a. M. bewährt. Der Schalenfänger kann z. B. so ausgeführt werden, daß er innen ein schräg liegendes grobes Sieb besitzt. Zweckmäßig erhält er einen leicht verschließbaren Deckel. Die Schalenfänger sollten täglich gereinigt werden. Bei Eindickern, die lange in Betrieb waren, kommt es vor, daß man in einer Schicht die Schalenfänger mehrere Male reinigen muß.

Waschen

Der unten aus dem Eindicker austretende Rotschlamm muß von der anhaftenden Lauge getrennt werden. Dies geschieht neuerdings in einer Batterie von Wasch-

[1]) Es wurde daher vorgeschlagen, eine Stabilisierung der Aufschlußlauge dadurch zu erreichen, daß das im Gange des Verfahrens zu ersetzende Alkali schon gleich beim Verdünnen zugesetzt wird. P. A: V 34208 VIb/12 m, V. A. W. u. G. Lehnert.

eindickern, in der Schlamm und Waschwasser im Gegenstrom fließen. Im letzten Eindicker wird frisches Wasser mit dem fast ausgewaschenen Rotschlamm aus dem vorletzten Eindicker aufgegeben, in diesem wiederum Rotschlamm aus dem drittletzten und Waschwasser aus dem letzten Eindicker usw. wie beiliegende Skizze zeigt (Abb. 11). Abb. 12 gibt eine schematische Darstellung des kombinierten Lauge- und Mehrkammer-Wascheindickers.

Mit dem Rotschlamm wird die mehrfache Menge Lauge je Tonne Festmasse (bei den Wascheindickern die mehrfache Menge Waschwasser) mitgeschleppt. Wie die weiter unten aufgestellte Rechnung zeigt, muß man eventuell eine große Anzahl Ein-

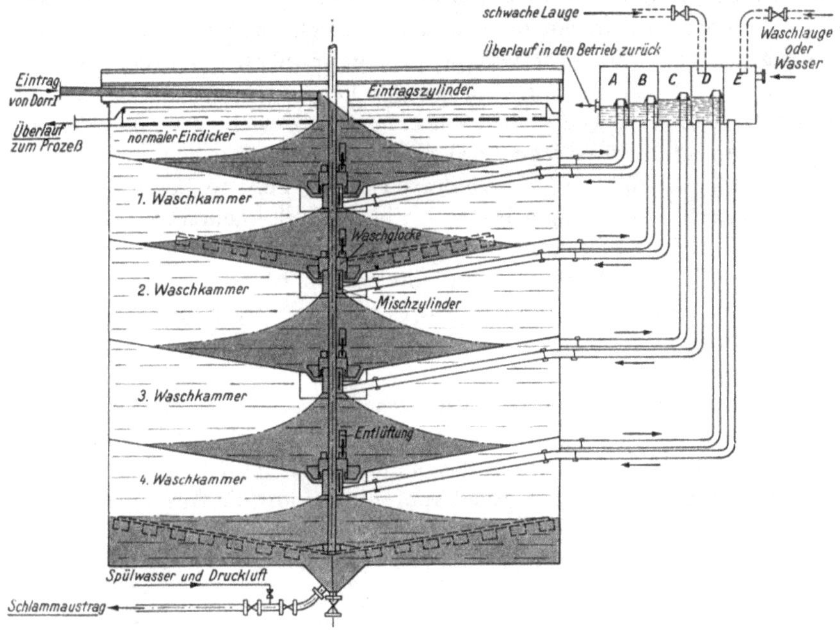

Abb. 12. Schematische Darstellung eines kombinierten Mehrkammer-Eindickers.

dicker hintereinanderschalten. Wenn man das Lauge-Rotschlamm-Gemisch zwischendurch auf Filtern höher eindicken könnte, würde man den Auswaschprozeß sehr verkürzen können. Zu diesem Zweck hat die Firma „Imperial" früher Meißen jetzt München, ein Eintauchfilter konstruiert, das sich bei Kalkaufschluß des Bauxits (s. S. 153) gut bewährt hat. Es ist mehrfach vorgeschlagen, den Rotschlamm zum Schluß über ein Trommelfilter zu geben, von wo er z. B. durch Schlammschnecken (Bandschnecken) in ein Becken gefördert wird. Von dort wird der Rotschlamm durch einen Greifer zum Rotschlammtrockner gebracht. Will man den Rotschlamm auf die Halde pumpen, so kann man ihn auch in diesem Falle vorher abfiltrieren, um möglichst wenig Alkali zu verlieren. Man muß dann aber dem Schlamm wieder soviel Wasser hinzufügen, daß er pumpfähig wird. Der Grad der Auswaschung gehört zu den Lieferbedingungen des Eindickerlieferanten und beträgt z. B. 1,0 g Na_2O in einem Liter des mit dem Rotschlamm abgestoßenen Waschwassers. Einige rechnerische Überlegungen hierzu sind am Ende dieses Abschnittes durchgeführt.

In älteren Anlagen wird heute noch folgendermaßen gearbeitet: Nach Auswaschung in einem oder zwei Wascheindickern wird der Rotschlamm auf Druckfiltern (Kellyfiltern) filtriert. Diese waren ursprünglich mit Monelmetall-Gewebe versehen, aber gewöhnliches Eisendrahtgewebe ist auch ohne Nachteil zu verwenden. Man rechnet für 10 t Al_2O_3 je Tag ungefähr ein Kellyfilter mit 50 m^2 Filterfläche. Die Zeit für die Kuchenbildung ist ca. 90 Minuten, die Waschzeit bei einem vorgeschalteten Wascheindicker 50 Minuten, die Schichtdicke des Schlammes auf dem Gewebe 35 mm.

Man kann die Wascheindicker auch übereinander bauen und mit einem Rührwerk betreiben, wie z. B. die Firma Dorr vorgeschlagen hat. — Die Verwendung des Rotschlammes wird in einem besonderen Abschnitt behandelt (S. 120).

Die Lauge, die die Eindicker verläßt, geht gewöhnlich durch eine Klarfiltration. Diese besteht aus Filterpressen, die mit Papier bespannt sind, oder aus Anschwemmfiltern, z. B. Kokskörnchen auf einem Siebgewebe als Filterschicht. Statt Koks kann man auch gemahlenen Kalkstein benutzen. Wurden zur Lauge außerdem 300—500 g Kalkhydrat je Kubikmeter zugegeben, so konnte das Filter 24 Stunden ununterbrochen eingeschaltet bleiben. Nach mehreren Monaten mußte das Filter mit 5%iger Salzsäure und Brindiharz als Inhibitor von Ansätzen gesäubert werden. In Lautawerk hat man jahrelang ohne eine solche Klarfiltration gearbeitet. Später wurde meist nur ein Teil der Lauge filtriert, der für Al-Metall von höchster Reinheit bestimmt war.

Aus der Zusammensetzung des Rotschlammes kann man auf die Verluste an Tonerde und Alkali schließen. Bezeichnet man den Prozentgehalt der Tonerde im verarbeiteten Bauxit mit a, den im Rotschlamm mit b, und den Prozentgehalt des Eisens im Bauxit mit c, den im Rotschlamm mit d, so ist die Ausbeute „A" an Tonerde in %:

$$A = 100 \, \frac{ad - bc}{ad} \quad {}^{1})$$

der Tonerde-Verlust ist 100 — A.

Der Alkaliverlust „u", bezogen auf die erzeugte Tonerde, berechnet sich folgendermaßen: Hat man einen Alkaligehalt von e Prozent im Rotschlamm ermittelt, so gilt:

$$u = \frac{e \cdot ad}{ad - bc} = \frac{100\,e}{A} \quad {}^{2})$$

Man ermittelt die Verluste am besten durch Analyse des getrockneten Rotschlammes.

Im Gegensatz zum Sinterrotschlamm fließt der Rotschlamm des Bayerverfahrens beim Auskippen sehr flach auseinander. Unter einer Kruste behält er seine schmierige Beschaffenheit. Es dauert daher lange Zeit, bis er so fest wird, daß man ein Feldbahngleis auf der Rotschlammhalde verlegen kann. Wenn man den Rotschlamm

[1]) $A = 100 \times \frac{a - x}{a}$; $x : c = b : d$;

Oder auch: $u = \frac{e \cdot c}{ad - bc} \cdot 100 = \frac{e \cdot c}{ad \cdot A} \cdot 100^2$.

mit Eisenbahnwagen auf Halde fährt, ist es zweckmäßig, Muldenkipper als Auffanggefäße des Rotschlammes anzuwenden. Der Rotschlamm wird dann am besten in ein künstliches Bassin gekippt, auf dessen Dämmen die Bahn läuft.

Die Verluste an Soda und Tonerde im Rotschlamm sind auf die Bildung von Natrium-Aluminiumsilikat zurückzuführen entsprechend der Formel

$$2\,Na_2O \cdot 2\,Al_2O_3 \cdot 3\,SiO_2 + 2\,H_2O.$$

Daneben ist noch unaufgeschlossenes Al_2O_3 vorhanden. Einem Teil Kieselsäure entsprechen nach der Formel 1,13 Teile Al_2O_3, die also verlorengehen. Um die Güte des Aufschlusses vom Bauxit zu beurteilen, berücksichtigt man bei dem im Laboratorium gefundenen Aufschlußwert die Menge Al_2O_3, die man nach obiger Rechnung notwendigerweise verliert. Man bezieht also die Ausbeute auf das „Aufschließbare" im Bauxit. Erwartet wird ein Ergebnis von über 90%. Bei Bauxiten mit 6% SiO_2 und mehr und auch bei diasporhaltigen Bauxiten ist zwar eine solche „Ausbeute" nur schwer zu bekommen. Über die Verbesserung der Ausbeute bei diasporhaltigen Bauxiten sind auf S. 5 einige Hinweise gegeben.

1. Berechnung der Anzahl der zum Auswaschen eines Rotschlamms benötigten Eindicker

Die Berechnung soll für eine Produktion von einer Tonne Tonerde durchgeführt werden.

Es wird angenommen, daß man beim Aufschluß im Autoklaven für 1 t Al_2O_3 eine Lauge erhält mit

7174 kg H_2O
2192 kg Na_2O
900 kg Rotschlamm (als Trockensubstanz gerechnet).

Man setzt im letzten Wascheindicker 8890 kg reines Verdünnungswasser hinzu und erhält für die Ausrührer eine Lauge mit

2192 kg Na_2O
16064 kg H_2O.

Im m^3 Lauge sind also 136 kg Na_2O; die Al_2O_3-Konzentration ändert sich proportional derjenigen des Na_2O. Sie kann daher hier unberücksichtig bleiben.

Es sollen im folgenden drei Eindickungsgrade des Rotschlamms in der aus den Eindickern ausfließenden Lauge angenommen werden, nämlich

I 900 kg Rotschlamm + 3 m^3 Lauge
II 900 kg Rotschlamm + 4 m^3 Lauge
III 900 kg Rotschlamm + 5 m^3 Lauge.

Im ersten Fall werden also 900 kg Rotschlamm und 3 m^3 Lauge vom Lauge-Eindicker in den ersten Wascheindicker geführt, in den damit $3 \times 136 = 408$ kg Na_2O gelangen. Da in den Eindickern kein Alkali verlorengeht, so muß im stationären Zustand die Alkalimenge, die in der geklärten Waschlauge aus dem ersten Wascheindicker oben abfließt, gleich der Alkalimenge sein, die mit dem Rotschlamm in den Wascheindicker I eingeführt wird. Bei den Wascheindickern 2, 3, 4 usw. sind die Verhältnisse denen des ersten Eindickers entsprechend. Nur beim letzten

Wascheindicker tritt bei der Entfernung des Rotschlammes aus der Fabrikation ein gewisser Alkaliverlust ein. Wie die Tabelle 27 zeigt, kann man durch Aufstellen von zusätzlichen Eindickern diesen Verlust beliebig klein gestalten. Er beträgt z. B. im Fall 1 nach dem fünften Wascheindicker 1,77 kg Na_2O (3 × 0,59!) Diese Menge muß man von der eingeführten Na_2O-Menge, in unserem Falle 408 kg Na_2O, abziehen, wenn man ihn überhaupt in Rechnung stellen will. Im folgenden ist dieser Verlust nicht berücksichtigt.

Der Grad der möglichen Eindickung des Rotschlamms hängt sehr von der Behandlung des Bauxits und seiner Herkunft ab. Er muß in jedem Falle besonders festgestellt werden. Mit abnehmender Laugekonzentration steigt im allgemeinen die Möglichkeit, den Rotschlamm einzudicken, um bei ganz dünnen Laugen manchmal wieder in eine gegenläufige Richtung umzuschlagen.

Die Menge der Waschlauge, die aus dem ersten (und den nachfolgenden) Wascheindicker geklärt überfließt, ist 8,89 m³ (Abb. 11). In dieser Laugemenge sind nach obigem 408 kg Na_2O enthalten. Die Konzentration der überfließenden Lauge und damit auch die Konzentration der Lauge im ersten Eindicker ist also 45,9 g Na_2O im Liter. Bei den übrigen Wascheindickern herrschen entsprechende Verhältnisse.

Ist a die Konzentration des Alkali (gNa_2O) je Liter im Laugeeindicker, m die Flüssigkeitsmenge, die in jedem Fall mit dem Rotschlamm aus den Eindickern ausfließt und n die Heißwassermenge, die als Verdünnungswasser in den letzten Wascheindicker eingeführt wird, so ist die Konzentration der Lauge

$$\text{im ersten Wascheindicker } a\,\frac{m}{n}$$

$$\text{im zweiten Wascheindicker } a\,\frac{m^2}{n^2}$$

$$\text{im dritten Wascheindicker } a\,\frac{m^3}{n^3} \quad \text{usw.}$$

Tabelle 27

Konzentration der Laugen (g Na_2O je Liter) in den Wascheindickern bei verschieden starker Eindickung des Feststoffes (Rotschlamm)

Grad der Eindickung: Tonne Feststoff zu cbm Lauge	Konzentration der Aluminatlauge	Konzentration des Na_2O in den Wascheindickern (gNa_2O je Liter) 1. 2. 3. 4. 5. 6. Wascheindicker
I. 0,9 : 3	136	45,9 15,5 5,23 1,52, 0,59
II. 0,9 : 4	136	61,2 27,65 12,44 5,1 2,51 1,13 0,51
III. 0,9 : 5	136	76,5 43,0 24,2 13,6 7,65 4,30 2,41 1,36 0,7
IV. 0,9 : m	a	$a\frac{m}{n}$ $a\frac{m^2}{n^2}$ $a\frac{m^3}{n^3}$ $a\frac{m^4}{n^4}$ $a\frac{m^5}{n^5}$ $a\frac{m^6}{n^6}$ $a\frac{m^7}{n^7}$ $a\frac{m^8}{n^8}$

Wenn man nach dem fünften Wascheindicker mit der Auswaschung abbricht, so hat man unter den im vorhergehenden aufgestellten Bedingungen folgende Verluste an Na_2O:

$$\begin{aligned}
\text{I.}\quad & 0{,}59 \times 3 = 1{,}77 \text{ kg Na}_2\text{O} \\
\text{II.}\quad & 2{,}51 \times 4 = 10{,}04 \text{ kg Na}_2\text{O} \\
\text{III.}\quad & 7{,}65 \times 5 = 38{,}25 \text{ kg Na}_2\text{O} \\
\text{IV.}\quad & a\,\frac{m^5}{n^5} \times m = a\,\frac{m^5}{n^5} \text{ kg Na}_2\text{O}
\end{aligned}$$

Die Verluste stehen im Verhältnis von 1 : 5,7 : 21,6.

Aus der Aufstellung geht hervor, daß es von größter Wichtigkeit ist, den Grad der Eindickung gut zu überwachen. Dies ist nur möglich, wenn man die Menge des Verdünnungswassers genau mißt und konstant hält. Dann kann man nach obigem berechnen, wie groß die Na_2O-Konzentration bei einer bestimmten Eindickung in den verschiedenen Wascheindickern sein muß und kann die aus den Wascheindickern mit dem Rotschlamm mitgeführte Laugemenge evtl. korrigieren.

Statt der letzten Eindicker stellt man mit Vorteil Trommelfilter auf. Diese versagen bekanntlich bei der Filtration von ungewaschenem Rotschlamm. Wahrscheinlich ist es auch möglich, die Filtration in rotierenden Druckfiltern durchzuführen, wie sie in den USA. gebaut werden.

Bei der Berechnung des Wasserverbrauchs hat man außer den obengenannten 8,89 m^3 Verdünnungswasser noch das mit dem Rotschlamm weggeführte Wasser zu berücksichtigen.

Eindicker

2. Zur Abschätzung der Größe der Eindicker kann die folgende Formel gelten:

$$O = \frac{M}{h}$$

O ist die gesuchte Oberfläche des Eindickers,
M sind die in der Stunde überlaufenden m^3-Lauge,
h ist die Säule Klarlauge (in m gerechnet), die sich nach einer Stunde über dem Rotschlamm-Laugegemisch im Zustand der Ruhe bildet.

Die Absetzgeschwindigkeit kann man in einem Glaszylinder bestimmen, der sich in einem Wasserbad von mindestens 90° C befindet. Man mißt jede 5. Minute die Höhe der Klarlaugeschicht und rechnet nach 30 Minuten Ablesungsdauer die Geschwindigkeit in m/Std. um.

Für die Berechnung der Klärfläche hat sich folgende technische Versuchsanordnung bewährt: In einem mehrere Meter hohen Behälter von 1 m⊖, der konisch zuläuft, läßt man soviel Rotschlamm-Laugegemisch gleichmäßig einfließen, daß die von der Oberfläche des Behälters abfließende Lauge vollständig klar ist. Durch Regulierung der Zuflußgeschwindigkeit kann man die Mengen an Zulauf bzw. Überlauf bestimmen, bei denen eine ausreichende Klärung stattfindet. Aus der Oberfläche des Behälters und der gemessenen Überlaufmengen kann man sodann die erforderliche Klärfläche berechnen.

Für das Arbeiten in der Praxis ist aber noch folgendes zu berücksichtigen. Aus einem Behälter mit rundem Querschnitt wird nicht an allen Stellen der Oberfläche in der Zeiteinheit gleichviel Lauge abfließen. Die Laugeanteile in der Mitte müssen die Lauge der Randpartien verdrängen und man wird deshalb in der Mitte mit geringerem Laugeabfluß rechnen als am Rande. Man kann also die Oberfläche nicht voll ausnutzen, d. h. die Oberfläche muß größer gewählt werden als obiger Formel entspricht. Außerdem schwimmen erfahrungsgemäß immer noch kleine Mengen Festteile oberhalb der Schlammschicht-Oberfläche. Auch aus diesem Grunde muß in der Praxis die Oberfläche größer gewählt werden.

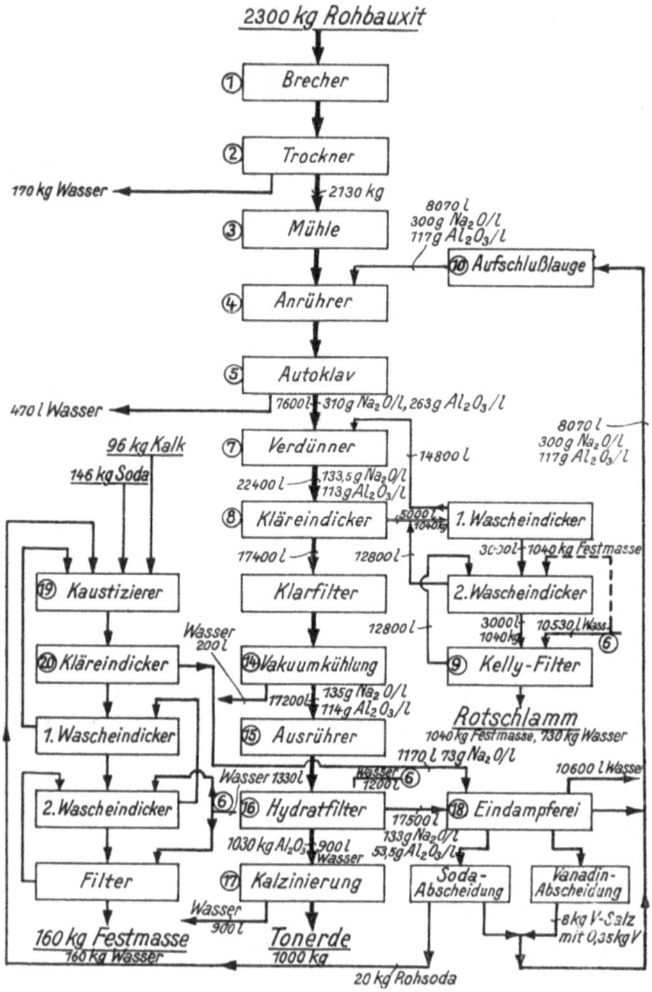

Abb. 13. Mengenumlaufschema vom Autoklavenaufschluß mit Kaustizierung für 1 t Tonerde.

Erläuterungen zum Arbeitsschema der Abb. 13

Autoklavenverfahren mit angeschlossener Kaustizierung

1. Rohbauxit 2300 kg mit 7% Feuchtigkeit.

Analyse: Trocken- und Glühverlust . . 18%
Al_2O_3 . . . . 51%
SiO_2 . . . . 3,2%
Fe_2O_3 . . . . 25%
TiO_2 . . . . 3%

2. Im Trockner werden 170 kg Wasser verdampft. 2,130 kg Bauxit haben dann noch rd. 11,40% Glühverlust.
3. Der Bauxit wird entweder trocken in einer Kugelmühle oder in einer Naßrohrmühle mit Aufschlußlauge vermahlen.
4. In die Mühle und Anrührer kommen 2130 kg Bauxit, 8070 l Aluminatlauge (300 g je Liter Na_2O und 117 g je Liter Al_2O_3). In dieser Aluminatlaugenmenge sind bereits 470 l eingedampfte Natronlauge mit 85,4 kg Na_2O enthalten.
5. Die gleiche Menge Alkali, die mit der Natronlauge in die Autoklaven gebracht wird, fällt im Rotschlamm als Natrolith aus. Ebenfalls werden 470 l H_2O, die in der Natronlauge enthalten sind, bei Entspannen der Autoklaven wieder verdampft.

   Aus dem Autoklaven kommen 1040 kg feste Masse und 7600 l Aluminatlauge. (310 g je Liter Na_2O und 263 g je Liter Al_2O_3.)
6. Wasserbilanz.

Ein		Aus	
mit Bauxit	415 kg	mit Bauxittrocknung	170 kg
Waschwasser für Hydrat	1200 kg	bei Entspannung[1])	470—665 kg
Waschwasser für Rotschlamm	10530 kg	mit Rotschlamm	730 kg
Waschwasser in der Kaustizierung	1330 kg	mit Rotschlamm chemisch gebunden	50 kg
		mit Vakuumkühlung	200 kg
		mit Hydrat	900 kg
		Eindampferei	10600 kg
		mit Kalkschlamm	160 kg
	13475 kg		13475 kg

7. Aus den Verdünnern kommen 22400 l Lauge, die sich aus 7600 l Autoklavenlauge und 14800 l Waschlauge zusammensetzen.
8. Aus dem Kläreindicker fließen 17400 l klare Aluminatlauge über, während 1040 kg feste Masse und 5000 l Aluminatlauge als Dickschlamm in die Waschanlage gelangen.
9. Der Rotschlamm wird in zwei Wascheindickern und Kellyfiltern mit 10530 l Heißwasser gewaschen. Als Filterkuchen fallen an: 1040 kg Filtermasse mit 730 l anhaftendem Wasser.

   Die Festmasse weist folgende Analyse auf:

   4,9% Glühverlust
   13,2% Al_2O_3
   7,1% SiO_2
   6,6% TiO_2
   55,5% Fe_2O_3.
10. Aus der Vakuumkühlanlage gehen 200 l Wasser heraus, so daß 17200 l übrig bleiben.
11. Die in die Ausrührer kommende Lauge, 17200 l, hat folgende Zusammensetzung:

   135 g je Liter Na_2O
   114 g je Liter Al_2O_3.
12. Bei der Hydratfiltration werden 1200 l H_2O als Waschwasser eingeführt, dagegen gehen aus den Laugen weg mit dem Hydrat 900 l.
13. In der Kalzinierung werden 900 l Wasser verdampft.
14. Zum Eindampfen gelangen 17500 l Aluminatlauge mit 133 g je Liter Na_2O und 53,5 g je Liter Al_2O_3; außerdem 1170 l Natronlauge mit 73 g je Liter Na_2O aus der Kaustizierung. Insgesamt werden verdampft:

   9900 l Wasser aus der Aluminatlauge
   und 700 l Wasser aus der Natronlauge,
   also 10600 l insgesamt.

   Die anfallende Dicklauge weist demnach folgende Analyse auf:

   300 g je Liter Na_2O und
   117 g je Liter Al_2O_3.

[1]) Je nach Menge des anfangs im Bauxit gebundenen Wassers u. Art der Entspannung!

15. In der Kaustizierung werden 146 kg frische Soda und 20 kg Rohsoda (15 kg Na_2CO_3) von der Eindampferei in dünnen Waschlaugen gelöst und mit 96 kg Kalk (85% CaO) zu Natronlauge umgesetzt.
16. Aus der Kaustizierung fließen 1170 l Natronlauge (73 g je Liter Na_2O) mit 85,4 kg Na_2O in die Eindampferei.

bb) Aufschluß des Bauxits in Türmen

Das klassische Bayer-Verfahren, das, wie auf S. 30ff. erwähnt, eine große Reihe von Vorteilen gegenüber dem Sinterverfahren aufweist, umfaßt einige Arbeitsgänge, die auch in modernen Fabriken in der Anlage und in der Fabrikation viel Aufwand erfordern. Es sind dies hauptsächlich eine sehr große Ausrüherereí[1]), eine Eindampferei mit erheblichem Dampfverbrauch[1]), die wiederum ein sehr

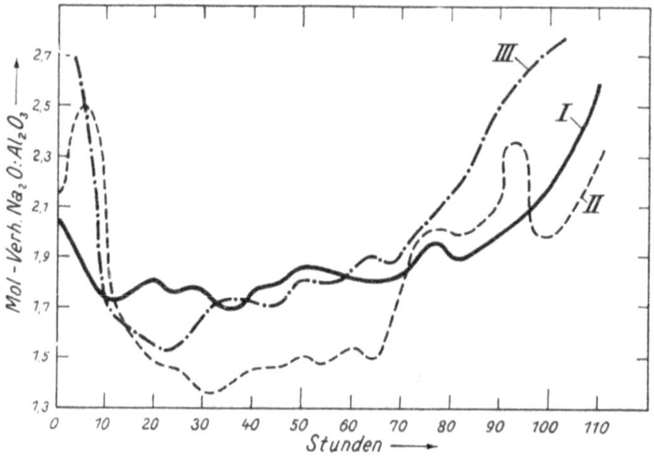

Abb. 14. Aufschlußkurven von ungarischem Bauxit auf verschiedene Weise vorgeglüht.
I. Bei 350° C vorgeglüht; verbleibender Glühverlust 7,0%; Ausbeute 90%.
II. Bei 600/480° C vorgeglüht (Drehofen); verbleibender Glühverlust 3,6%; Ausbeute 92%.
III. Bei 800° C. vorgeglüht (Drehofen); verbleibender Glühverlust 2,9%, Ausbeute 88%.

großes Kesselhaus zur Voraussetzung hat, und schließlich der Umstand, daß beim unveränderten Autoklavenverfahren nur Bauxite verarbeitet werden können, die wenig Kieselsäure enthalten. Das Turmverfahren wurde ausgearbeitet, um hier vorwärts zu kommen[2]). Es ist also ein abgeändertes Bayer-Verfahren und besteht in seinen Grundzügen im folgenden:

Der Bauxit wird gebrochen und je nach Sorte auf 500° C bis 700° C geglüht, so daß der größte Teil des gebundenen Wassers des Bauxites entfernt wird. Dadurch werden die Bauxitstücke porös und schließen sich leichter auf. Eine Temperatur über 700° C verschlechtert im allgemeinen wieder die Al_2O_3-Löslichkeit (s. Abb. 14).

[1]) Bezüglich dieser Betriebsteile sind erst in jüngster Zeit Fortschritte und damit wesentliche Vereinfachungen erzielt worden (s. w. u.).

[2]) Der Turm-Aufschluß, schlechthin „Turmverfahren“ genannt, ist patentiert durch D. R. P. 665495 (1938) VAW — W. Fulda und R. Wittig. Ersterer hatte beim Aufschluß von Ton mit schwefliger Säure vorgeschlagen, den Aufschluß in hintereinander geschalteten Türmen vorzunehmen. Letzterer übertrug diese Arbeitsweise auf den Bauxitaufschluß. Vg. auch Engl. Patent 330661 W. J. Müller u. H. Hiller, D.R.P. 579114.

Der geglühte Bauxit wird gesiebt, die Kornfraktion von 1 mm bis 15 mm in die Türme gebracht und dort mit Lauge behandelt. Die gröberen Stücke werden nochmals gebrochen, während der Staub brikettiert wird. Man kann diesen auch im Sinterofen verarbeiten, wenn dazu betrieblich die Möglichkeit gegeben ist. Für den Autoklavenprozeß ist er weniger geeignet, weil hocherhitzter Bauxit meist schlecht klärt.

Der Hauptvorteil des Turmverfahrens besteht darin, daß der Bauxit mit einer Laugenkonzentration von etwa 180 g Na_2O je Liter aufgeschlossen wird, gegenüber 300—350 g Na_2O je Liter beim Autoklavenverfahren. Dadurch spart man sehr erheblich an Eindampfkosten für die Lauge. Wenn man mehrere Türme hintereinander schaltet und diese mit Lauge von unten nach oben durchfließen läßt, kann man in einem Kubikmeter Lauge 100 kg Al_2O_3 lösen, d. h. erheblich mehr als beim Autoklavenverfahren (s. o.). Dadurch spart man wiederum an Dampf und kommt mit weniger Ausrührern aus.

Eine Hintereinander-Schaltung der Türme ergibt weiter folgende Vorteile:

Beim Autoklavenaufschluß bleibt der aufgeschlossene Bauxit in einer Lauge von einem Molverhältnis $Na_2O:Al_2O_3 = 1{,}9:1$ suspendiert. Beim Turmaufschluß wird der Bauxit-Rückstand zuletzt aus dem Turm mit einer Lauge von einem Molverhältnis von 3,6 herausgedrückt. Solche Lauge ist vollkommen beständig und es besteht keine Gefahr, daß sich in den Rohrleitungen Tonerde ausscheidet, oder daß in Gegenwart von Rotschlamm Tonerde ausfällt, was beim Autoklavenverfahren vorkommt.

Beim Waschen des Bauxitrückstandes (Rotschlamm) bleibt immer ein gewisser Anteil Lauge am Rotschlamm hängen und gibt zu Verlusten Anlaß. Wegen des geringeren Gehaltes an Tonerde in diesen Laugen ist unter sonst gleichen Bedingungen beim Turmverfahren der Verlust an Tonerde nur halb so groß wie beim Autoklavenverfahren. Dies fällt besonders bei einem Rotschlamm ins Gewicht, der sich schlecht auswaschen läßt.

Das Arbeiten mit drei hintereinander geschalteten Türmen

Zu einer Gruppe gehören jeweils 4 Türme, von denen 1 Turm außer Betrieb ist, weil er entleert und wieder gefüllt werden muß. Die Türme werden wie folgt geschaltet:

```
1 2 3
  2 3 4
    3 4 1
      4 1 2
        1 2 3
```

Die durchfließende Laugenmenge beträgt 2,5—3,5 m^3 je Stunde.

Unter Berücksichtigung der Tatsache, daß der frische Turm jeweils mit kälterer neuer Vorlegelauge gefüllt werden muß, ergibt sich eine Gesamtmenge von etwa 120 m^3/24 Stunden und daraus bei Aufnahme von 15 t Al_2O_3 ein Molverhältnis von 1,38. Dieses an sich zu niedrige Molverhältnis kann durch eine Steigerung der Strömungsgeschwindigkeit der Vorlegelauge auf einen gewünschten Wert erhöht werden. Noch einfacher ist dieses Ziel dadurch zu erreichen, indem man den frischen Turm eine bestimmte Zeit allein laufen läßt und erst dann an die dritte Stelle der Serie schaltet. Es ist an dieser Stelle besonders zu betonen, daß die Höhe der Produktion durch diese verschiedenen Schaltveränderungen nicht berührt wird.

Beim Turmbetrieb der Tonerdefabrik Lünen wurde diese Schaltung praktisch angewandt: einmal um eine schnelle Senkung des Molverhältnisses in den Turmlaugen zu erzwingen, zum anderen aber auch, um den Verlauf der Laugung eines einzelnen Turmes bei einem solchen ausgesprochenen Serienbetrieb genau zu verfolgen. Die Leitungsführung der Türme wurde dem obigen Schema entsprechend durchgeführt und auch der zeitliche Verlauf der Schaltung möglichst eingehalten. Allerdings zwang die langsame Laugung zu einer Überschreitung der 120 Aufschlußstunden. Jedoch konnte beim Einschalten der neuen Türme der Abstand von 48 Stunden eingehalten werden. Im ganzen verlief der Betrieb ohne große Störungen, so daß die Resultate als einwandfrei zu betrachten sind. Die Kurven der Darstellung (Abb. 15) ergeben ein deutliches Bild vom Gang der Aufschlüsse.

Versuchsdaten: Drniš-Bauxit (62% Al_2O_3)
Glühverlust im Mittel 4%
Füllmenge im Mittel ca. 29 t
Vorlegelauge im Mittel: Al_2O_3 = 75,8 g/l
ges. Na_2O = 187,3 g/l
fr. Na_2O = 160,2 g/l
Molverhältnis = 3,5
Durchflußgeschwindigkeit ca. 2,8—2,9 cbm/Std.
Gang der Temperatur von 140° bis max. 195°.

Als wichtigstes Ergebnis ist vorweg zu nehmen, daß eine Senkung des Molverhältnisses in der unverdünnten Aufschlußlauge bis auf einen mittleren Wert von 1,53 erreicht werden konnte!

Unter Berücksichtigung der verhältnismäßig schlechten Vorlegelauge vom Molverhältnis 3,5 und bei einer Durchflußmenge von 2,8—2,9 m^3/Std. ergibt sich rein rechnerisch ein Wert von 1,43, wenn man eine Ausbeute von 15 t Al_2O_3 je Turm annimmt. Daß dieses theoretisch mögliche Verhältnis in der Praxis nicht völlig erreicht wurde, ist offensichtlich darin begründet, daß der durch die Serienschaltung weitgehend veränderte Verlauf des Aufschlusses niedrigere Verhältnisse als 1,50 nicht mehr zuläßt. Dabei ist zu berücksichtigen, daß ein mittleres Molverhältnis von 1,50 bei den einzelnen Türmen schon Molverhältnisse von 1,35—1,40 zumindest über etwa 24 Stunden voraussetzt.

Die Ausbeute betrug bei diesem Versuch aus dem gleichen Grunde nur etwa 13,5—14,0 t Al_2O_3 je Turm.

Aus den Kurven (Abb. 15) sieht man deutlich das zeitliche Übereinandergreifen der drei zusammengeschalteten Türme einer Serie und sieht, wie das resultierende Molverhältnis einer solchen Serie sprunghaft fällt und dann langsam wieder ansteigt. Ebenso periodisch, jedoch durch die zeitliche Verschiebung der Serien E und F gegeneinander stark abgemildert, ist der Gang des Molverhältnisses der Gesamtreihe III. Die besonders markierten Punkte der Kurve III geben einwandfreie Tagesdurchschnittswerte der Turmanlage wieder; man sieht, daß sie mit den rechnerisch ermittelten Werten gut übereinstimmen. Den wirklichen Verlauf eines solchen Serienaufschlusses zeigt noch besser das Kurvenblatt (Abb. 16). Man erkennt hier deutlich, wie sich die Gesamtmenge der gelösten Tonerde aus den Beträgen

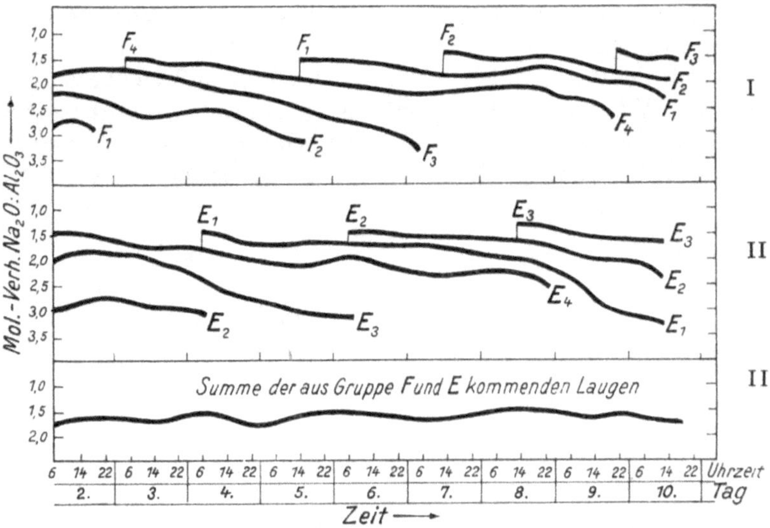

Abb. 15. Aufschlußkurven vom kontinuierlichen Turmaufschluß.

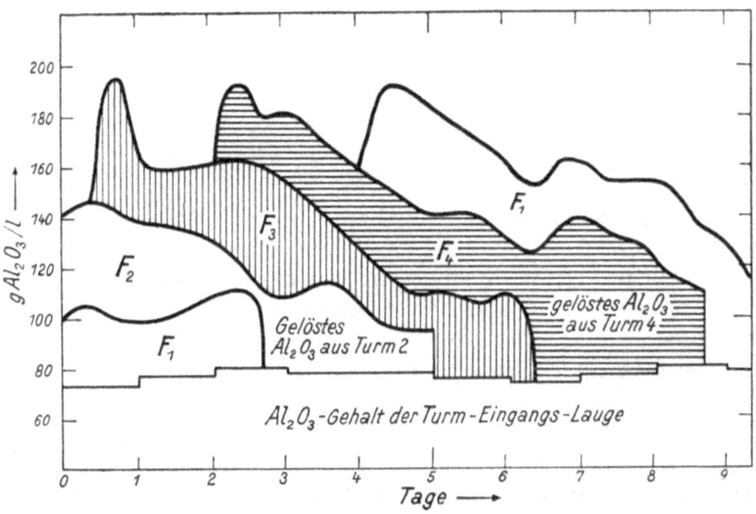

Abb. 16. Tonerdegehalt der Turm-Eingangs- und Ausgangs-Laugen.

der drei Türme zusammensetzt. Besonders eindringlich wird dabei vor Augen geführt, wie wichtig es ist, daß der Turm zum Schluß 48 Stunden an erster Stelle läuft (vgl. Turm F 3 und F 4!!), da gerade in dieser Periode die Ausbeute sich noch wesentlich erhöht. Im Kurvenbild (Abb. 17) ist noch einmal die normale Aufschlußkurve eines einzelnen Betriebsturmes mit einer solchen Serienaufschlußkurve (Mittelwert aus mehreren Türmen) verglichen. Man erkennt die typische Verlagerung des Auslaugungsschwerpunktes an das Ende des Aufschlusses durch die Serienschaltung! Sehr deutlich wird auch die Möglichkeit einer Ausbeutesteigerung durch die schon früher erwähnte Kupplung der Schaltung dreier Türme mit Vorlaugung eines Turmes. Die Kurve C entspricht einer „Alleinlaufzeit“ des frischen Turmes von ca. 10 Stunden, die Kurve D einer solchen von ca. 20 Stunden. Diese letzte Kurve ist schon fast mit der Aufschlußcharakteristik des Turmes B identisch.

Im Falle der Abb. 15 handelt es sich um die Auftragung einer ganzen Reihe von Aufschlüssen in einem Bilde. Hierbei ist die Beibehaltung der prozentualen Ausbeute an Tonerde als Bezugsgröße nicht angängig. Es ist hier einfach das Molver-

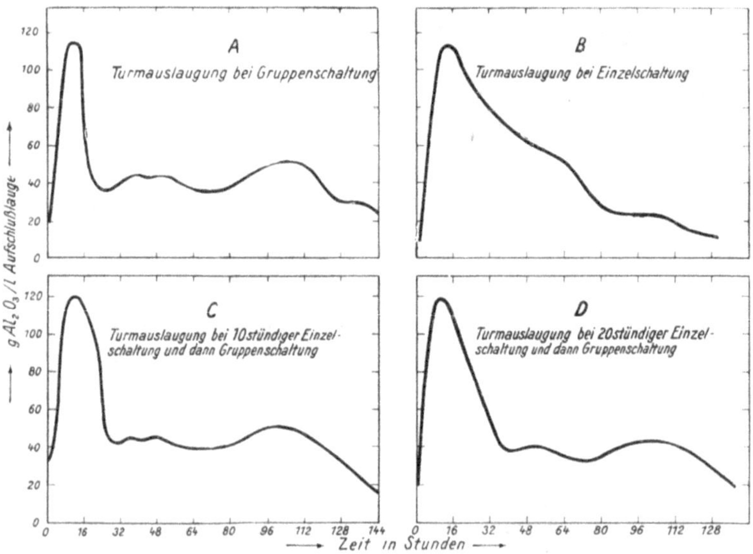

Abb. 17. Turmauslaugung bei Einzel- und Gruppenschaltung.

hältnis in der Turmlauge in Abhängigkeit von der Zeit wiedergegeben. In dem Kurvenbild (Abb. 16) ist der tatsächliche Gehalt an Tonerde in Abhängigkeit von der Aufschlußdauer aufgetragen. Der Inhalt der schraffierten Fläche ergibt dann unmittelbar die Gesamtmenge der aus einem Turm herausgelösten Tonerde! Zu beachten ist dabei, daß alle Turmkurven um etwa 8 Stunden gegen die Nachbarkurve verschoben werden müssen, da dieser Zeitraum bei der Strömungsgeschwindigkeit von 2,8 m^3/Std. etwa der Durchflußzeit der Lauge durch einen Turm entspricht. Im Kurvenblatt (Abb. 17) sind vergleichsweise die Ausbeutekurven eines solchen serienmäßig geschalteten Turmes und eines Einzelturmes gegenübergestellt.

Die Entfernung der Kieselsäure aus den Aluminatlaugen vom Turmaufschluß

Eine unangenehme Eigenschaft zeigten zunächst die Aluminatlaugen aus einem frisch in Betrieb genommenen Turm. Sie hatten einen stark erhöhten Gehalt an Kieselsäure (etwa 1700 mg je Liter). Man konnte dem begegnen, indem man den frischen Bauxit mindestens zwei Stunden mit heißer Lauge (über 100^0 C) stehen ließ, d. h. den Bauxit im Turm einige Stunden „sumpfte“. Im folgenden wird über diesen Vorgang eingehend berichtet.

Auf Grund der Tatsache, daß die Abscheidung von Kieselsäure als Natriumaluminiumsilikat in Aluminatlauge bei hohen Temperaturen und überhöhtem Druck keine momentane Reaktion darstellt, sondern eine zeitlich gebundene ist, wurde versucht, durch Stagnieren der Turmlaugen die Abscheidung der gelösten Kieselsäureverbindung im Turm zu begünstigen. Durch den Prozeß des „Sumpfens“ sollten in der Hauptsache die großen Mengen gelöster Kieselsäure, die zu Beginn

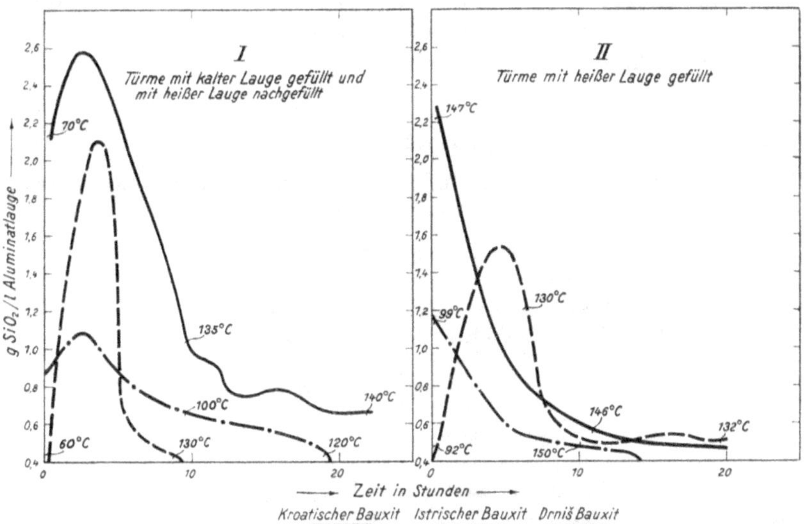

Abb. 18. Kieselsäure-Aufnahme der Turmlauge (mit angegebenen Turmtemperaturen).

des Anfahrens in der Turmlauge vorliegen, abgeschieden werden. Die Verhältnisse mit verschiedenen Bauxit-Sorten geben die Kurven der Abb. 18 wieder.

Mit welchen Mengen man z. B. beim Aufschluß der kieselsäurearmen dalmatinischen Bauxite zu rechnen hat, veranschaulichen folgende Untersuchungsergebnisse der Laugen, welche einen Durchschnitt von 10 Turmaufschlüssen darstellen (Tabelle 28).

Tabelle 28

Gehalt an Kieselsäure in Laugen vom Turmaufschluß

Probenahme nach	SiO_2 je 1 l
2 Stunden	1700 mg
4 Stunden	1460 mg
6 Stunden	1040 mg
8 Stunden	750 mg
10 Stunden	700 mg
12 Stunden	600 mg
16 Stunden	400 mg
20 Stunden	350 mg

Die Temperaturen der Laugen lagen zwischen 135—160° C; Druck 13—15 atü; Durchfluß 700—800 l/Std. im 10 m^3-Turm.

Es ist versucht worden, durch Erhöhung der Temperatur auf 180° C eine schnellere Abscheidung im Turm zu erzwingen. Es ergaben sich praktisch die gleichen Werte wie bei niedrigerer Temperatur. Variationen des Durchflusses zeigten ebenfalls keine befriedigenden Werte.

Das Stagnieren der Laugen nach dem Füllen des Turmes zeigte eine überraschend starke Herabsetzung der SiO_2-Werte. Es wurde nun unter sonst gleichen Bedingungen durch systematisches Hintasten versucht, die kürzeste Zeit des Sumpfens zu erfassen, bei der die Höhe der Kieselsäure in der Lauge als annehmbar anzusehen war. Die Versuche führten zu folgenden Ergebnissen, die wiederum Durchschnittswerte von mehreren Aufschlüssen sind (Tabelle 29).

Tabelle 29

Einfluß einer sogenannten „Sumpfzeit" auf den Gehalt an Kieselsäure in Laugen vom Turmaufschluß

Versuch I: Sumpfzeit 1 Stunde

Probenahme nach	SiO_2/Liter
2 Stunden	1400 mg
4 Stunden	1050 mg
6 Stunden	800 mg
8 Stunden	770 mg
10 Stunden	550 mg
14 Stunden	430 mg
20 Stunden	350 mg

Versuch II: Sumpfzeit 2 Stunden

Probenahme nach	SiO_2/Liter
2 Stunden	1000 mg
4 Stunden	750 mg
6 Stunden	650 mg
8 Stunden	500 mg
10 Stunden	450 mg
14 Stunden	350 mg
20 Stunden	320 mg

Versuch III: Sumpfzeit 3 Stunden

Probenahme nach	SiO_2/Liter
2 Stunden	900 mg
4 Stunden	800 mg
6 Stunden	600 mg
8 Stunden	450 mg
10 Stunden	450 mg
14 Stunden	400 mg
20 Stunden	350 mg

Versuch V: Sumpfzeit 15 Stunden

Probenahme nach	SiO_2/Liter
2 Stunden	600 mg
4 Stunden	500 mg
6 Stunden	450 mg
10 Stunden	400 mg
14 Stunden	400 mg
20 Stunden	350 mg

Eine Herabsetzung der Kieselsäure durch Stagnieren der Lauge ist, wie obige Versuche zeigen, bis zu einer gewissen Höhe möglich. Eine längere Verweilzeit als 2—3 Stunden ist betrieblich nicht notwendig. Die dann noch vorliegenden Mengen werden durch Laugen mit niedrigerem SiO_2-Spiegel soweit verdünnt, daß Verstopfungen im Leitungsnetz und Verunreinigung der Tonerde vermieden werden.

Über die Konzentration der Aufschlußlauge wurden in einer Kleinapparatur eingehende Versuche durchgeführt. Die normale Aufschlußlauge hatte 28—29° Bé (1,240 spez. Gewicht) mit 165—180 g Na_2O je Liter. Mit Laugen vom spez. Gewicht 1,265 wurden bei dem Aufschluß Zeitgewinne bis zu 40% erzielt, mit Laugen von 1,4 spez. Gewicht, also einer Konzentration wie im Autoklaven, sogar bis zu 55%. Trotzdem wurden im großen diese Versuche nicht weiter verfolgt, weil dadurch ein Hauptvorteil des Turmverfahrens, der geringe Dampfverbrauch, zum großen Teil verlorengeht. Auch zeigten die Laugen nach dem Durchlaufen durch den Turm große Mengen von kolloidal gelösten Eisen- und Titan-Verbindungen, welche zwar beim Verdünnen der Laugen sich abscheiden und auch abfiltrieren ließen.

Es liegt in dem schnelleren Aufschluß mit konzentrierten Laugen jedenfalls die Möglichkeit, die Aufschlußanlage bis zu 100% zu überlasten, wenn genügend Eindampfmöglichkeiten vorhanden sind. Dies ist sicher für eine Fabrikationsanlage interessant.

Versuche, die Laugenkonzentration weiter herabzusetzen, führten damals nicht zu dem gewünschten wirtschaftlichen Erfolg (vgl. S. 34).

Eine Schwierigkeit bereitete das schon erwähnte Auftreten von kolloidalem Eisen und Titan in den aus den Türmen kommenden Laugen, besonders bei den jugoslawischen Bauxiten. Die entspannte und dadurch abgekühlte Lauge wurde anschließend durch einen Turm geschickt, der mit Bauxit oder Koks gefüllt war. An sich war der Effekt gut. Eisen und Titan wurden genügend zurückgehalten. Der Nachteil war nur der, daß der Turm nach einer gewissen Zeit im Innern ganz verkrustete und sich größere Bauxitbrocken bildeten. Der Turm mußte in mühevoller Arbeit Schicht für Schicht losgemeißelt werden. Diese Art der Nachfiltration wurde deshalb wieder aufgegeben.

Will man auf diesem Wege weiterkommen, so müßte dafür gesorgt werden, daß der Bauxit etwas in Bewegung bleibt z. B. dadurch, daß man ständig eine bestimmte Menge des Bauxits aus dem Turm abzieht, mit einem Transportelement hebt und oben wieder in den Turm einfallen läßt. Das Transportelement müßte in einem Anbau des Turmes in der Lauge laufen. Man könnte auf diese Weise wohl verhindern, daß die Bauxitteile miteinander verbacken[1]). — Im Fabrikationsbetrieb

[1]) Vgl. hierzu F. P. 821 720 (1937) VAW und schwed. Patent Nr. 94357 (1939) T. R. Haglund.

ist man bisher so vorgegangen, daß die mit Waschwasser verdünnte Lauge durch Pressen gedrückt und dadurch von den kolloidalen Verunreinigungen befreit wurde.

Schwierigkeiten entstehen in den Türmen beim Verarbeiten von Bauxit mit viel Staub. Es entstehen dann Verbackungen. Außerdem bekommt man keinen gleichmäßigen Aufschluß, wie die Aufschlußkurven der Abb. 19a und b zeigen. Man soll nicht über 5 % Staub zulassen.

Eine ausgerührte Tonerde aus einer Aluminatlauge, welche 700 mg SiO_2/l besaß, hatte einen Gehalt von 0,008 % SiO_2, bezogen auf Al_2O_3. Beide Proben waren bis zu einem Molverhältnis von 4,5 ausgerührt. Da es erstrebenswert ist, daß der Gehalt an SiO_2 in der Tonerde 0,02 % nicht über steigt, ist ersichtlich, daß 700 mg SiO_2 je Liter schon einen Grenzwert darstellen, während 500 mg noch als ungefährlich anzusehen sind.

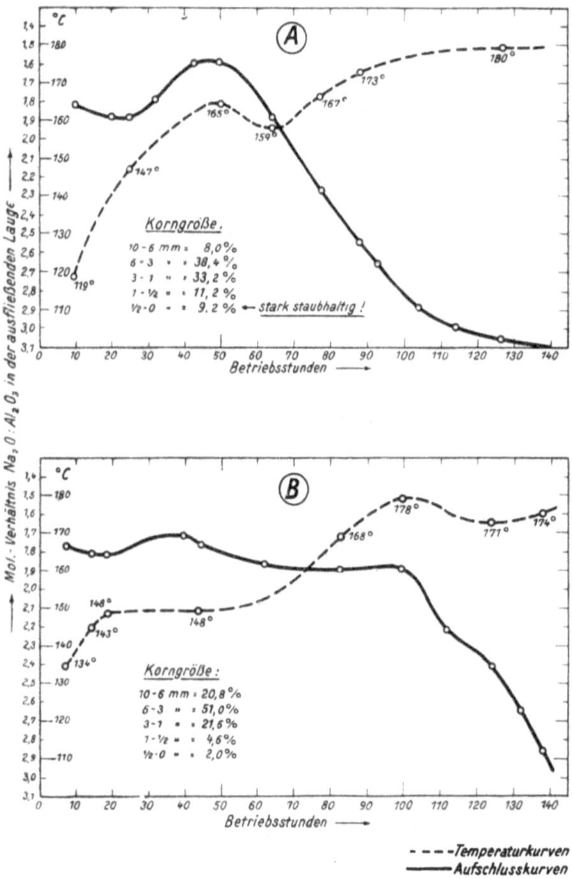

Abb. 19. Aufschluß von Drniš-Bauxit. Kalziniert bei 670° C. Vorlegelauge: D = 1,240, Laugendurchflußgeschwindigkeit: 16 m³/24 Std.

Die Brikettierung des Bauxits

Beim Brechen des Bauxits entsteht immer ein gewisser Staubanteil. Viele Bauxite enthalten schon beim Fördern Staubanteile. Nach den obigen Ausführungen sind größere Staubmengen im Turmverfahren nicht ohne weiteres zu verarbeiten Im Betrieb hat man sich so geholfen, daß man diesen Staub im Sinterverfahren aufgearbeitet hat. Da das Sinterverfahren in der Anlage und im Betrieb teurer ist als das Bayerverfahren, so ist die Verarbeitung des Staubes nach diesem Verfahren nur ein Notbehelf. Man muß anstreben, den Staub auch im Turmverfahren zu verarbeiten. Dies ist möglich, indem man den Bauxitstaub brikettiert. Als Brikettierungsmittel wurden Wasser, Lauge und Kalkhydrat benutzt. Die Versuche wurden zunächst im kleinen vorgenommen und dann in den Fabrikationstürmen wiederholt. Die unter Zusatz von Wasser hergestellten Briketts hatten eine Druckfestigkeit von 20 kg. Der Anteil der Briketts an der Gesamtfüllung des Turmes betrug 22 %. Die Briketts wurden beim Aufgabe-Elevator dem

Bauxit in gleichmäßigen Mengen zugesetzt. Trotzdem trat im Turm eine Entmischung ein, weil die Briketts im Vergleich zu den Bauxitstücken verhältnismäßig groß waren und beim Füllen größtenteils an den Rand des Turmes rollten. Beim Entleeren des Turmes blieb ein Rückstand zurück, der meist in weichen, herunterstoßbaren Schalen an der Turmwand klebte. Die Analysen zeigten eine normale Auslaugung:

im Feinschlamm eine Ausbeute von 89,4%
im Grobschlamm eine Ausbeute von 80,2%
im Turm verbliebener Rückstand Ausbeute 84,2%.

Bei der Herstellung der Briketts mit Aluminatlauge wurde in den Preßkörpern eine etwas höhere Festigkeit erzielt, ca. 30 kg. Die Füllung des Turmes wurde diesmal so vorgenommen, daß zunächst der Bauxit in den Turm eingetragen wurde und darauf die Briketts, 31,7% des Gesamtgewichts. Beim Öffnen des Turmes zeigte sich, daß oben an der Stelle, an der die Briketts lagen, sich eine feste Brücke gebildet hatte, die nur teilweise ausgelaugt war. Man zog aus beiden Versuchen den Schluß, daß man die Briketts kleiner machen muß, damit sie sich beim Turmfüllen nicht entmischen und weniger zu Verbackungen neigen.

Briketts, die mit Kalk (und Wasser) hergestellt wurden, waren die festesten. Die Kalkmenge wurde auf etwa 5% bemessen (entsprechend 2 Mol CaO auf 1 Mol SiO_2). Die Preßkörper wurden während des Turmfüllens dem Bauxit im Elevator zugemischt, und zwar 28% des Gesamtfüllgewichtes. Die Entleerung des Turmes ging normal vonstatten.

In einem Falle war versuchsweise in den Betriebsturm ein Käfig mit Briketts gehängt worden, um deren Auslaugung unter Betriebsverhältnissen zu prüfen. Nach dem Entleeren des Turmes war der Inhalt der Käfige weich und aufgeschlossen.

Diese Versuche lassen erkennen, daß größere Schwierigkeiten bei der Verarbeitung bis etwa 30% Staub in Form von Briketts nicht zu erwarten sind.

Das Schüttgewicht der verschiedenen Bauxitsorten und deren Einfluß auf die Turmfüllungen

Das spezifische Gewicht der verschiedenen Bauxitsorten weicht nicht sehr voneinander ab, wie folgende Tabelle zeigt, die sich auf geglühten Bauxit bezieht. Dagegen treten beim Schüttgewicht erhebliche Unterschiede auf.

Tabelle 30
Schüttgewichte verschiedener Bauxite

	Glüh-temperatur	Korngröße	Spez. Gewicht	Schütt-gewicht	Volumen der Leer-räume
Mostar-Bauxit	600° C	1—10 mm	4,1	1,4	65%
Drniš-Bauxit	700—750° C	1—15 mm	4,3	1,1	74%
Istrischer Bauxit	600° C	2—15 mm	4,1	1,05	74,5%
Ungarischer Bauxit . .	500—600° C	2—20 mm	3,2	0,9	72%
Griechischer Bauxit . .	500° C	1—20 mm	3,8	1,6	58%

Das Schüttgewicht eines Bauxits ist bestimmend für die Menge einer Turmfüllung. Da ungarischer Bauxit das niedrigste Schüttgewicht hat, wurde dieser Bauxit nur ausnahmsweise im Turmbetrieb verwendet. Bei Drniš-Bauxit betrug die Turmfüllung gewöhnlich 29—31,5 t, bei kroatischem Bauxit von Citluk 32,5 t, bei französischem 37,5 t. Infolgedessen wurde auch bei der Verarbeitung von französischem Bauxit ein Maximum an Produktion erreicht. Das Ergebnis ändert sich, wenn der Bauxit mit hohem Schüttgewicht schwer aufschließbar ist, wie dies für griechischen Bauxit zutrifft. Dann muß man länger laugen und der Vorteil des höheren Schüttgewichtes geht dadurch verloren.

Das Ausrühren des Tonerdehydrates

Schon auf S. 65 wurde darauf hingewiesen, daß eine Aluminatlauge mit niedrigem Molverhältnis in der Anfangslauge günstiger für den Prozeß ist als eine solche mit hohem.

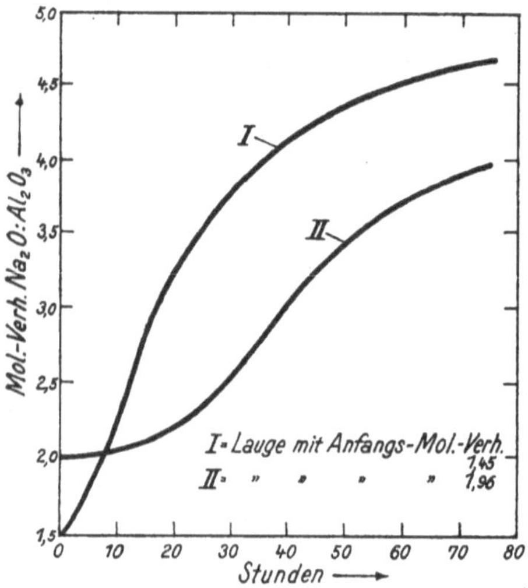

Abb. 20. Ausrührversuche.

Es zeigte sich, daß die Lauge mit einem Molverhältnis von 1,45 (Turmlauge) bei 55° C sofort anfängt sich zu zersetzen, während die Lauge mit dem Molverhältnis 2,0 (Autoklavenlauge) erst einige Stunden braucht, bis die Zersetzung beginnt (Abb. 20). In letzterer Lauge geht offenbar die Kristallkeimbildung viel langsamer vor sich wie in der ersteren, weil diese weniger übersättigt ist. Auch die Ausrührgeschwindigkeit des Tonerdehydrates ist zu Anfang in der tonerdeärmeren Lauge bedeutend geringer. Nach der Kurve I (Abb. 20) kann man schon nach 40-50 Stunden bei der Turmlauge ein Verhältnis von 4 erhalten. Das ist etwa eine Ersparnis an Ausrührraum und an Kraft für das Ausrühren der Lauge von 40%. Es ist hierbei nicht berücksichtigt, daß das Hydrat leicht zu feinkörnig ausfällt. Aber man könnte dem abhelfen, wenn man die Anfangstemperatur der auszurührenden Aluminatlauge höher wählt und in mehreren Stufen impft, wie unten ausgeführt (S. 89). Dadurch erhöht man die Wachstumsgeschwindigkeit der Kristalle. Versuche in dieser Richtung müßten noch durchgeführt werden.

Wenn man die auszurührenden Laugen nicht gleich im Anfang, sondern erst nach etwa 24 Stunden mit den anfallenden Waschwässern verdünnen würde, so würde man auch die Unterbringung dieser Waschwässer gelöst haben, ohne die Aluminatlaugen, die zur Ausrührung gelangen, in ihrem Molverhältnis ungünstig zu beeinflussen. Jedenfalls ist hier die bisher noch nicht berücksichtigte Möglichkeit zu prüfen, erheblich an Anlagekosten für den Ausrührraum zu sparen.

Ein Vorteil beim Ausrühren von Laugen mit viel Al_2O_3 liegt in dem Fortfall des Impfzusatzes; Laugen mit Verhältnissen von 1,6 und niedriger zersetzen sich spontan bzw. genügt bei ihnen die Impfwirkung der am Rande des Ausrührgefäßes haftenden Tonerde, um die Zersetzung einzuleiten.

Anwendung des Turmaufschlusses im Betrieb

Der Turmaufschluß wurde bisher nur in einer Fabrik der Vereinigten Aluminium-Werke A.G. in Lünen in Westfalen, durchgeführt. Durch das Entgegenkommen der VA.W sind wir in der Lage, Näheres aus dem Fabrikationsbetrieb mitzuteilen.

Der Turmbetrieb lief fünf Jahre lang (1940—1944) und erreichte in den letzten vier Jahren eine Produktion, die zwischen 27200 t und 28700 t im Jahre lag. Es waren 32 Türme zu je 30 cbm aufgestellt. Je 4 Türme waren zu einer Gruppe zusammengefaßt, von denen 3 mit Lauge beschickt wurden, während der vierte ausgewaschen, entleert, wieder gefüllt und gesumpft wurde. Der Druck in den Türmen betrug ca. 18 atü, die Temperatur 180—200° C. Eine Heizvorrichtung in den Türmen war nicht vorhanden, sondern die Lauge wurde vor dem Eintritt in die Türme auf ca. 200° C erhitzt. Die Lauge, die mit Hochdruck-Kreiselpumpen auf ca. 19 atü gebracht war, strömte zunächst durch Vorwärmer, die in 2 Stufen mit Abdampf von 0,3 atü und 4,5 atü der aus den Türmen kommenden Lauge beschickt wurden. Ein dritter Vorwärmer wurde mit Hochdruckdampf von 24 atü oder mehr gespeist. Nach dem Passieren der Türme gelangte die Lauge in zwei hintereinander geschaltete Entspanner, in denen der Dampf für die Vorwärmer erzeugt wurde. Die Laugegeschwindigkeit in den Türmen betrug 2,5—3,0 m^3 je Stunde. Es dauerte etwa 6—8 Stunden, bis die Lauge einen Turm durchströmt hatte.

Wie schon erwähnt, wurde ein mit Bauxit gefüllter Turm zunächst mit Aufschlußlauge von 150° C gefüllt. Er blieb so zwei Stunden stehen und wurde dann in den Auslaugungsprozeß eingeschaltet. Die Temperatur der Türme wurde durch in jeden Turm eingebaute Thermometer überwacht.

Wenn der erste Turm ausgelaugt war, was man daran erkennt, daß die Lauge nur ganz geringe Mengen von Tonerde noch aufnimmt, wurde der Laugezufluß abgeschaltet. Gleichzeitig wurde der bereitstehende Turm mit frischem Bauxit in den Laugefluß einbezogen. Im abgeschalteten Turm wurde mit Wasser oder dünner Lauge die noch stärkere Lauge verdrängt. Die Lauge wurde noch solange in den nächsten Turm geleitet, bis ihr spezifisches Gewicht stark abnahm, d. h. bis die Mutterlauge verdrängt war. Dann wurde sie in einen Behälter für Waschwasser geleitet. Dieses wurde zum Verdünnen der aus den Türmen kommenden Lauge benutzt. Spindelte das Waschwasser, das den Turm verließ, nur noch einige Grade Baumé, so wurde der Wasserzulauf abgestellt und der Turminhalt mittels Preßluft in ein Gefäß mit Rührwerk gedrückt.

Leider blieb nach dem Abdrücken des Turminhaltes regelmäßig im Turm ein Rest von Rückstand zurück. Dieser mußte durch die untere Abschlußöffnung von Hand aus dem Turm entfernt werden. Die Menge dieses Rückstandes war sehr verschieden, manchmal 0,4 m^3, zuweilen über 5 m^3, im Mittel 2 m^3. Bei größeren Türmen wird, wie ein Versuch mit einem größeren Turm zeigte, die Menge des Rückstandes — auf den Gesamtrückstand bezogen — relativ geringer sein.

Von dem Rührwerksbehälter gelangte der Rückstand mit dem Waschwasser auf ein Schüttelsieb. Dadurch wurden die groben, schlecht aufgeschlossenen Teile des Rückstandes von der großen Menge des feinen Rückstandes getrennt. Dies hatte einen doppelten Zweck: einmal konnte der abgesiebte grobe Rückstand nochmals zum Aufschluß des Bauxits zugegeben werden, zweitens wurden durch das Heraussieben der groben Stücke Verschleiß und Verstopfung der Pumpen und Rohrleitungen verhindert. In einem Rührwerksbehälter wurde der feine Rückstand und das Waschwasser gesammelt und das Ganze nun auf Kelly-Filter gedrückt und der Rückstand dort noch vollkommen ausgewaschen. Der ausgewaschene Rückstand wurde von den Filtern durch Schnecken in ein Sammelbecken geschafft, aus dem er entweder zum Trockner gelangte, oder auf die Halde gefahren wurde.

Die Zeitdauer der Herstellung der Tonerde nach dem Turmverfahren und nach dem Autoklavenverfahren

Die aufzuwendende Zeit zur Herstellung der Tonerde ist zum Teil abhängig von der Größe der Zwischenlager der Halbfabrikate. Beide Verfahren werden in der Tabelle 31 nach denselben Gesichtspunkten behandelt. Die Aufstellung zeigt, daß die Gewinnung der Tonerde beim Turmaufschluß geringere Zeit beansprucht als beim normalen Autoklavenaufschluß, daß aber bei der Beseitigung der Nebenbestandteile des Bauxits das Umgekehrte zutrifft. Bei dem in der Aufstellung nicht berücksichtigten Lauf der Lauge durch die Eindampferei besteht keine große Differenz hinsichtlich der Zeitdauer bei beiden Arbeitsweisen. Wohl wird das Eindampfen beim Turmaufschluß etwas schneller vor sich gehen, weil nicht soviel eingedampft werden muß, andererseits aber nimmt die dünnere Lauge einen größeren Raum ein als die hochkonzentrierte und verlangt deshalb größere Lagerbehälter.

Tabelle 31

Zeitdauer der Tonerdeherstellung

A = Autoklavenverfahren,
T = Turmverfahren

		Autoklavenverfahren Std.	Turmverfahren Std.
1. (A + T)	Bauxit abladen, brechen und trocknen	6	7
2. (A)	Bauxit in Silo einfüllen und mahlen	24	—
3. (A)	gemahlenen Bauxit vorübergehend einlagern	24	—
4. (T)	Bauxit sieben, vorübergehend einlagern, teilweise brikettieren und in die Türme füllen	—	32
5. (A)	Bauxit mit Lauge anrühren und in Autoklaven aufschließen	10	—
6. (A)	Aluminatlauge verdünnen, im Eindicker klären lassen	28	—
7. (T)	Aluminatlauge durch die Türme schicken und klar filtrieren	—	32
8. (A + T)	Ausrührer füllen und die Aluminatlauge ausrühren	104	94
9. (A + T)	Tonerdehydrat abziehen, filtrieren und kalzinieren	10	10
	Summe:	206	175

Tabelle 32

Aufenthaltsdauer der Nebenbestandteile des Bauxits in der Fabrikation

		Autoklavenverfahren Std.	Turmverfahren Std.
1. (A + T)	Aufenthaltsdauer in den Fabrikationsteilen 1—5 der obigen Aufstellung	66	38
2. (A)	Rotschlamm klären und aus dem Eindicker entfernen	36	—
3. (A)	Rotschlamm waschen, filtrieren und wegbringen	36	—
4. (T)	Rotschlamm in den Türmen auslaugen	—	100
5. (T)	Rotschlamm waschen, filtrieren und wegbringen	—	30
	Summe:	138	168

Tabelle 33

Die im Turmbetrieb in den Jahren 1940—1944 verarbeiteten Bauxitsorten

	1940 t	1941 t	1942 t	1943 t	1944 t	Sa. bis 30. 11. 44
Drniš-Bauxit	50 724	44 850	57 855	52 855	14 770	221 054
Französischer Bauxit . . .	—	17 310	73	1 392	21 667	40 442
Kroatischer Bauxit	969	3 132	2 128	12 987	3 611	22 827
Ungarischer Bauxit	251	—	1 314	289	18 244	20 098
Griechischer Bauxit	2 341	2 061	5 371	2 546	—	12 319
Österreichischer Bauxit . .	—	—	—	—	2 446	2 446
Loschnitzer Bauxit	—	—	237	—	—	237

Alle Bauxitzahlen dieses Abschnittes beziehen sich auf Bauxit mit 7% anhaftendem Wasser, auf welcher Basis er eingekauft wurde.

Abgesehen von dem Loschnitzer Bauxit mit 10—15% SiO_2, konnten alle erwähnten Bauxitsorten in dem Turmverfahren verarbeitet werden, auch die Sorten, die im Autoklavenverfahren Schwierigkeiten bereiteten. Bei den Sorten, die einen sehr zähen Rotschlamm geben — wie bei den griechischen Bauxiten — ist eine Mischung mit anderen Bauxitsorten zu empfehlen, wenn man nicht besondere Vorkehrungen zur Behandlung des zähen Schlammes vorsehen will. Rechnet man die an Kieselsäure gebundene Tonerde ab, so war die Ausbeute fast immer über 90% an Al_2O_3. Ungünstig für den Turmaufschluß sind nur sehr staubförmige Bauxite.

Die Zusammensetzung der Laugen

Von den Laugen interessiert am meisten die Lauge, die die Turmbatterien verläßt („Turmlauge"). Die Aufnahme an Al_2O_3 in der Turmlauge ist entscheidend für den ganzen Prozeß. Wie aus dem Kurvenblatt der Abb. 21 ersichtlich ist, schwankt die Aufnahme an Al_2O_3 in den verschiedenen Monaten nur wenig um 100 g Al_2O_3

je Liter Lauge. Diese Menge ist sehr günstig im Vergleich zu den entsprechenden Zahlen des Autoklavenprozesses.

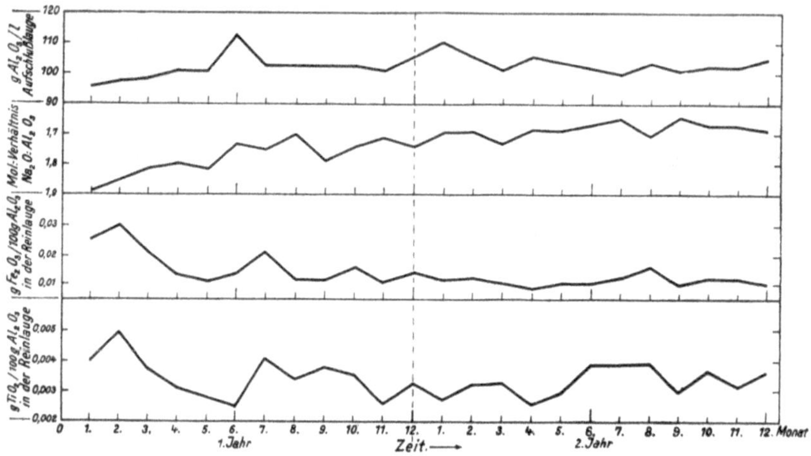

Abb. 21. Gehalte der Laugen an Al_2O_3, Fe_2O_3 und TiO_2 über längere Zeiträume.

Die Verhältnisse von Na_2O zu Al_2O_3 in den Laugen der verschiedenen Betriebsjahre enthält die Tabelle 34 (wobei der Gehalt an Na_2CO_3 nicht berücksichtigt ist).

Tabelle 34

Molverhältnisse der Turmlaugen in den verschiedenen Betriebsjahren

1940	$Na_2O : Al_2O_3 = 1{,}65$
1941	$Na_2O : Al_2O_3 = 1{,}64$
1942	$Na_2O : Al_2O_3 = 1{,}59$
1943	$Na_2O : Al_2O_3 = 1{,}545$

Der Na_2O-Überschuß verringerte sich also gegenüber dem Al_2O_3-Gehalt von Jahr zu Jahr.

Durch Verdünnen dieser Laugen mit Waschwässern, die höher im Molverhältnis liegen, erhielt man in den nach der Ausrührerei abgegebenen Laugen („Reinlaugen“) folgende Zahlen:

Tabelle 35

Molverhältnis der nach der Ausrührerei gehenden Reinlaugen

1940	$Na_2O : Al_2O_3 = 1{,}80$
1941	$Na_2O : Al_2O_3 = 1{,}78$
1942	$Na_2O : Al_2O_3 = 1{,}69$
1943	$Na_2O : Al_2O_3 = 1{,}63$

Bezüglich der Verunreinigung der Reinlauge an Eisen- und Titan-Verbindungen sind die Zahlen beim Turm- nicht höher als die beim Autoklavenaufschluß. Die Gehalte in den einzelnen Monaten der Jahre 1941 und 1942 sind ebenfalls auf dem Kurvenblatt Abb. 21 aufgetragen. Die Werte pendeln um einen Mittelwert.

Die Werte für SiO_2 lagen bei 0,4 g je 100 g Al_2O_3 in der Reinlauge, sind also höher als beim Autoklavenaufschluß. Die erhaltene Tonerde war aber noch einwandfrei.

Der größte Unterschied bei den Reinlaugen des Turm- und Autoklavenverfahrens besteht im geringeren Gehalt der Laugen an Alkali beim Turm-Verfahren. Im Hinblick auf die Eindampfung ist es wichtig, möglichst wenig Überschuß an Alkali gegenüber der Tonerde in den Reinlaugen zu haben. Die nachfolgende Rechnung verdeutlicht das.

Beim Autoklavenaufschluß ist die Zusammensetzung der zum Ausrühren kommenden Reinlauge $Na_2O : Al_2O_3 = 1{,}85$. Beim Turmaufschluß kann man ohne Schwierigkeit auf ein Verhältnis von 1,65 kommen. Im Turmbetrieb des Lippewerkes wurde im Jahre 1943 im Durchschnitt 1,63 erreicht. Wenn, wie normal, die Aluminatlauge bis zu einem Molverhältnis von 4 ausgerührt wird, so errechnet sich die geringere Menge der einzudampfenden Lauge aus folgendem:

1. Beim Autoklavenaufschluß ist $Na_2O : Al_2O_3 = 1{,}85 : 1$ oder $1000 : 541$;
2. beim Turmaufschluß ist $Na_2O : Al_2O_3 = 1{,}65 : 1$ oder $1000 : 606$.

Da in der ausgerührten Lauge das Molverhältnis 4 oder 1000 : 250 ist, erhält man je 1000 Na_2O in der ausgerührten Lauge

beim Autoklavenaufschluß 291 Al_2O_3
beim Turmaufschluß 356 Al_2O_3,

d. h. 22,3% mehr Tonerde aus der Lauge beim Turmaufschluß und entsprechende Eindampfersparnis.

Bei den einzudampfenden 77,7% Lauge des Turmverfahrens tritt noch dadurch eine Dampfersparnis gegenüber dem Autoklavenverfahren ein, daß die Laugen nur soweit eingedampft werden müssen, daß die Alkalikonzentration in der Lauge beim Turmverfahren von 115 auf 181 g im Liter steigt, beim Autoklavenverfahren von 115 auf 300 g; d. h. beim Turm entstehen beim Eindampfen aus 1000 m^3 dünner Lauge 635 m^3 konzentrierte Lauge und 365 m^3 Wasserdampf, und beim Autoklaven 383 m^3 konzentrierte Lauge und 617 m^3 Wasserdampf. Beim Turmverfahren sind 40,8% weniger Verdampfung nötig. Im ganzen beträgt die Dampfersparnis beim Turmverfahren gegenüber dem Autoklavenverfahren 52,6% je Tonne Al_2O_3. In der nachfolgenden Berechnung sind der Sicherheit halber ungünstigere Zahlen angenommen.

Schlußbemerkung

Im Lippewerk sind beim Turmbetrieb noch nicht überall die Zahlen erreicht worden, die im kleinen erhalten wurden, z. B. liegen die Ausbeutezahlen der Tonerde aus dem Bauxit im Kleinversuch um einige Prozente höher als in der Großanlage. An sich müßte es mit der systematischen Laugerei des Bauxits bei dem Turmbetrieb — bei dem fast ausgelaugter Bauxit mit frischer, heißerLauge behandelt wird — möglich sein, die günstigere Auslaugung zu erzielen. Durch den Krieg bedingt, war es nicht möglich, durch Änderung der Turmform, andere Schaltung der Türme, Änderung der Laugegeschwindigkeit und Laugekonzentration, noch die letzten Prozente Tonerde aus dem Bauxit herauszuholen. Daß noch etwas zu verbessern ist, unterliegt wohl keinem Zweifel. Auch die Geschwindigkeit des Aufschlusses, die ja gegenüber dem Autoklavenverfahren sehr viel geringer ist, muß sich noch vergrößern lassen. Bei Kleinversuchen erreicht man einen bedeutend schnelleren Aufschluß. Da gerade in diesem Punkt das Turmverfahren ungünstiger arbeitet als das Autoklavenverfahren, wird man hierauf besonders achten müssen. Wahrscheinlich wird man durch die richtige Wahl der Korngröße des Bauxits, der Geschwindigkeit der Laugenbewegung und der Schaltung der Türme vorwärts kommen.

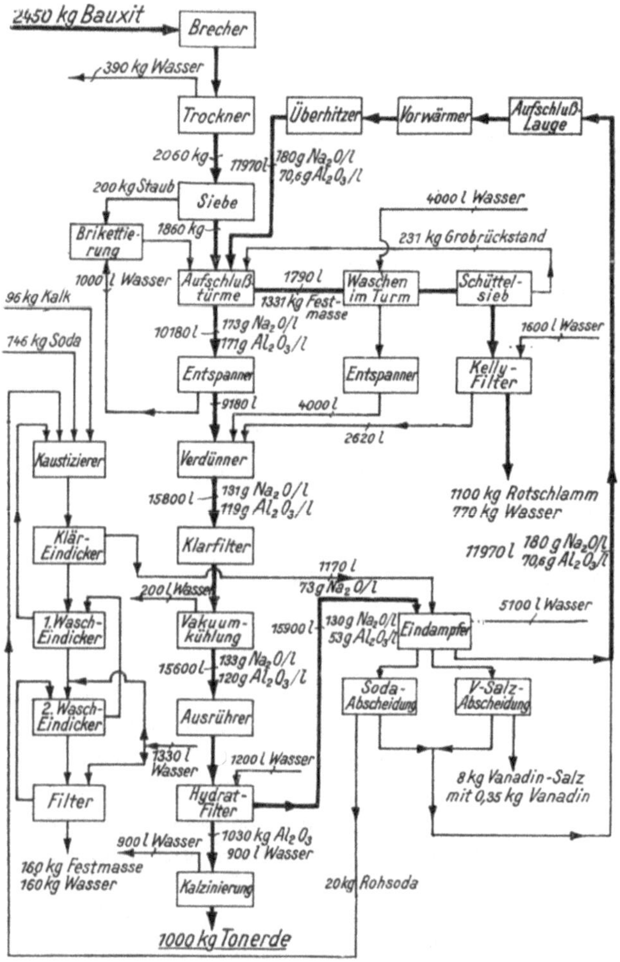

Abb. 22. Mengenumlaufschema zum Turmaufschluß mit Kaustizierung für 1 t Tonerde.

Bezüglich der Verminderung der einzudampfenden Lauge ist schon in den vorhergehenden Abschnitten das Nötige gesagt. Es handelt sich jetzt darum, die theoretisch errechneten Mindestzahlen auch in der Praxis zu erreichen. Man würde dadurch nicht nur Dampfkosten sparen, sondern auch die Apparatur der Eindampferei und Ausrührerei bedeutend kleiner halten können. Andeutungen, wie man arbeiten müßte, sind in den vorhergehenden Abschnitten enthalten.

Ein Vorzug des Turmaufschlusses besteht darin, daß es bei dieser Arbeitsweise viel leichter als beim Autoklavenaufschluß möglich ist, eine Entkieselung des Bauxits vorzunehmen und so auch kieselsäurereichen Bauxit zu verarbeiten, wie im Abschnitt II 4b (S. 134) ausgeführt ist.

Erläuterungen zum Arbeits-Schema der Abbildung 22

1. Rohbauxit: 2450 kg mit 7% Feuchtigkeit

Analyse dieses Rohbauxites:		
	Trocken- und Glühverlust	18,0%
	Al_2O_3	51,0%
	SiO_2	3,2%
	Fe_2O_3	25,0%
	TiO_2	3,0%

2. Im Trockner werden 170 kg anhaftendes Wasser und 220 kg chemisch gebundenes Wasser verdampft, insgesamt 390 kg. Es verbleiben nach dem Trocknen 2060 kg Bauxit mit 2,4% Glühverlust.

3. Beim Brechen und Trocknen des Bauxits fallen 200 kg Staub an.

4. In die Türme werden eingeführt 1860 kg Bauxit und 200 kg Staub als Briketts, 230 kg Grobrückstand (siehe 7.), außerdem 11970 l eingedampfte Vorlegelauge, in denen 470 l neu hergestellte Natronlauge enthalten sind (siehe 10.).

5. Aus dem Turm kommen heraus: 10180 l Lauge, die zur Entspannungsanlage gehen und 1331 kg Festmasse mit 1790 l anhaftender Lauge.

6. Wasserbilanz:

Aus:			Ein:	
mit Bauxittrocknung	= 390 kg		mit Bauxit	= 440 kg
bei Entspannung	= 1000 kg		Waschwasser für Hydrat	= 1200 kg
mit Rotschlamm	= 770 kg		Waschwasser Turm	= 4000 kg
mit Rotschlamm	= 50 kg	chem. geb.	Waschwasser Kellyfilter	= 1600 kg
Vakuumkühlung	= 200 kg		Waschwasser Kaustizierung	= 1330 kg
mit Hydrat	= 900 kg			
mit Kalkschlamm	= 160 kg			
Eindampferei	= 5100 kg			
	8570 kg			8570 kg

7. Auf dem Schüttelsieb teilt sich die Festmasse in 1100 kg Feinschlamm und 231 kg Grobrückstand.

8. Der Grobrückstand hat 8,4% Glühverlust, 29,9% Al_2O_3, 5,4% SiO_2, 47,7% Fe_2O_3, 4,8% TiO_2.

9. Der Rotschlamm (Feinschlamm) wird auf den Kellyfiltern mit 1600 l Wasser gewaschen. Als Filterkuchen fallen 1100 kg Festmasse mit 770 l Wasser an. Analyse der Festmasse bei 105° getrocknet:
Glühverlust: 4,7%, Al_2O_3 19,6 %, SiO_2 7,1 %, Fe_2O_3 55,7%, TiO_2 6,6%.

10. Aufschlußlauge: 11970 l eingedampfte Aluminatlauge einschließlich 470 l eingedampfter Natronlauge. Analyse: 180 g/l Na_2O und 70,6 g/l Al_2O_3.

11. Die Lauge wird in den Vorwärmern auf 170—180° C, in den Überhitzern auf 195 bis 210° C erwärmt.

12. Die gleiche Menge Alkali, die mit der Natronlauge in die Türme gebracht wird, fällt im Rotschlamm wieder aus. Die mit der Natronlauge eingebrachten 470 l Wasser werden in dem Entspanner verdampft, außerdem noch 530 l Wasser aus 9710 l Aluminatlauge.

13. In die Verdünner gelangen 9180 l Aluminatlauge aus den Entspannern
4000 l Waschwasser von den Türmen
2620 l Waschwasser von den Kellyfiltern
zusammen also 15800 l

14. In der Vakuumanlage werden 200 l Wasser verdampft, so daß 15600 l Lauge übrig bleiben.

15. In die Ausrührerei kommen 15600 l Lauge mit 133 g/l Na_2O und 120 g/l Al_2O_3.

16. Bei der Filtration des Hydrats werden 1200 l Waschwasser eingeführt, dagegen gehen aus den Laugen 900 l Wasser zusammen mit dem Hydrat heraus. Es fallen demnach 15900 l Lauge als Filtrat an.

17. In der Kalzinierung werden 900 l Wasser verdampft.

18. In die Eindampferei kommen 15900 l Aluminatlauge mit 130 g/l Na_2O und 53 g/l Al_2O_3, außerdem 1170 l Natronlauge von der Kaustizierung. Insgesamt werden verdampft: 4400 l Wasser aus der Aluminatlauge und 700 l Wasser aus der Natronlauge = 5100 l. Die eingedampfte Vorlegelauge weist demnach folgende Analyse auf: 180 g/l Na_2O und 70,6 g/l Al_2O_3.

19. In der Kaustizierung werden 146 kg Frischsoda und 20 kg Rohsoda (15 kg Na_2CO_3) von der Eindampferei in dünnen Waschlaugen gelöst und mit 96 kg Kalk (85% CaO) zu Natronlauge umgesetzt.

20. Aus der Kaustizierung fließen 1170 l Natronlauge (73 g/l Na_2O) mit 85,4 kg Na_2O in die Eindampferei.

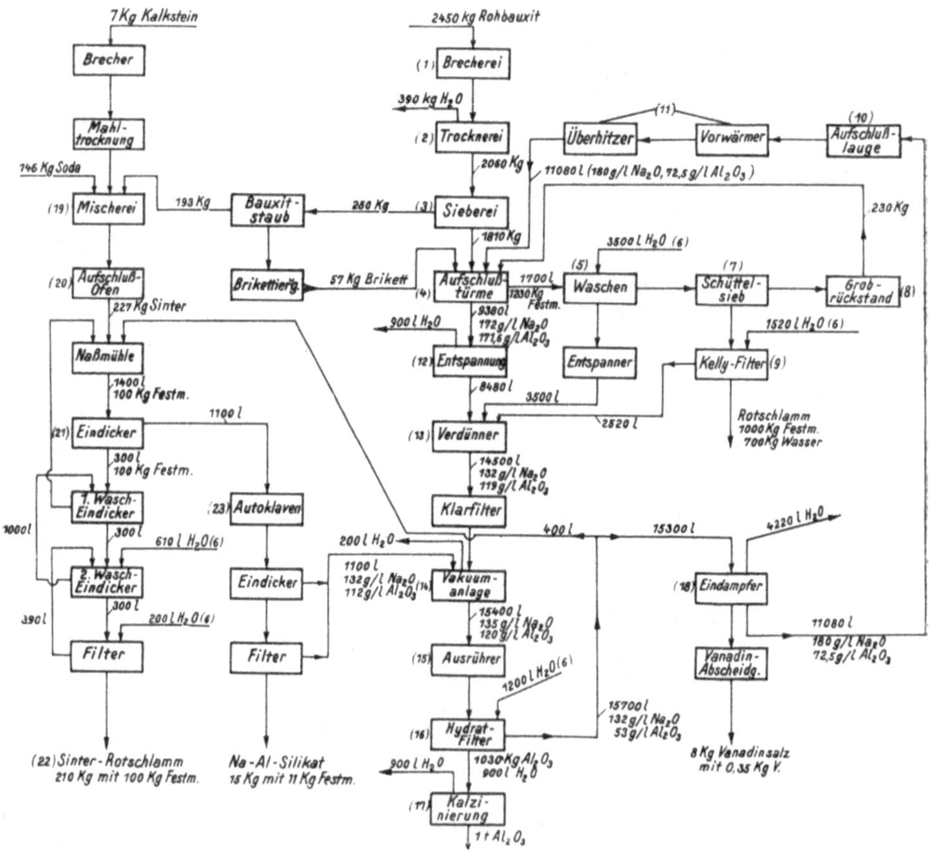

Abb. 23. Turmaufschluß mit Sinteranlage.

Erläuterungen zum Arbeits-Schema der Abbildung 23

Turmaufschluß mit Sinteranlage

1. Rohbauxit: 2450 kg mit 7% Feuchtigkeit.
Analyse dieses Rohbauxites: Trocken- und Glühverlust 18,0%
Al_2O_3 . . . . 51,0%
SiO_2 . . . . 3,2%
Fe_2O_3 . . . . 25,0%
TiO_2 . . . . 3,0%

2. Im Trockner werden 170 kg anhaftendes Wasser und 220 kg chemisch gebundenes Wasser verdampft, insgesamt 390 kg. Es verbleiben nach dem Trocknen 2060 kg Bauxit mit 2,4% Glühverlust.

3. Es wird angenommen, daß vom getrockneten Bauxit 250 kg Staub abgesiebt werden, von denen 193 kg in die Sinteranlage und 57 kg in die Brikettierung gehen.

4. In die Türme werden eingeführt: 1810 kg Grobbauxit, 57 kg Bauxitbriketts und 230 kg Grobrückstand (s. 8.), außerdem 11 080 l eingedampfte Vorlegelauge.

5. Aus den Türmen kommen heraus: 9380 l Lauge, die zur Entspannungsanlage gehen und 1230 kg Festmasse mit 1700 l anhaftender Lauge.

6. Wasserbilanz:

Aus				Ein		
mit Bauxittrocknung	=		390	mit Bauxit	=	440 kg
bei Entspannung	=		900 kg	Waschwasser für Hydrat	=	1200 kg
mit Rotschlamm bei den Kellyfiltern	=	700 kg		Waschwasser Turm	=	3500 kg
+ chemisch gebundenes Wasser	=	40 kg	740 kg	Waschwasser Kellyfilter	=	1520 kg
mit Sinterrotschlamm	=	110 kg		Waschwasser Sinteranlage	=	810 kg
+ chemisch gebundenes Wasser	=	10 kg	120 kg			
Vakuumkühlung	=		200 kg			
mit Hydrat	=		900 kg			
Eindampferei	=		4220 kg			
			7470 kg			7470 kg

7. Auf dem Schüttelsieb teilt sich die Festmasse in 1000 kg Feinschlamm und 230 kg Grobrückstand.

8. Der Grobrückstand besteht aus 230 kg Festmasse und 50 kg H_2O.
Analyse der Festmasse: 8,4% Glühverlust
29,9% Al_2O_3
5,4% SiO_2
47,7% Fe_2O_3
4,8% TiO_2.

9. Der Rotschlamm wird auf den Kellyfiltern mit 1520 l Wasser gewaschen. Als Filterkuchen fallen 1000 kg Festmasse mit 700 kg H_2O an. Analyse der Festmasse:
4,71 Glühverlust
19,6% Al_2O_3
7,1% FeO_2
6,6% TiO_2
55,74% Fe_2O_3.

10. Aufschlußlauge: 11 080 l eingedampfte Aluminatlauge mit 180 g/l Na_2O und 72,5 g/l Al_2O_3.

11. Die Aufschlußlauge wird in den Vorwärmern auf 160—180°, in den Überhitzern auf 190—210° erwärmt.

12. Das in der Sinteranlage in Form von Soda eingeführte Alkali fällt im Rotschlamm wieder aus (außer den geringen Mengen Na_2O in der kalz. Tonerde). In den Entspannern werden 900 l Wasser aus den Laugen verdampft.
13. In die Verdünner gelangen: 8480 l Aluminatlauge aus den Entspannern
3500 l Waschwasser von den Türmen
2520 l Waschwasser von den Kellyfiltern
14500 l.
14. In die Vakuumkühlanlage gelangen: 14500 l Aluminatlauge von den Türmen und
1100 l Aluminatlauge aus der Sinteranlage
zusammen: 15600 l.

    Es werden 200 l Wasser verdampft, so daß 15400 l übrig bleiben.
15. In die Ausrührerei gelangen 15400 l Lauge mit 135 g/l Na_2O und 120 g/l Al_2O_3.
16. Bei der Filtration des Hydrats werden 1200 l Waschwasser eingeführt, dagegen gehen aus den Laugen 900 l Wasser zusammen mit dem Hydrat heraus. Es fallen demnach 15700 l Lauge als Filtrat an.
17. In der Kalzinierung werden 900 l Wasser verdampft.
18. In die Eindampferei kommen 15300 l Aluminatlauge mit 132 g/l Na_2O und 53 g/l Al_2O_3, während 400 l Aluminatlauge als Löselauge in den Sinterbetrieb fließen. Es werden 4220 l Wasser verdampft, so daß 11080 l eingedampfte Vorlegelauge mit 180 g/l Na_2O und 72 g/l Al_2O_3 zum Aufschluß zurückkehren.
19. In der Mischerei werden 193 kg Bauxit, 146 kg Soda und 7 kg gemahlener Kalkstein gemischt.
20. Es entstehen 227 kg Sinter, aus denen 102 kg Al_2O_3 und 77 kg Na_2O gelöst werden.
21. Der in der Sinteranlage anfallende Rotschlamm wird in Eindickern gewaschen und auf Vakuumfiltern filtriert. Insgesamt fallen 210 kg feuchter Filterkuchen auf 100 kg Festmasse an.
22. Die Analyse des Sinterrotschlammes bei 105° getrocknet ist:
10 % Glühverlust
11 % Al_2O_3
4 % SiO_2
56 % Fe_2O_3
7 % TiO_2
3,5% CaO
3 % Na_2O.
23. Die Aluminatlauge aus der Sinteranlage wird in Autoklaven entkieselt, der Natrolith filtriert und die Lauge in die Ausrührerei gepumpt.

cc) Die Verarbeitung von leicht aufschließbaren Bauxiten (Hydrargillitische Bauxite)

Die Verfasser haben über die Verarbeitung größerer Mengen dieser Bauxite keine praktische Erfahrung. Da aber diese Bauxite auch für Europa wachsende Bedeutung bekommen, durfte ihre Verarbeitung nicht unerwähnt bleiben[1]).

In den Aluminiumerzen der tropischen Zone befindet sich das Aluminium fast immer als Aluminiumtrihydrat, mit nur wenig oder gar keinen Monohydraten. Diese Bauxite werden in USA., Kanada und Japan verarbeitet. Neuerdings wird bekanntlich auch in Brasilien eine Aluminiumindustrie auf dieser Bauxitbasis errichtet. Nach Europa werden in wachsenden Mengen besonders indische Bauxite importiert.

[1]) Literatur aus den letzten Jahren stand aus bekannten Gründen nur lückenhaft zur Verfügung. Die Angaben stammen aus privaten mündlichen oder schriftlichen Mitteilungen.

Die großtechnische Apparatur des Bayer-Verfahrens ist in den USA entwickelt worden. Von dort stammt die Anwendung der Eindicker, der Kellyfilter und deren Ersatz wieder durch Eindicker, die Durchrührung der Ausrührer mittels Luft, die Klassierer und die Drehfilter. Obwohl die Apparatur von den europäischen Fabriken übernommen wurde und deshalb hier nicht näher beschrieben werden soll, zeigt die Arbeitsweise doch einige Abweichungen, auf die im folgenden kurz eingegangen werden soll.

Der Bauxit wird z. B. in Guyana vor dem Versand gewaschen, zerkleinert und in großen Drehtrommeln getrocknet. Dadurch erspart man Frachtkosten; auch wird diese Apparatur besser ausgenützt als die entsprechende in der Tonerdefabrik, weil in dieser mit einer stoßweisen Anlieferung des Bauxits gerechnet werden muß. Für die weitere Zerkleinerung wendet man in USA meist Hammerbrecher an. Diese sind für das relativ weiche Material am Platze, während sie bei den teilweise sehr harten europäischen Bauxiten Schwierigkeiten machen.

Wie schon früher erwähnt, erfolgt der Aufschluß der Trihydrat-Bauxite sehr leicht. Sie lösen sich in konzentrierten Laugen schon ohne Druck und in verdünnteren Laugen bereits bei einer Temperatur entsprechend 2—3 atü. Die Menge der Nebenbestandteile dieser Bauxite beträgt 6—15%, gegenüber 25—30% bei den europäischen Bauxiten. Das bedeutet nicht nur eine erhebliche Einsparung bei der Aufstellung der Apparatur, die für die Abscheidung des Rotschlammes notwendig ist, sondern eine Verminderung des Waschwassers und damit geringeren Bedarf an Dampf. Der Bauxit wird mit derselben Konzentration der Lauge aufgeschlossen, mit der nachher die Lauge ausgerührt wird. Man braucht also nur das Waschwasser einzudampfen. Die Waschwassermengen aber, die eingedampft werden müssen, sind bei der Verarbeitung dieser Bauxite, wie aus dem nachfolgenden hervorgeht, sehr gering.

Denn zunächst wird die Lauge durch das Abdampfen nach dem Verlassen der Autoklaven konzentriert. Dann wird sie noch weiter durch die Abkühlung für die Ausrührer eingedickt, wenn dies mit Hilfe von Unterdruck oder auch durch Versprühen an der Luft geschieht. Dadurch läßt sich eine große Menge Waschwasser unterbringen. Schließlich wird das verlorene Alkali in Form von (wasserfreier) Soda ersetzt, was weitere Mengen an Wasser bindet (s. weiter unten).

Außer für Heißwasser bleibt nur der Dampfverbrauch für die Autoklaven, der noch erheblich durch Serienschaltung herabgedrückt werden kann, ferner durch kontinuierliche Beschickung dieser Autoklaven mit einem Bauxitlaugegemisch und Ausnutzung des dabei entstehenden Abdampfes zur Vorheizung der Aufschlußlauge.

Die Konzentration der Lauge für den Aufschluß und für die Ausrührer beträgt 90—100 g Na_2O je Liter. Bei so niedriger Konzentration verläuft der Ausrührvorgang schneller als bei den in Europa angewandten Konzentrationen, ohne daß das Tonerdehydrat zu fein wird. Man benötigt weniger als zwei Tage. Da aber aus einem Kubikmeter dünner Lauge weniger Hydrat anfällt, ist trotzdem etwa derselbe Ausrührraum wie in europäischen Fabriken erforderlich. Weil der Ausrührvorgang so schnell vor sich geht, werden wahrscheinlich die Ausrührer einzeln abgezogen, und nicht mehrere in Serie hintereinander geschaltet.

Der Ersatz des verlorengegangenen Alkalis geschieht durch Soda und zwar so, daß diese zusammen mit gebranntem Kalk in den Aluminatlaugen zur Reaktion gebracht wird. Wenn man dabei nicht Tonerde als Kalziumaluminat verlieren will, müssen die Laugen einen gewissen Prozentsatz an CO_3''-Ionen besitzen und wie schon erwähnt, sehr dünn sein. Durch dieses Lösen der Soda in der Aluminatlauge erspart man Eindampfkosten, während in europäischen Fabriken bei den schwerer aufschließbaren Bauxiten nicht unerheblicher Dampf aufgewendet werden muß, um die bei der Kaustizierung anfallenden dünnen Natronlaugen zu konzentrieren.

Im Kriege hat man in einer Reihe von Tonerdefabriken Zusatzanlagen eingebaut, in denen der beim Bayerprozeß anfallende Rotschlamm nach dem Sinterverfahren aufgeschlossen wurde. Das Verfahren soll in einem späteren Abschnitt (s. S. 130) behandelt werden. Hier sei nur erwähnt, daß diese Anlagen nach Kriegsschluß wieder stillgelegt wurden.

Die Weiterverarbeitung der Laugen, die nach den vorbehandelten Aufschlußprozessen gewonnen wurden

Sowohl beim Autoklaven- wie beim Turmbetrieb werden die Laugen in Rührwerksbehältern gesammelt, in denen eine Einstellung für die Ausrührer erfolgt. Die weitere Aufarbeitung gilt für beide Arbeitsweisen.

Die einzelnen Arbeitsgänge werden wiederum so beschrieben, wie sie sich im Laufe der langen Jahre im Betrieb entwickelt haben. Es soll also auch hier wieder nicht nur der letzte Stand behandelt werden, zumal dieser in einzelnen Fällen, wie z. B. bei dem Ausrührprozeß nicht einmal eindeutig festliegt. Bei dieser Stufe des Verfahrens haben sich verschiedene Möglichkeiten als zweckmäßig ergeben, so daß man sagen kann, daß jede Tonerdefabrik ihr eigenes Ausrührverfahren entwickelt hat und an diesem festhält, weil sie nachweislich mit diesem zu guten Ergebnissen gelangt ist, denen gegenüber die anderen Arbeitsweisen kaum etwas besseres darzubieten scheinen. Beim Studium dieser Arbeitsmethoden erhält man einen guten Überblick, um sich ein Urteil zu bilden.

Ausrühren

Die Laugen müssen zunächst von ca. 90° C auf ca. 60° C gekühlt werden. Bei Anwendung von Röhrenkühlern wird meist so gearbeitet, daß als Kühlflüssigkeit die abfiltrierte Lauge von den Tonerdehydratfiltern benutzt wird. Am intensivsten wirken die Spiralkühler, wie sie von der Firma Imperial, München, geliefert werden. Der Nachteil ist, daß sich in den Kühlern sehr bald Krusten ansetzen, die den Wärmedurchgang behindern. Die in der Literatur sich findende Angabe, daß die Rohrleitungen sich manchmal plötzlich zusetzen, ist von den Verfassern nie beobachtet worden. Dies ist auch sehr unwahrscheinlich, da nur etwa 10% der Laugen auskristallisieren können.

Man kann die Krusten lösen, indem man mehrere Stunden lang heiße Lauge mit dem Verhältnis Na : Al = 4 (evtl. im Kreislauf) durchpumpt. Man umgeht die Schwierigkeiten der Ansätze, wenn man die Kühlung mittels Vakuum erzeugt. Durch Anwendung eines mehr oder weniger hohen Unterdruckes kann man entsprechende Mengen an Wasser aus der Lauge abdestillieren und dadurch die Temperatur der Lauge sehr genau einstellen. Die Firma Körting, Hannover, baut solche Anlagen, in denen der Unterdruck mit Dampfdüsen erzeugt wird. Der Dampfverbrauch ist etwa 140 kg Dampf von 4 atü für 100 m³ Lauge. Statt Unterdruck anzuwenden, verdüsen die Amerikaner in einigen Fabriken die Lauge in einem Kühlraum. Die sogenannten Vakuumgefäße werden zweckmäßig auf manometrischer Höhe angeordnet.

Wenn man gesondert „Impflauge" herstellen will, muß diese auf 40° C abgekühlt werden. — Bei Anwendung von Unterdruck kann man auch so arbeiten, daß man mit den entstehenden Brüden die Lauge für die Eindampferei vorwärmt.

Die Lauge kommt nun in die Ausrührer. Die Gefäße haben normalerweise einen Durchmesser von 6 m und eine Höhe von 10 m. Auch größere Gefäße mit 7 m Durchmesser, ausgerüstet mit zwei ineinandergreifenden Rührwerken hat man eingebaut. Die einfachen Rührwerke arbeiten mit 6 Umdrehungen je Minute, eine Erhöhung der Geschwindigkeit beschleunigt die Ausfällung des Hydrates nicht. Nach dem Vorgehen der Amerikaner ist man neuerdings zur Rührung der Lauge mittels Mammut-Luftpumpen übergegangen. Man benutzt Gefäße von 1000 m³ Inhalt mit 8 m Durchmesser. Der Luftbedarf beträgt 500—1000 m³ je Tonne hergestellter Tonerde. Die Menge der aus der Luft in die Lauge übergehenden Kohlensäure ist also 0,3—0,6 kg CO_2 je t Al_2O_3. Man spart etwa die Hälfte des Kraftverbrauches, außerdem sehr viel an Motoren, Getrieben, Rührwerken usw. Die Kompressoren liefern z. B. die Dinglerwerke, Zweibrücken. Der Ausrührer läuft in eine Spitze aus, in die das Zentralrohr hineinragt, durch das die Luft geblasen wird. Die unteren Meter dieses Rohres, die im Durchmesser 10 cm kleiner sind als der übrige Teil des Hauptrohres, der 50 cm weit ist, hängen an Seilen und können im Innern des weiteren Rohres heraufgezogen werden. Dies ist zuweilen notwendig, weil sich im unteren Teil des Rohres nach und nach eine Tonerdehydratkruste bildet. Beim oberen Ausgang des Rohres befindet sich eine Laugeverteilungsplatte. Von dieser kann man, wenn man die Lauge kontinuierlich durch mehrere Ausrührer fließen läßt, durch eine verschiebbare Rinne mehr oder weniger Lauge nach dem folgenden Ausrührer überfließen lassen. Da man auf diese Weise mit der Lauge leicht zuviel Impfstoff aus dem ersten Ausrührer abführen würde, bringt man oben an den Ausrührern einen Kragen aus Blech an, dessen Laugeinhalt am Durchmischen durch die Luft nicht teilnimmt und infolgedessen sich klärt. Von dieser geklärten Lauge läßt man ständig Lauge nach dem zweiten Ausrührer überfließen. Dabei müssen natürlich die hintereinander geschalteten Ausrührer in Kaskaden aufgestellt werden. Fünf oder sechs Ausrührer werden nacheinander geschaltet. Die Menge der zufließenden Lauge wird so bemessen, daß die Lauge im Durchschnitt vier Tage in den Ausrührern verbleibt. Der Ausrührraum wird zwischen 110 bis 140 m³ je erzeugte Tagestonne Al_2O_3 gewählt.

Der Ausrührvorgang erfolgt bei höherer Temperatur schneller, kommt aber dann sehr viel früher zum Stillstand als bei tiefer Temperatur. Die Ausrührung erfolgt außerdem um so schneller, je größer die Übersättigung an Tonerdehydrat in den Aluminatlaugen ist. Sehr wichtig ist, daß man nicht zu feines Hydrat beim Ausrühren erhält, wie weiter unten näher ausgeführt ist.

Nach der meist üblichen Methode werden 100—200% der Tonerdehydratmenge, die ausgerührt werden soll, der Lauge als Impfstoff zugesetzt. Dies hat natürlich den Nachteil, daß das Tonerdehydrat zwei- oder gar dreimal aus den Ausrührern entfernt und filtriert werden muß. Bei Stromstörungen hat das außerdem den Nachteil, daß der Boden des Ausrührgefäßes sich mit Hydratschlamm anfüllt und die Wiederingangsetzung des Rührwerkes (oder der Luftrührung) sehr erschwert, manchmal unmöglich macht. Im Lautawerk ist man deshalb dazu übergegangen, einen Impfstoff gesondert darzustellen, der besonders fein und deshalb besonders wirksam ist und von dem man nur 5—20% der Menge des ausrührfähigen Hydrats braucht. Solches feine Tonerdehydrat erhält man, in dem man die Aluminatlauge abkühlt, sie einige Tage ruhig stehen läßt und dann diese, deren Temperatur unter 40° C betragen soll, ausrührt. Die Güte des Impfstoffes wird im Laboratorium dadurch bestimmt, daß man die ausgerührte Lauge mit dem Impfstoff in einen Glaszylinder von 250 ccm füllt und das Absitzen des Impfstoffes beobachtet. Ist nach zwei Stunden die Schlammhöhe noch 200 ccm oder darüber, so ist es ein Impfstoff von genügender Feinheit.

Als Beispiel die Daten folgender Betriebsversuche:

1. 20 Ausrührer mit Lauge von 1,241 spez. Gewicht (136 g/l freies Na_2O), 60° C Fülltemperatur, erreichten nach 3,5 Tagen bei etwa 45—48° C ein Molverhältnis von 3,56 mit einem „Grobanteil"-Hydrat (d. h. Rückstand an 105° getrocknetem Hydrat auf dem 10000-Maschensieb) von 8,5%.
2. 29 Ausrührer erreichten unter sonst gleichen Bedingungen nur mit größerer Zugabe an Impfstoff Molverhältnisse von 3,83 und nach vier Tagen 3,98 aber mit nur 3,0% Grobanfall. Dieses Hydrat hatte 25—30% anhaftendes Wasser gegenüber 21% bei normalem Hydrat.

Man kann Kornvergröberungen durch Anwendung dünnerer Aluminatlauge erreichen, wie die im Betrieb erhaltenen Resultate der Tabelle 36 zeigen.

Tabelle 36

Kornvergröberungen im Hydrat in Abhängigkeit von der Konzentration

Na_2O g/l	Spezifisches Gewicht	Molverhältnis nach 4 Tagen	Grobanteil im Hydrat (auf dem 10000-Masch./cm²-Sieb)
136,0	1,241	3,98	3,0
136,6	1,241	4,02	2,8
131,1	1,230	3,93	6,3
129,6	1,228	3,80	9,3
113,3	1,210	3,88	20,5

Doch ist die Anwendung von verdünnten Laugen insofern ungünstig, als man mehr Wasser zu verdampfen hat. Also ist auch diese Arbeitsweise nicht zu empfehlen.

Es zeigte sich nun, daß man zu schnellerem Ausrühren des Tonerdehydrates und gleichzeitig gröberem Korn kommt, wenn man nach Auffüllen des Ausrührers 25% des nötigen Impfstoffes sofort zugibt, den Rest erst nach 8 oder besser nach 16 Stunden Ausrührzeit.

Tabelle 37

Ausrühren von Aluminatlauge, der in zwei Stufen feiner Impfstoff zugegeben wurde

Lfd. Nr.	Spez. Gewicht	Molverhältnis nach dem 4. Tag	% Grobkorn	Wartezeit Stdn.	Temperatur °C der Aluminatlauge
1	1,237	4,09	10,9	8	60
2	1,243	4,04	10,1	8	60
3	1,241	4,00	7,4	8	60
4	1,245	3,92	6,0	8	60
5	1,237	3,83	3,9	8	60
6	1,238	3,98	12,2	16	60
7	1,236	4,00	14,2	16	60
8	1,241	3,93	8,8	16	60
9	1,234	3,97	9,9	16	60
10	1,235	4,19	5,6	16	60
11	1,239	4,05	8,5	16	60
12	1,237	3,88	9,7	16	60
13	1,239	3,92	7,7	16	60
14	1,238	4,00	22,6	16	60
15	1,232	3,96	10,3	16	60
16	1,232	4,02	11,4	16	65
17	1,248	3,74	13,4	16	55
18	1,238	3,70	11,3	16	65
19	1,245	3,91	15,1	16	55
20	1,241	4,05	17,4	16[1]	70
21	1,244	4,21	11,7	16	55
22	1,236	3,95	7,1	16	70
23	1,214	4,01	18,1	16	60
24	1,208	3,95	22,8	16	60
25	1,205	4,18	20,7	16	60

Greift man aus dem reichhaltigen Zahlenmaterial die Versuche mit 16-stündiger Wartezeit heraus, so ergibt sich bei einer mittleren Laugekonzentration von 1,238 ein Grobkorngehalt von 11,6% und ein Molverhältnis nach genau vier Tagen von 3,97. Die drei letzten Versuche mit verdünnter Aluminatlauge wurden nicht mitgerechnet, sie lieferten erwartungsgemäß ein noch gröberes Hydrat. Man erreicht bei der Aufteilung des Impfstoffes auf zwei Stufen eine Kornvergrößerung von ca. 3% (bei der einstufigen Impfung) auf 11,6%. Bei verdünnter Aluminatlauge vom spezifischen Gewicht 1,210 kommt man von 9—10% Grobanteil auf 18 bis über 20%. Die zweistufige Impfung in dieser Form gibt dem Betriebe die Möglichkeit, bei der Arbeit mit konzentrierten Laugen das für die Hydratfiltration unbequeme Gebiet von 2—3% Grobkorn mit Leichtigkeit zu vermeiden.

Durch die verringerte Menge Impfstoff wird im Anfang die Grobkornbildung begünstigt; durch den Zusatz von neuem Impfstoff nach 16 Stunden wird die Ausfällung des Tonerdehydrates angeregt. Die Lauge hat in dieser Zeit mehr als die

Hälfte des ausrührbaren Hydrates abgegeben. Ohne neuen Impfstoff würde sie nur sehr träge weiter reagieren.

Noch günstiger hat sich folgende Arbeitsweise bewährt:

Zu einem Ausrührer (im Durchschnitt mit etwa 25 t Al_2O_3 Produktion aus einer Füllung) werden 7,2—7,5 t Al_2O_3 als Hydrat aus der Produktion gegeben. Dieses Hydrat wird zweckmäßig in auszurührender Lauge von 90° C oder 60° C durch eine Mischschnecke suspendiert und in den Ausrührer gepumpt, wenn dieser gefüllt ist. Nach achtstündiger Ausrührzeit wird mit ca. 2,5 t Al_2O_3 in Form von gesondert dargestelltem Feinimpfstoff nachgeimpft.

Die mittleren Ergebnisse von einigen Monaten, die nach dieser Arbeitsweise erhalten wurden, seien hier angeführt. Die Temperatur der Fäll-Lauge betrug stets 60° C, das „Produktionshydrat" wurde mit 90° C heißer Fällauge angeteigt. Der Feinimpfstoff wurde stets 8 Stunden nach der Füllzeit zugegeben.

Tabelle 38

Grobanteile im Hydrat zu verschiedenen Betriebszeiten

Zeit (1944)	Molverhältnis nach 4 Tagen	Grobanteil in % (auf 10000 Masch./cm²-Sieb)
März	4,05	24,9
April	4,07	23,1
Mai	4,03	24,1
Juni	4,04	25,2
Juli	4,04	24,4
August	4,02	27,5

Mit mehr Produktionshydrat zu impfen führte damals zu keinem besseren Resultat, ebenso hatte das Heruntersetzen der Einfülltemperatur auf 55° C und das Verlängern der Wartezeit auf 16 Stunden, bis man den Feinimpfstoff zufügt, keinerlei Erfolg.

Beim Arbeiten mit verdünnteren Laugen tritt auch bei dieser Arbeitsweise noch eine Erhöhung des Grobanteils ein.

Tabelle 39

Zunahme des Grobanteils im Hydrat bei abnehmender Na_2O-Konzentration

Lfd. Nr.	Na_2O g/l	Spezifisches Gewicht	Molverh. nach 4 Tagen	% Grobanteil (auf 10000-Masch./cm²-Sieb)
1	136,5	1,241	4,03	24,1
2	128,0	1,221	4,07	29,9
3	120,3	1,214	4,37	34,5
4	115,4	1,210	4,45	31,2
5	116,4	1,211	4,09	42,1

Bei Nr. 3 und 4 ist außerdem noch eine bedeutende Erhöhung der Ausrührung eingetreten, bei Nr. 5 eine geringere, offenbar, weil das Hydrat zu grobkörnig und deshalb weniger reaktiv ausfiel.

Impfen in zwei Stufen, aber nur mit Produktionshydrat, hatte gegenüber dem Impfen in einer Stufe keinen Vorteil. Man muß in diesem Fall mehr Impfstoff anwenden. Da die Einrichtungen fehlten, wurde nur mit 70% der Erzeugung eines Ausrührers geimpft (statt mit 100—200%). Der Ausrühreffekt war deshalb nicht befriedigend (Tabelle 40).

Tabelle 40

Grobanteile im Hydrat bei Anwendung des normalen Produktionshydrates als Impfhydrat

Anzahl der Versuche	Wartezeit	Spezifisches Gewicht der Lauge	Temperatur der Lauge beim Anteigen	Molverh. nach 4 Tagen	% Grobanteil (auf 10000 -Masch./cm²)
4	16	1,239	90°	3,83	33,7
4	8	1,241	90°	3,89	37,3
4	0	1,239	90°	3,89	30,8
6	0	1,241	60°	4,01	35,9

Wie die Tabelle 40 zeigt, wird das Hydrat gröber als es nötig ist. Als Impfhydrat wurde das normale Produktionshydrat verwendet. Würde man das bei diesen Versuchen angefallene grobkörnige Hydrat zum Impfen verwenden, so war nach dem Stand der derzeitigen Erkenntnisse ein noch ungünstigerer Ausrühreffekt zu erwarten. Man blieb deshalb bei der Impfmethode, mit mäßig viel Produktionshydrat nach dem Füllen des Ausrührers anzuimpfen und dann nach 8 Stunden mit Feinhydrat nachzuimpfen. Bei dieser Arbeitsweise ist auch die Menge des im Ausrührer sich ansammelnden Hydrates nicht so groß, daß nach Stromstörungen die Rührwerke nicht wieder anlaufen.

Die Vorteile dieser doppelten Impfung sind folgende:

1. Geringere Feuchtigkeit des hergestellten Hydrates.
2. Bessere Auswaschung des Hydrates auf den Trommelfiltern.
3. Erhöhung der Produktion in den Kalzinieröfen an Tonerde (wegen des geringeren Staubanfalles).
4. Möglichkeit bei gleichbleibender Ausrührzeit mit stärkerer Lauge zu arbeiten und damit an Dampf zu sparen.

Bei kontinuierlichen Ausrührern gibt man den größten Teil des Impfstoffes zum zweiten Ausrührer.

Wenn man statt mit 120 g freiem Na_2O im Liter mit 135 g arbeitet, spart man etwa 1 t Wasserverdampfung je t Al_2O_3.

Nicht berücksichtigt ist bei dieser Betriebsarbeitsweise die beim Turmverfahreu gegebene Möglichkeit, Laugen mit niederem Molverhältnis in Anwendung zn bringen.

Bei den Ausrührern ist es nötig, Abflußmöglichkeiten von jedem Ausrührer vorzusehen, damit man bei Reparaturen den Ausrührer abschalten kann. Dabei zeigt sich oft, daß die Ausflüsse zukristallisiert sind. Man wendet deshalb für diese Ausflüsse Tellerventile an, wobei der Tellersitz mit der Behälterwand bündig abschließt und der Teller beim Öffnen des Ventils nach dem Innern des Ausrührers verschoben wird. Etwas helfen auch schon Heberrohre. Die Ausflußleitungen sollen mit starkem Gefälle verlegt werden. Das Reinigen der Ausrührer von Krusten geschieht am besten mit heißer ausgerührter Lauge, die man einige Tage einwirken läßt.

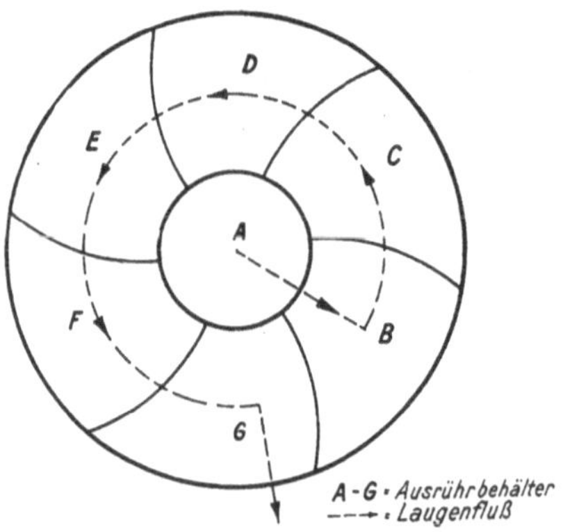

Abb. 24. Schema einer Kombination von Ausrührern.

Titanoxyd und Eisenoxyd, die kolloidal in der Aluminatlauge vorhanden sind, fallen quantitativ mit dem Hydrat aus, die Kieselsäure in störender Menge nur dann, wenn der Gehalt der Lauge an Kieselsäure mehr als 0,6 g je Liter ist. Geringe Mengen SiO_2 werden immer adsorbiert etwa 0,005—0,02 % Außerdem wird noch etwas Na_2O adsorbiert und zwar um so mehr je tiefer die Ausrührertemperatur und je feiner das Hydrat ist. Normal ist 0,2—0,3 Na_2O je 100 Al_2O_3.

Um die Kosten für die Ausrührer zu vermindern, wurde vorgeschlagen, diese in Wabenform aufzubauen, wie es in der nebenstehenden Skizze (Abb. 24) angedeutet ist. Zur Versteifung der inneren Querwände sollen die Halteeisen benutzt werden, die die Rohre der Luftrührung halten. Um einen kontinuierlichen Durchfluß der Lauge zu ermöglichen, werden die Ausrühroberflächen kaskadenartig der Reihe nach gesenkt. Die toten Ecken werden zum Herstellen von geklärter Lauge benutzt, die in den nächsten Ausrührer in erforderlichem Maße durch ein kurzes Rohr mit Ventil überfließt.

In Südfrankreich stellt man die Ausrührer ins Freie.

Die Untersuchungen von Hydratproben verschiedener Fabriken ergaben die in der Tabelle 41 angegebenen Korngrößen:

Tabelle 41

Korngrößenanteil von Hydraten verschiedener Produktionsstätten

Korndurchmesser	bis 0,06 mm %	0,06—0,02 mm %	unter 0,02 mm %
Lautawerk (aus früherer Zeit)	9,76	72,40	17,84
Lautawerk Impfstoff	0,32	5,18	94,50
Salindres	15,00	75,00	10,00
Martinswerk	54,1	37,1	8,8
La Barasse	80,0	20,0	0,0

Es zeigen sich also sehr große Unterschiede. Die Größe 0,06 mm entspricht etwa der bei den vorhergehenden Tabellen 38—40 angegebenen Grenze für die Kornfraktionierung unter Anwendung eines Siebes mit 10000 Maschen/cm².[1])

Um „Impfstoff" zu gewinnen, rührt man meist länger als vier Tage und erhält Laugen mit einem Verhältnis von Na : Al = 5,5 und darüber. Zweckmäßig dickt man diesen Impfstoff in einem Eindicker ein und gibt die Klarlauge in die Eindampferei. In einigen Fabriken setzt man die Rührwerke still und zieht dann nur einen Teil der Lauge ab. Das hat den Nachteil, daß durch Mischung von ausgerührter und frischer Lauge die Übersättigung der Lauge an Tonerdehydrat gedrückt und damit mehr Zeit zum Ausrühren benötigt wird. Man erhält aber grobe Tonerde. In anderen Fabriken gibt man, wie erwähnt, große Mengen normalen Tonerdehydrats in die Ausrührer zurück. Das hat neben anderen noch den Nachteil, daß beim Stehenbleiben des Rührwerkes bei langen Stromstörungen die Rührer so tief in dem Hydrat stecken, daß die Rührwerke nicht wieder in Gang gesetzt werden können und der Ausrührer abgelassen und ausgepackt werden muß.

Eine Arbeitsweise, die die gesonderte Herstellung von Impfstoff vermeidet, ist das folgende von der Dorrgesellschaft eingeführte Verfahren. Es werden sogenannte Hydroseparatoren aufgestellt; das sind unterdimensionierte Eindicker, bei denen nicht klare Flüssigkeit überfließt, sondern eine Trübe mit den feinsten Teilen des ausgeschiedenen Hydrates. Diese Trübe wird dann in einem großen Eindicker eingedickt.

Das grobe Hydrat (Austrag des Hydroseparators) kann man über einen Dorrklassierer geben. Man erhält dann ein Hydrat mit sehr wenig feinsten Bestandteilen. Dies ist erwünscht, denn feines Hydrat filtriert sich nicht nur schlechter, sondern verstaubt auch sehr stark beim Kalzinieren. Die Tonerdeverluste werden bei feinem Hydrat größer; die Leistung der Kalzinieröfen nimmt stark ab; der Gasverbrauch steigt infolgedessen. Staubiges Hydrat ergibt staubige kalzinierte Tonerde, die bei der Aluminium-Elektrolyse nicht in jedem Fall erwünscht ist (vgl. dazu Teil II „Aluminium"). Zu grobe Tonerde wird zwar im allgemeinen auch von den Aluminiumfabriken nicht gern verarbeitet, weil die Tonerde im Bad „durchfällt" und die Wärmeabgabe an der Oberfläche des Bades bei grober Tonerde steigt. Am günstigsten haben sich Tonerden aus Hydrat mit 23% Rückstand auf dem 10000 Maschensieb in offenen Öfen verarbeiten lassen. — Laugen mit viel organischer Substanz liefern feines, rötlich aussehendes Hydrat.

Aus allem geht hervor, daß der Tonerdehydrat-Hersteller darauf hinarbeiten muß, bei der Fabrikation ein ziemlich grobes Korn zu erzeugen, aber dabei die Ausrührzeit nicht zu verlängern.

Wenn man mit Chlor die organische Substanz beseitigen will, so geschieht das am besten vor oder in den Ausrührern. Die Verfasser haben keine Erfahrung damit, weil in den von ihnen betreuten Anlagen die organische Substanz durch Erhitzen des Bauxits entfernt wurde. Die organische Substanz liegt größtenteils in Form von Humussäure vor. Beim Einleiten des Chlors an der genannten Stelle hat man den Vorteil, daß das Chlor respektive das Hypochlorit mehrere Tage einwirken kann.

[1]) Genaue Kornbestimmung nach der Sedimentiermethode von Andreasen unter Verwendung des bekannten Stockes'schen Gesetzes.

Auch ist die Temperatur relativ niedrig, so daß die Umlagerung des Hypochlorit in wenig wirksames Chlorat vermieden wird.

Es hat nicht an Bemühungen gefehlt, den Ausrührvorgang zu beschleunigen[1]). Wenn man die Korngröße des Hydrates nicht verkleinern will, so hat man außer dem Nachimpfen und der Verdünnung der Lauge nur dadurch eine Möglichkeit, daß man das Verhältnis von Na : Al in den Laugen möglichst niedrig hält, beim Autoklavenverfahren auf 1,8 bis 1,9. Darauf wird in der Praxis oft nicht genügend geachtet.

Natriumsulfat und -Karbonat sind Ballast, der durch die Fabrikation mitgeschleppt wird. Sie scheiden sich beim Eindampfen der Laugen nach einer gewissen Anreicherung aus. Sulfate werden übrigens teilweise auch im Rotschlamm zusammen mit dem Natrium-Aluminium-Silikat ausgefällt. Nur Natriumchlorid hat, wie schon erwähnt, eine günstige Wirkung, indem es NaOH in einem gewissen Prozentsatz ersetzen kann und lösend auf die Bauxittonerde wirkt. Es bilden sich in diesem Fall beim Aufschluß des Bauxits statt $Al(OH)'_4$-Ionen solche von der Formel $Al(OH)_3Cl'$. Beim Ausrühren zerfallen diese Ionen wie die $Al(OH)'_4$-Ionen. Versuche erwiesen die Richtigkeit dieser Anschauungen eindeutig. Der Krieg verhinderte, diese Erfahrung im großen anzuwenden. (vgl. S. 31.)

In den Laugen, die in die Ausrührer kommen, reichern sich allmählich Verunreinigungen an, so daß es sich empfiehlt, zeitweise genaue Analysen der Laugen zu machen. Nach mehrjährigem Betrieb enthielt z. B. eine Lauge je Liter die in Tabelle 42 angegebenen Verunreinigungen:

Tabelle 42

Verunreinigungen der Lauge nach mehrjährigem Betrieb

Na_2CO_3	17,0 g
Fe_2O_3	0,025 g
SiO_2	0,3 g
V_2O_5	0,5 g
P_2O_5	0,8 g
Cr_2O_3	0,05 g
TiO_2	0,006 g
ZnO	0,02 g
Cl	0,5 g
F	0,9 g
SO_3	0,15 g
$KMnO_4$-Verbrauch	1,6 g

Einen Überblick über die Gehalte an Verunreinigungen, die je nach Rohstoffqualität und Arbeitsweise während eines längeren nicht besonders günstigen Zeitraumes sich in der Lauge eingestellt hatten, gibt die Abb. 25.

Den Vanadin- und Phosphorgehalt darf man nicht wesentlich über die angegebenen Gehalte steigen lassen, sonst fällt bei kaltem Ausrühren mit dem Tonerdehydrat in glitzernden Kristallen ein Doppelsalz von Natrium-Vanadat-Phosphat und -Arsenat aus. Wenn dieses Salz in die Aluminium-Elektrolyse kommt, wirkt

[1]) Diese Bemühungen hatten in neuester Zeit einen gewissen Erfolg. (vergl. Fr. W. Wrigge u. H. Ginsberg, Z. f. anorg. Chem. 1951.)

es dort sehr schädlich. Es verhärtet die Schmelzdecken, so daß der Ofenbetrieb sehr erschwert wird. Man kann beim Abfiltrieren des Hydrates die Kristalle des Doppelsalzes auf der Filtertrommel sehen. Über die Abscheidung dieses Salzes in der Eindampferei wird später berichtet (S. 118).

Filtrieren des Tonerdehydrates

Vor der Filtration des Tonerdehydrates wird wie erwähnt, in den neueren Fabriken ein „Hydroseparator“ und „Dorrklassierer“ geschaltet. In den meisten Fabriken geht man auch heute noch direkt mit dem Gemisch von Hydrat und Lauge zu den Trommelfiltern. Es haben sich die „Imperial“-Trommeln mit Metallgewebe sehr bewährt. Für 70 Tonnen Al_2O_3 je Tag kommt man mit einem Filter von 25 m^2 Filterfläche aus, besonders bei gröberem Hydrat, auf das man hinarbeitet. Man kann auch das in Amerika angewandte Dorrco-Innenfilter zur Anwendung bringen. Dies ist allerdings nur bei der Erzeugung von gröberem Hydrat anwendbar.

Man wäscht auf der Trommel mit heißem Wasser und braucht dazu etwa 1,5 m^3 je Tonne Al_2O_3. Man kann etwa $^1/_3$ des Wassers sparen, wenn man zwei Trommeln aufstellt und diese hintereinander schaltet. Auf der ersten Trommel wird die Mutterlauge abgesaugt und darauf mit dem ersten Filtrat der zweiten Trommel gewaschen. Dann gelangt das Hydrat in eine Mischschnecke, in der es mit dem zweiten Filtrat der zweiten Trommel aufgeschlämmt wird. Diese Aufschlämmung kommt auf die zweite Trommel, auf der das Hydrat mit heißem Wasser alkalifrei gewaschen wird. Wenn man eine Trommel neu anfährt, ist das Filtrat meist trübe. Es ist deshalb Vorsorge zu treffen, daß man das Filtrat zurückführen kann. Da die Trommeln kein Hochvakuum nötig haben, werden rotierende Vakuumpumpen aufgestellt. Zweckmäßig ist es, die Leistung einer Trommel so groß zu bemessen, daß sie der eines Kalzinierofens entspricht, an dessen Einlauf sie aufgestellt wird.

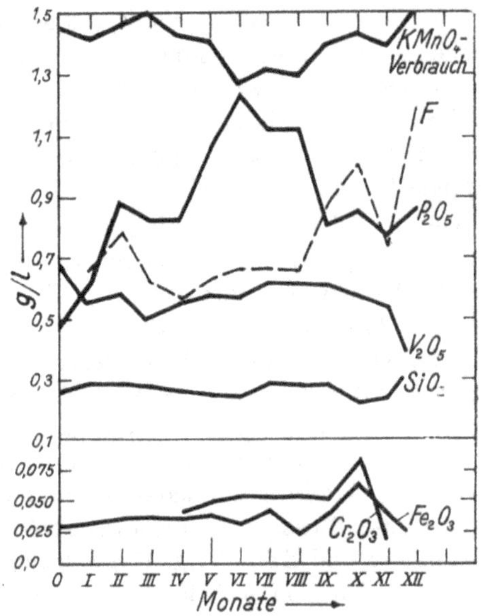

Abb. 25. Verunreinigungen der Lauge am Eingang zu den Ausrührern.

Nur für den Notfall geht das Hydrat mittels eines Bandes in ein Hydratlager, von dem es dann nach Bedarf mittels eines Elevators und eines Bandes auf die Öfen aufgegeben werden kann. Die Einschaltung einer Hydratwaage in den Materialfluß kompliziert den Aufstellungsplan erheblich. Wenn man Wert auf das Hydratgewicht legt, muß man für eine häufige und gute Probenahme des Hydrates sorgen, da dieses im Wassergehalt schwankend ist und außerdem das anhaftende Wasser teilweise schnell verdunstet. Die Größe des Hydratlagers richtet sich in erster Linie danach, ob in der Tonerdehydrat-Kalzinierung ein Reserveofen zur Verfügung steht und dann im allgemeinen unter Umgehung eines Hydratlagers gearbeitet wird, oder ob die Leistungsfähigkeit der Öfen nur auf die laufende Produktion abgestimmt ist und man im Störungsfalle eine Ausweichmöglichkeit haben muß.

Eindampfen

Für die Eindampfung der Laugen, die mit ca. 21° Bé (spez. Gew. 1,171) von den Filtern kommen (Na_2O-Gehalt etwa 115 g im Liter) verwendet man Dampf von 2,5—4,5 atü. Der Dampf wird gewöhnlich im Kraftwerk aus Hochdruckdampf gewonnen, der durch eine Gegendruckturbine geschickt wird. Es macht bei diesen Maschinen, bezüglich der Stromerzeugung sehr viel aus, ob man mit einem Gegendruck von 3 oder 5 atü arbeitet. Man sollte mit dem Niederdruck nicht höher gehen als notwendig. Die Lauge wird in Mehrfachverdampfern eingedickt, die so hoch gestellt werden, daß die Lauge trotz des Vakuums in die Sammelbehälter abfließt. Ob Eindampfapparate mit außen liegender Heizkammer einen Vorteil haben vor normalen Eindampfern, ist umstritten. Dasselbe gilt für Eindampfapparate mit Rührwerk.

Gewöhnlich stellt man Vierfachverdampfer auf, in denen man mit einer Tonne Dampf ca. 3 Tonnen Wasser aus den Laugen verdampfen kann. Besonders in den letzten Körpern scheiden sich Salze ab, die in regelmäßigen Abständen gelöst werden müssen. Man beschickt zu diesem Zwecke einmal in der Woche die Apparatur mit Wasser und verdampft dieses etwa 5 Stunden lang unter Rückführung der entstehenden Lauge in den Betrieb. Diese rückgeführte Lauge wird den Laugen zugefügt, aus denen Vanadin- und andere Salze abgeschieden werden. Außerdem scheiden sich im Laufe von mehreren Monaten besonders in den ersten Körpern Natrium-Aluminium-Silikat-Krusten ab. Diese werden mit kalter 5%-iger Salzsäure unter Zusatz von Brindiharz als Schutzkolloid gelöst oder auch mit heißer Oxalsäure und Brindiharz. Die Salzabscheidung muß regelmäßig erfolgen, da sich sonst die Salze in Rohrleitungen, Behältern oder gar im Tonerdehydrat mit abscheiden.

Als Pumpen für die Salzsäure kann man solche aus Kuntharz der Firma Werner, Mühlheim/Ruhr, verwenden. Auch die Rohrleitungen kann man aus Kunstharz oder Kunstharzauskleidung (Opanol) wählen. Früher hat man die Heizrohre mechanisch mit sogenannten „Molch"-Apparaten (sich schnell drehenden Fräßköpfen an einer elastischen Zuleitung) gereinigt. Heute wird nur in Ausnahmefällen zu diesem Mittel gegriffen. Man darf die Reinigung mit der Säure nicht zu lange hinausschieben.

Beim Eindampfen auf 35—36° Bé (spez. Gew. 1,320—1,323) und Abkühlen der Lauge scheidet sich hauptsächlich das Vanadinsalz ab, bei 40° Bé (spez. Gew. 1,383) außerdem Soda und evtl. auch Sulfat.

Bei Verarbeitung von ungarischem Bauxit wurden an den Eindampferröhren Ausscheidungen von Natriumfluorid beobachtet (F-Gehalt im Bauxit vgl. S. 14).

In Ländern mit teurer Kohle aber billigem Strom, z. B. Italien, hat man zur Eindampfung Brüdenkompressions-Apparate aufgestellt, wie sie hauptsächlich von Schweizer Firmen geliefert werden. Bei diesen Apparaten muß man ganz besonders darauf achten, daß sich keine Krusten auf den Heizrohren bilden. Diese Arbeitsweise ist beim Turmverfahren besonders wirtschaftlich, infolge der geringeren Eindickung der Lauge und deshalb geringeren Siedepunktserhöhung.

Das aus den Laugen abzuscheidende Vanadinsalz wurde bereits behandelt (S. 13). Das aus konzentrierten Laugen ausfallende Natriumkarbonat wird am besten über Trommelfilter filtriert. Zentrifugen haben sich nicht so gut bewährt, weil das Salz manchmal sehr fein ausfällt, besonders wenn es teilweise aus hochkonzentrierten Lösungen statt als $Na_2CO_3 + 1\,H_2O$ als Na_2CO_3 ohne Kristallwasser ausfällt.

Statt Kolbenpumpen kann man für die Erzeugung des Unterdruckes rotierende Pumpen anwenden, die wohl mehr Strom aber weniger Wartung erfordern. Auch Naßkolbenpumpen der Maschinenfabrik Sangerhausen haben sich bewährt. Man erspart bei diesen Pumpen den Kondensator und die Wasserpumpen von den Kühltürmen, wenn diese entsprechend hoch aufgestellt werden. Bei den Apparaten der Eindampferei kommt hier und da einmal „Laugensprödigkeit" vor, worauf man bei der Bestellung der Apparate hinweisen soll, damit die Lieferfirma die entsprechende Stahlqualität wählt.

Kalzinieren

Die Kalzinierung von Tonerdehydrat geschieht neuerdings in sogenannten Rekuperator-Öfen, die von den Firmen Gebr. Pfeiffer, Kaiserslautern und Smith, Kopenhagen, gebaut werden. Die Öfen geben die Tonerde mit etwas über 100° C ab, die Abgastemperatur liegt zwischen 260 und 300° C. Beide Zahlen sind günstiger als bei den früher gebauten Öfen mit darunter liegenden wasserberieselten Kühlern. Die Brenner der Öfen könnten noch verbessert werden. Die Einführung des Hydrats geschieht am besten mit einer Bandschnecke von ca. 800 mm, die in der Mitte des Ofenlaufs befestigt wird und sich mit dem Ofen dreht. Da diese Schnecke etwas aus dem Ofenende herausragt, kann das Tonerdehydrat aus dem Aufgabeteller senkrecht auf den feststehenden Schneckentrog herunterfallen. Verstopfungen werden dadurch verhindert. Der Aufgabeteller besitzt einen verstellbaren Abstreifer, der die Aufgabe des Hydrats für den Ofen reguliert. Bei staubigem Tonerdehydrat fliegt mehr Staub mit den Abgasen weg als neues Hydrat aufgegeben wird; deshalb ist eine gute Entstaubung der Ofenabgase besonders wichtig. Die von der Lurgi, Frankfurt/M. gebaute Entstaubung, aus Multiklon und elektrischer Entstaubung bestehend, hat sich gut bewährt. Als Reinigungsgrad kann man einen Staubgehalt von 0,1 g/Nm³ im Reingas fordern. Im Multiklon werden ca. 80% des Staubes niedergeschlagen. Man setzt den Multiklon zweckmäßig so hoch, daß der Staub ohne Elevator wieder in den Ofen geführt werden kann. Der anfallende Staub, der noch einige Prozent Wasser enthält, muß nämlich wieder in den Ofen zurück. Es hat sich gut bewährt, zu dem Zwecke am Ende des Ofens einen Doppelmantel anzubringen und den Staub erst mit dem aufgegebenen Material sich mischen zu lassen und zwar an der Stelle, an der die Ausmauerung des Ofens beginnt. Man erhält dadurch Abgase von weniger hoher Temperatur und eine bessere Ausnutzung des Gases. In den Ofen werden meist 20 cm hohe Stauringe aus Mauerwerk eingebaut, um den Aufenthalt des Materials im Ofen zu verlängern. Trotzdem kommt es vor, daß der Ofen manchmal „schießt", d. h. daß plötzlich große Mengen halbkalzinierter Tonerde nach dem Austrag laufen. Die Ursache hierfür ist entweder Unregelmäßigkeit in der Gaszufuhr oder Überbelastung des Ofens. Man hält die Temperatur des Ofens auf ca. 1300° C, um sicher zu sein, die Tonerde als α-Al_2O_3 zu erhalten. Das bis etwa 1000° C beständige γ-Al_2O_3 ist hygroskopisch und deshalb für die Aluminiumfabrik unerwünscht. Die Tonerde wird auf Wasseranziehung in der Weise geprüft, daß man die Tonerde in Wasser wirft und darauf bei 105° C trocknet (vgl. Tabelle 43).

Tabelle 43

Glühverluste von Tonerden

Lfd. Nr.	Glühverlust von Tonerde direkt aus dem Ofen	Glühverlust von Tonerde nach der Wasserbehandlung und Trocknen bei 105° C
1	0,22%	0,20%
2	0,25%	0,22%
3	0,26%	0,30%
4	0,28%	0,30%
5	0,27%	0,49%
6	0,40%	0,81%
7	0,99%	3,00% beim Stehen an feuchter Luft

Der Glühverlust soll unter 0,3% liegen. Im Kalzinierofen, der möglichst kontinuierlich betrieben wird, bildet sich im heißen Teil des Ofens eine Glasurschicht, die beim Erkalten abplatzt. Das Mauerwerk der Drehöfen durch Höchster Kitt zu binden, hat sich gut bewährt. Wenn Steine locker werden und herausfallen, so liegt das häufig daran, daß der Ofen nicht sorgfältig ausgerichtet ist und deshalb wellig läuft. Die Brennperiode eines Ofens beträgt ein Jahr und länger. Bei grober Tonerde erhöht sich die Leistung des Ofens bis zu 50%.

Wenn kein Stadt- oder Ferngas zur Verfügung steht, werden zur Beheizung der Kalzinieröfen meist Generatoren aufgestellt, deren Kapazität für die Tonerdekalzinierung 1200 m³ für 1 t Al_2O_3 (13—1500 WE je m³) betragen sollen. Ist mit dem Gas nur eine Tonerdefabrik ohne Trocknung des Bauxits zu versorgen, kann man die Anlage in unmittelbarer Nähe der Kalzinieröfen aufstellen und direkt mit warmen Gasen in die Öfen gehen. Statt mit Gas kann man die Öfen auch mit Teer oder Massut beheizen.

Um die Tonerde weniger staubend zu machen, hat man in einigen Fabriken dem Aufgabegut einige Promille Kalziumfluorid zugefügt. Die Tonerde wird dadurch ballig. Trotzdem ist das Verfahren nicht ohne weiteres zu empfehlen. Das Kalzium kommt mit der Tonerde in die Elektrolyse und sammelt sich in den Elektrolysebädern an, besonders wenn diese dauernd mit kalziumhaltigem Oxyd beschickt werden. Durch den Kalziumgehalt der Schmelze wird das spezifische Gewicht erhöht und das flüssige Metall bekommt die Tendenz nach oben zu schwimmen.

Die fertige, kalzinierte Tonerde wird in Silo gesammelt, in die sie entweder pneumatisch oder mit Hilfe von Elevatoren und Schnecken gefördert wird. Die Entleerung geschieht wieder mit Schnecken, wenn die Tonerde in Großraumwagen verschickt werden soll. Wenn die Tonerdesilo direkt bei der Elektrolyse stehen, wird die Tonerde meist in Kastenwagen von etwa einem Kubikmeter Inhalt gefüllt, die über eine Waage laufen. Über die pneumatische Förderung der Tonerde siehe Teil II „Aluminium".

Eine Übersicht über die Verunreinigungen der Tonerde an V_2O_5 und P_2O_5 über längere Zeiträume gibt die Abbildung 26.

Die Verunreinigungen einer recht guten Durchschnittsqualität einer nach dem Bayer-Verfahren gewonnenen Tonerde enthält die Tabelle 44.

Tabelle 44

Gehalt an Verunreinigungen einer Bayer-Tonerde

SiO_2	0,025
Fe_2O_3	0,030
TiO_2	0,006
Na_2O	0,20.

Eine besonders reine Qualität:

SiO_2	0,020
Fe_2O_3	0,008
TiO_2	0,003
V_2O_5	< 0,003
P_2O_5	< 0,005.

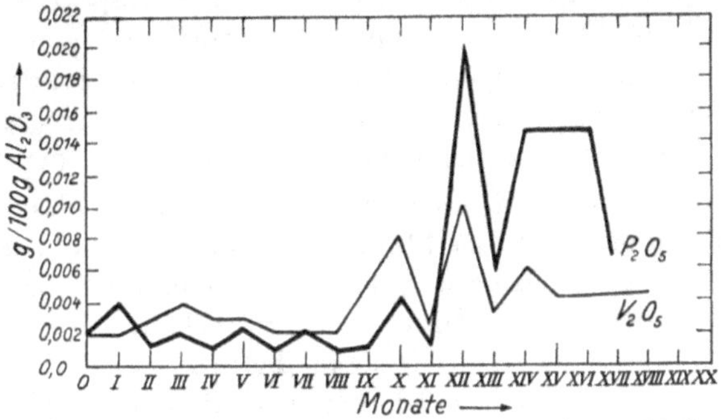

Abb. 26. Verunreinigungen der Tonerde an V_2O_5 und P_2O_5.

e) Verbrauch, Personalbedarf, Kosten

Wie schon erwähnt, ist für den Verbrauch an Bauxit neben seinem Gehalt an Al_2O_3 der Gehalt an SiO_2 von größter Bedeutung, da auf ein Teil SiO_2 theoretisch 1,13 Teile Tonerde und 1,18 Teile Soda im Rotschlamm verlorengehen. In der Praxis ist es oft noch mehr. Da die meist verwendeten Bauxite 53—60% Al_2O_3 (auf getrocknetes Erz gerechnet) enthalten, braucht man etwa 2 kg getrockneten Bauxit für 1 kg Al_2O_3. Der Preis des Bauxits am Gewinnungsort schwankte vor dem zweiten Weltkrieg zwischen 5 und 10 Mark, wozu noch 8—10 Mark Frachtkosten in Deutschland hinzukamen. In den USA. waren die Bauxitpreise schon vor dem Kriege erheblich höher. Die hier genannten Preise sind, wie im folgenden, Vorkriegspreise[1]). Sie haben nur relativen Wert; will man sie mit heutigen Preisen vergleichen, so muß man z. Zt. (Mitte 1950) einen Umrechnungsfaktor von etwa 2 bis 2,5 anwenden.

	damals Mark	heute Mark		damals Mark	heute Mark
Bauxit/t	20,—	50,—	1000 WE in Steinkohle		
Dampf/t	2,20	5,—	(im Ruhrgebiet)	0,0025	0,005
Soda/t	75,—	130,—			
NaOH/t	225,—	400,—			

Der Verbrauch an Soda beträgt bei Verarbeitung von Bauxiten mit 3—4% Kieselsäure etwa 12—15 kg je 100 kg Tonerde. Der Sodapreis lag nach der Notierung etwas unter 10,— Mark für 100 kg. Doch wurden den Großabnehmern erhebliche

[1]) Vor dem zweiten Weltkrieg war die Mark etwa „vollwertig" und daher gut vergleichbar mit entsprechenden Valutawerten des Auslandes.

Rabatte auf diesen Preis gewährt. Bei Ätznatron (96—99%ig) wurden keine Rabatte gegeben; auch bei größten Bezügen mußte man 22,50 Mark für 100 kg bezahlen.

Einen hohen Posten in der Kalkulation der Tonerde stellen die Dampfkosten dar. weshalb das Martinswerk[1]) und das Lautawerk in unmittelbarer Nähe der Braunkohle errichtet wurden. Für die Dampferzeugung von 8,2 t Dampf, der beim Autoklavenverfahren etwa je Tonne Tonerde gebraucht wurde, mußte man rund 3,5 t Braunkohle aufwenden. Die Roh-Braunkohle kostete vor dem zweiten Weltkrieg etwa 2,— Mark je Tonne. Bei Herstellung des Dampfes aus hochwertiger Kohle, besonders wenn diese einen längeren Transportweg hat, kam man auf Hochdruckdampfpreise, die bei 3,20—4,20 Mark je to lagen, während sie bei Braunkohle etwa 2,20 Mark betrugen. Dabei sind für den Strom, den man in der Gegendruckturbine erhält, keine Abzüge gemacht. Wenn man kein Kesselhaus mit einer Leistung von 120 atü Dampfdruck bauen will, sollte man wenigstens ein solches von 40 atü bauen.

Das Gas wurde bisher meistens aus Braunkohlenbriketts hergestellt, deren Kosten je Tonne ca. 9—11 Mark betrugen, wozu meist noch Frachtkosten hinzukommen. Aus 1 kg Brikett erhält man etwas über 2 m³ Gas mit 1500 Kal und 80 g Teer (bei Verwendung von mitteldeutschen Briketts). Das bei der Gasherstellung entstehende Schwelwasser wird wieder im Betrieb verarbeitet. Auch stückige Rohbraunkohle kann man vergasen. Dies ist zwar wirtschaftlicher, hat aber einige große Nachteile. Erstens ist die Gasqualität schlechter, sie hat nur 1100—1200 Kal je m³ Gas, zweitens ist die Gasproduktion eines Generators sehr viel geringer, da der Mengendurchsatz an Rohkohle nicht wesentlich höher als der an Brikett ist. Und schließlich kann man die große Menge anfallenden Schwelwassers nicht mehr im Gasbetrieb aufarbeiten. Da das Schwelwasser Phenole enthält, muß man es sorgfältig reinigen, ehe man es in den Vorfluter geben darf. Entphenolungsanlagen baut die Lurgi-Gesellschaft in Frankfurt/M.

Neuerdings wird das Gas oft von auswärtigen Gaszentralen bezogen. Es soll hier nicht weiter auf die Gaserzeugung eingegangen werden.

Der Materialverbrauch und die Kosten, mit denen man etwa vor dem letzten Kriege rechnen konnte, sind die der Tabelle 45.

Tabelle 45

Kostenzusammenstellung

	Kosten je Tonne Al_2O_3
Bauxit 2,00—2,3 t	45.— bis 55.— Mark
Soda 0,12—0,15 t	10.— bis 12.— ,,
Dampf 4,800—5,500 Mio Kal.	7.— bis 14.— ,,
Gas 1,600—2,300 Mio Kal.	4.— bis 10,50 ,,
Strom 240—360 kW	—
Löhne und Gehälter	17,— bis 23.— ,,
Reparaturen und Verschiedenes	10,— bis 14.— ,,
	93,— bis 128,50 Mark

Die Preise bei Dampf und Gas beziehen sich nur auf die Preise der Kohlen, die für die Dampf- und Gaserzeugung benötigt werden.

[1]) Tonerdefabrik der Schweizer Gruppe der Aluminium-Erzeuger. Sie liegt bei Bergheim an der Erft.

In der Praxis ist es nun nicht so, daß alle günstigen oder alle ungünstigen Momente in einer Fabrik vereinigt sind, so daß die Kosten einer bestimmten Anlage innerhalb der obigen Zahlen liegen. Den Verfassern liegen zwei Vorkriegskalkulationen vor, die eine schließt ab mit 105,— Mark, die andere mit 113,— Mark. Nicht eingerechnet sind die Amortisationen und Verzinsung der Anlage und die Generalunkosten, Steuern. Bei einer neuen Anlage müßte man dafür etwa 35,— Mark je Tonne rechnen. Ferner sind nicht berücksichtigt die Gutschriften für Strom, der mit der Gegendruckturbine über den Eigenverbrauch hinaus gewonnen wurde, für Rotschlamm und Vanadinsalz.

Beim Entspannen des Dampfes in der Gegendruckturbine wird soviel Strom erzeugt, daß er nicht ganz in der Tonerdefabrik verbraucht wird. Der Überschuß, der mit der Höhe des Dampfdruckes wechselt, und bei einem Kesseldruck von 40 atü etwa 200 kWh je Tonne Tonerde beträgt, kann häufig in anderen Teilen der Fabrik benutzt werden, z. B. in der Aluminiumfabrik. Der Erlös aus dem Rotschlammverkauf ist sehr verschieden (s. S. 120). Der Gewinn beim Vanadinsalz spielt wegen der geringen Menge keine große Rolle.

Bei dem Gas muß man je nach der Feinheit der Tonerde 1200—1700 Mio Kal für die Kalzination einer Tonne Tonerde rechnen.

Was die Löhne und Gehälter anbelangt, so bestehen bei diesen Posten nach den Betriebsbedingungen Verschiedenheiten, je nachdem ob die Tonerdefabrik für sich allein besteht oder andere Fabrikationen gleichzeitig betrieben werden, ob eine Gasanlage aufgestellt ist, oder das Gas bezogen wird. Es sollen deshalb zunächst nur die Lohnstunden angegeben werden, die in Fabrikationsbetrieben einer Tonerdefabrik gebraucht wurden, die etwas über 60000 t/Jahr fabrizieren. Im Monat fielen an:

Betriebsteil	Lohnstunden	Arbeiterzahl
Rohmaterialtransport	1403	14
Rohmateriallager	5164	
Trockenbetrieb	1955	8
Mühlenbetrieb	1072	5
Aufschluß- u. Rotschlammabscheidung	25206	106
Kaustizierung	2668	9
Ausrührerei	3094	12
Hydratfiltration	4725	18
Eindampferei	5348	18
Versch. Betriebsunkosten	36	—
Tonerdekalzinierung	5136	21
	55807	211

Eine Aufstellung über die Belegschaft einer Tonerdefabrik mit allen Nebenanlagen folgt später.

Der Rotschlamm wurde auf Kellyfiltern verarbeitet. Für dieses Werk wurden monatlich gebraucht an Werksverwaltungskosten 20000,— Mark, an Kosten für allgemeine Hilfsbetriebe (Erhaltung der Wege, Stromleitungen, Dampfleitungen, Druckluftleitungen, Badebetrieb, Konstruktionsbüro usw.) auch 20000,— Mark.

Von der Werksbahn wurden 42000 t km geleistet mit einem Aufwand von 3100 Lohnstunden. Die Rückständebahn leistete 16000 t km mit 2500 Lohnstunden. Bei den Gasgeneratoren wurden 5200 Lohnstunden und 4300 t Briketts gebraucht für die Herstellung von 8800000 m³ Gas. Der Erlös aus dem Teerverkauf (370 t) war höher als die Herstellungskosten des Gases.

Von den auf S. 100 angegebenen 12.— Mark für Reparaturen und Verschiedenes entfallen $^1/_2$ bis $^2/_3$ auf Reparaturen. In der 60000 t-Fabrik kann man mit etwa 30000 Lohnstunden für die gesamten Werkstätten rechnen. Die Kosten für Hilfsmaterial, Betriebsunkosten sind etwa $^2/_3$ der Personalkosten.

Die Nutzwasseranlage wird beim Verfahren mit Autoklavenaufschluß etwa bis zum 10-fachen der Tonerdeproduktion ausgelegt. Dabei ist vorausgesetzt, daß das Kondenswasser größtenteils gesammelt und wieder verwendet wird. Die Trinkwasseranlage wird etwa zu 0,1 m³ je Tonne Al_2O_3 ausgebaut. Beim Turmaufschluß braucht man weniger Nutzwasser. Genaue Zahlen liegen noch nicht vor.

Es folgt eine Aufstellung über die Arbeitsstellen in einer Bayerfabrik (Autoklavenbetrieb) für 100000 t Al_2O_3 im Jahr. Die Angaben gründen sich auf Betriebsunterlagen während des Krieges und sind hier und da etwas überhöht infolge der Beschäftigung nicht eingearbeiteter Hilfskräfte.

I. Angestellte:

Technische Angestellte

Betriebsleiter	1
Chemiker	3
Laborangestellte	3
Ingenieure	6
Meister	19
Techniker	1
Betriebsschreiber	1
	34

Kaufmännische Angestellte

Kaufleute	20
Stenotypistinnen und Büroangestellte	27
	47

Allgemeine Angestellte

Betriebsrat	1
Telephonisten	3
Werksgärtner	1
Küchenverwalter	1
Kantinenkassiererin	1
	7
Kaufmännische Lehrlinge	2
Summe der Angestellten:	90

	Anzahl der Arbeiter in: Wechselschicht	Tagesschicht	
II. Arbeiter:			
Allgemeine Betriebe			
Bote		3	
Putzfrau		5	
Badewärter	6	2	
Küchenhilfe		24	
Kantinenhilfe		2	
Pförtner	3		
Hilfspförtner	3	2	
Ledigenheimverwalter		2	
Gärtner		3	
Magazinverwalter		4	
	12	47	59
Bahnbetrieb			
Lockführer		5	
Heizer		5	
Vorrangierer		2	
Rangierer		10	
Kranführer		6	
Weichenschmierer		1	
Wagenschmierer		1	
Wagenschreiber		2	
Nachtheizer		1	
Stopferkolonne		13	
		46	46
Rückständebahn und Schmalspurbahn			
Hilfsarbeiter	6		
Kalkschlammentlader		17	
Kranführer	3		
Anhänger	9		
Lockführer		1	
	18	18	36
Hof- und Entladekolonne			
Vorarbeiter	2		
Hilfsarbeiter	80		
	82	82	82
Kraftwerk			
Schichtführer	3		
Kesselwärter	9		
Wasseraufbereitung	3		
Bekohler		3	
Entascher	6		
Kranführer	3		
Schlosser		1	
Schlosserhelfer	3		
Flugascheanlage		1	
Turbinenwärter	3		
Wasserversorgung		1	
	30	6	36
		Übertrag:	259

	Anzahl der Arbeiter in Wechselschicht	Tagesschicht	
		Übertrag:	259
Elektrowerkstatt			
Betriebselektriker	9		
Werkstattelektriker		12	
Hilfselektriker		7	
Feinmechaniker		3	
Schwachstromelektriker		1	
Werkzeugausgeber		1	
Elektrische Ladestation		1	
Elektroführer		1	
Hilfsarbeiter		1	
Elektrikerlehrlinge		6	
	9	33	42
Schlosserwerkstatt			
Vorschlosser		5	
Gruppenführer		7	
Schlosser		45	
Betriebsschlosser	18		
Dreher		5	
Autogenschweißer		5	
Elektroschweißer		3	
Schmiede		2	
Schreiner		4	
Sattler-Vulkanisierer		1	
Isolierer		1	
Hilfsschlosser		14	
Hilfsarbeiter		15	
Maurerpolier		1	
Werkzeugausgeber		1	
Schlosserlehrlinge		21	
	18	130	148
Gasgeneratoren			
Vorarbeiter	3		
Maschinenwärter	6		
Heizer	6		
Generatorenwärter	6		
Gasleitungswärter	6		
Teerapparatewärter		2	
Schmierer		1	
Kranführer		3	
Kohleentlader		3	
Reiniger-Gruppenführer		1	
Reiniger		4	
Teer- und Gasprüfer		1	
Laborarbeiter (angelernt)	3		
	30	15	45
		Übertrag:	**494**

	Anzahl der Arbeiter in Wechselschicht	Tagesschicht	
		Übertrag	494
Rohmateriallager			
Vorarbeiter	6		
Schmierer	3		
Transportanlagengruppenführer	6		
Transportanlagenarbeiter	24		
Aufzug- und Kranführer	18		
Arbeiter an Brechern	12		
Bänder- und Bunkerwärter	6		
Schmierer		1	
	75	1	76

Anmerkung: Es waren 2 Rohmateriallager vorhanden.

Trocknerei und Mühle			
Brenner	6		
Aufgeber	6		
Müller	6		
	18		18
Kalzinierung			
Vorarbeiter	3		
Brenner	6		
Tonerdehydrataufgabe			
Gruppenführer	3		
Arbeiter	12		
Reiniger	3		
Elektrische Entstaubung	3		
Schneckenwärter	3		
Verlader von Al_2O_3	6		
Schmierer	3		
Probenträger	3		
Schmierer		1	
	45	1	46
Laboratorium			
Angelernte Laborarbeiter	6	18	
Gläserspülerinnen		1	
Chemielehrlinge		3	
	6	22	28
		Übertrag:	662

	Anzahl der Arbeiter in: Wechselschicht	Tagesschicht	
		Übertrag	662
Aufschluß und Rotschlammabscheidung			
Vorarbeiter	3		
Gruppenführer	9		
Kellyfilterwärter	90		
Klarfilteranlage	9		
Autoklavenanlage	12		
Verdünneranlage	9		
Pumpenwärter	9		
Eindickerwärter	27		
Probenträger	3		
Bauxitwieger	12		
Löser- und Schneckenwärter	21		
Vorarbeiter		1	
Gruppenführer		2	
Schmierer		4	
Entlader		10	
Wagenreiniger		4	
Reiniger für Siebe		12	
Sonstige Reiniger		12	
Wäscherin		1	
Ausgeber von Hilfsmaterialien		1	
	204	47	251
(Bei der Anlage waren unter den Kellyfiltern keine Schnecken vorhanden, wodurch sehr viele Reinigungsarbeiten nötig wurden.)			
Kaustizierung			
Soda- und Kalkentlader		10	
Vorarbeiter	3		
Kaustizierer	18		
	21	10	31
Ausrührerei			
Vorarbeiter	3		
Füller	6		
Eindickerwärter	6		
Pumpenwärter	3		
	18		18
Trommelfilter			
Vorarbeiter	3		
Filterwärter und Abfahrer	30		
Pumpenwärter	3		
	36		36
(Das Hydrat wurde gewogen und in Hängebahnwagen transportiert, deshalb die große Anzahl Abfahrer.)		Übertrag	998

	Anzahl der Arbeiter in: Wechselschicht	Tagesschicht	
		Übertrag	998
Eindampferei			
Vorarbeiter	3		
Maschinisten	3		
Kocher	15		
Pumpenwärter	6		
Reiniger		2	
Reiniger der Eindampferei („Molcher“)		8	
	27	10	37
Vanadinanlage			
Arbeiter	9		
	9		9
		Insgesamt:	1044

Über die Kosten des Verfahrens mit Turmaufschluß liegen noch keine Ergebnisse aus einer Großanlage vor. In der 28000 t-Anlage in Lünen zeigte sich, daß man etwas mehr Bauxit und Gas braucht, dagegen erheblich weniger an Dampf. Der geringere Dampfverbrauch bewirkt, daß man keinen Stromüberschuß in der Gegendruckturbine (bei 40 atü Hochdruckdampf) hat, obwohl beim Turmverfahren wegen des Wegfallens der Mühlen und des geringeren Verbrauchs an Strom im Rotschlammgebäude und bei den Ausrührern weniger Strom verbraucht wird als beim Autoklavenverfahren. Eine Gegenüberstellung gibt Tabelle 46

Tabelle 46

Kostengegenüberstellung vom Turmaufschluß und Autoklavenaufschluß

	PreisMk. p. Tonne	Turmaufschluß Verbrauch t	Kosten Mark	Autoklavenaufschluß Verbrauch t	Kosten Mark
Bauxit	21,—	2,200	46,20	2,160	45,36
Soda	80,—	0,146	11,68	0,146	11,68
Gebrannter Kalk	24,—	0,096	2,30	0,096	2,30
Gehälter und Löhne	15,—		15,—		15,—
Reparaturen und Verschiedenes	12,—		12,—		12,—
Dampf	2,20	5,90	11,44	8,20	18,04
Gas/p. 1000 m³	7,—	1,500	10,50	1,400	9,80
Strom/p. kWh	0,015	285 kWh	4,29	325 kWh	4,89
			113,41		119,07
Überschußstrom			0,01		2,93
			113,40		116,14

Bei höherem Dampfpreis sind natürlich die Unterschiede bei den Endpreisen entsprechend größer. Im übrigen muß man die Zahlen der im Bau befindlichen Turmgroßanlagen[1]) abwarten.

Was die Anlagen mit Verarbeitung von leichtaufschließbarem Bauxit anbelangt, so liegen Kalkulationen von zwei Kriegsanlagen[2]) vor. Wenn man die dort angegebenen Preise in Mark umrechnet, kommt man für Energie zu der sehr niedrigen Zahl von Mark 4,95. Selbst wenn man berücksichtigt, daß die Eindampferei wegfällt (s. S. 85), ist der angegebene Betrag für Heizmaterial und Strom viel niedriger als die in Europa gewohnten Zahlen. Wenn man wenig Dampf braucht, muß man den Strom beziehen. Die Kalzinieröfen werden wahrscheinlich mit Rohöl oder auch Erdgas beheizt. Dabei haben beide Fabriken noch Anlagen für Aufarbeitung des Rotschlamms, weil sie ganz oder teilweise kieselsäurereiche Bauxite verarbeiten (s. S. 130).

Über die Baukosten einer Tonerdefabrik können bei der heutigen vollkommenen Verschiebung der Preisbasen keine Einzelangaben gemacht werden. Vor dem letzten Kriege rechnete man bis zu 500,— Mark für eine t/Jahr installierter Tonerde. Bei Wegfallen der Generatoranlage oder anderer Nebenanlagen entsprechend weniger.

Für eine Tonerdefabrik von 100000 t Tonerde im Jahr ist etwa ein Gelände von 500000 m² Fläche nötig. Wenn man keinen Absatz für den Rotschlamm hat und eventuell dafür Lagerplatz für eine Reihe von Jahren haben will, entsprechend mehr.

Für eine 50—60000 t-Anlage einer Autoklavenfabrik und einer Turmanlage braucht man etwa folgende umbaute Räume (bis zur Dachtraufe gerechnet):

Tabelle 47
Die Ausmaße der Gebäude

	Autoklavenaufschluß Länge, Breite, Höhe	Turmaufschluß Länge, Breite, Höhe
Brecherei	20 × 11 × 23	20 × 11 × 23
Trocknerei	25 × 21 × 29	100 × 21 × 12
Mühle	25 × 21 × 13	
Sichtung und Brikettierung		16 × 30 × 20
Autoklavenraum	66 × 12 × 11	
Turmanlage		60 × 47 × 8
Kellyfilter	66 × 22 × 11	66 × 22 × 11
Eindicker	84 × 21 × 18	
Eindampferei	27 × 34 × 29	27 × 18 × 29
Ausrührerei	67 × 56 × 21	67 × 56 × 21
Kalzinieranlage	56 × 38 × 18	56 × 38 × 18
Kesselhaus	45 × 19 × 23	45 × 19 × 23
Speisewasser	37 × 6 × 18	37 × 4 × 18
Turbinen usw.	30 × 25 × 13	30 × 19 × 13

In wärmeren Ländern, z. B. in Südfrankreich stellt man die Ausrührer ins Freie.

[1]) VAW begann im zweiten Weltkrieg eine Turmgroßanlage bei Pettau an der Drau (jetzt Jugoslawien) zu bauen. Diese Anlage soll demnächst in Betrieb gehen.

[2]) Baton Rouge und Hurricane Creek (Hans A. Klagsbrunn, Industrial and Engineering Chemistry, Juli 1945).

2. Der Aufschluß des Bauxits mit Alkali-Verbindungen bei 1200°

a) Die chemischen Grundlagen des Verfahrens

Der zuerst von Le Chatelier in industriellem Maßstab durchgeführte Aufschluß des Bauxits mit Soda beruht auf der Reaktion

$$Al_2O_3 + Na_2CO_3 = 2\,NaAlO_2 + CO_2.$$

Diese Reaktion geht schon bei 900° vor sich. In der Praxis erhitzt man meist bis 1200° C, um durch Sinterung ein Verstauben des Materials zu verhindern. Auch wird dadurch die spätere Filtration des Rückstandes günstig beeinflußt. Man setzt mehr Soda zu als obiger Gleichung entspricht. Dadurch wird der Aufschluß vollkommen; aber es werden auch die Nebenbestandteile des Bauxits angegriffen. Es entstehen Natriumferrat, Natriumsilikat, Natriumtitanat. Außerdem werden die in geringer Menge vorhandenen Phosphate, Vanadate, Fluoride und Chromverbindungen teilweise aufgeschlossen. Diese Umsetzungen mit Soda bedeuten natürlich Verluste. Um an Soda zu sparen, kann man zusätzlich Kalk der Aufschlußmischung zugeben. Bei kieselsäurereichen Bauxiten muß man in jedem Fall diesen Zuschlag machen (s. S. 130). Die Analyse einer Aufgabemischung ist z. B. folgende:

Na_2CO_3 37,4%, SiO_2 1,6%, TiO_2 1,75%, Fe_2O_3 10,8%, Al_2O_3 34,4%, Na_2SO_4 1,7% (dieses stammt aus der Soda).

Die Durchschnittsanalyse des Sinters von mehreren Monaten zeigt die Tabelle 48

Tabelle 48

Durchschnittsanalyse des Sinters

In NaOH-Lösung lösliche Al_2O_3	42,7% (Aufschluß: 94,—%)
Gesamt-Al_2O_3	45,5%
Na_2O	29,45%
SiO_2	2,40%
TiO_2	2,40%
Fe_2O_3	14,60%
CaO	2,75%
Na_2SO_4	3,30%

Wenn man, wie gewöhnlich den Sinter zu konzentrierter Lauge löst, darf der Kalkgehalt des Sinters nicht zu hoch sein, da sonst Al_2O_3-Verluste durch die Bildung von Kalziumaluminat entstehen.

Statt mit Soda aufzuschließen, kann man auch Natriumsulfat anwenden. In der Praxis hat sich die Arbeitsweise eingeführt, daß man der Mischung neben Sulfat noch Kohle zufügt und mit einer stark Wasserdampf enthaltenden Flamme arbeitet. Nach diesem Verfahren wird seit Mitte der zwanziger Jahre bei der Firma Giulini G.m.b.H., Ludwigshafen, gearbeitet.

Im Drehofen, in dem der Prozeß durchgeführt wird, muß bei der Einlaufseite des Materials eine reduzierende Atmosphäre herrschen, während beim Auslauf schwach oxydierend gearbeitet wird. Das intermediär entstehende Na_2S darf im Auslaufgut nicht mehr vorhanden sein. Man erhält sonst schwarze FeS-enthaltende

Lösungen beim Auslaugen des Sinters und später ein mit Eisen-(II)-sulfid verunreinigtes Hydrat. Am besten arbeitet man in 100 m langen Drehöfen. Bei einem 60 m langen Ofen wurden keine einwandfreien Sinter erhalten, obwohl alle Erfahrungen berücksichtigt wurden, die sich bei einem jahrelangen Betrieb mit einem 100-m-Ofen ergeben hatten.

Bei dieser Arbeitsweise finden die folgenden Reaktionen statt:

$$Na_2SO_4 + 4\,C \longrightarrow Na_2S + 4\,CO.$$

$$\text{oder } 4\,Na_2SO_4 + 2\,C \longrightarrow Na_2S + 3\,Na_2SO_4 + 2\,CO_2;$$

$$4\,Al_2O_3 + Na_2S + 3\,Na_2SO_4 = 8\,NaAlO_2 + 4\,SO_2.$$

Der fertige Sinter darf nicht dunkel aussehen, die Abgase dürfen nicht nach Schwefelwasserstoff riechen. Wie schon erwähnt, ist es nicht einfach, einen einwandfreien Sinter zu bekommen. — Die Weiterverarbeitung des Sinters siehe weiter unten (S. 112).

Die Abgase des Ofens enthalten ca. 3% SO_2. Bei ihrer Verwendung zur Herstellung von H_2SO_4, was häufig vorgeschlagen ist, muß man berücksichtigen, daß sie nur wenig Sauerstoff enthalten.

b) Die physikalischen Eigenschaften des Bauxits und deren Einfluß auf die Verarbeitung

Über die physikalischen Eigenschaften der verschiedenen Bauxite und deren Einfluß auf die Verarbeitung auch im Hinblick auf das Sinterverfahren ist das Wesentliche bereits früher gesagt worden (s. Kapitel II 1b, S. 35).

Es sei hier nur noch einmal hervorgehoben, daß der Sinteraufschluß keine so hohen Anforderungen an die physikalische und chemische Beschaffenheit der Bauxite stellt wie der Autoklaven- oder Turm-Aufschluß. Dies ist durchaus verständlich wenn man bedenkt, daß im Autoklaven die Einwirkung des Alkalis bei 170—200°, beim Sinter-Aufschluß bei einer Temperatur von über 1000° stattfindet. Der Sinteraufschluß führt zu tiefgreifenderen Umsetzungen als dies bei der Autoklavenbehandlung der Fall ist. Beim Sinteraufschluß werden daher auch diejenigen Tonerdeverbindungen zu auslaugbarem Aluminat umgesetzt, die bei der Behandlung im Autoklaven nicht vom Alkali angegriffen werden. Auch die Begleitstoffe des Bauxits, in der Hauptsache die Eisen- und Titanverbindungen, die bei der Autoklavenbehandlung praktisch in der Form erhalten bleiben, wie sie im Rohstoff vorliegen, erfahren beim Sinteraufschluß eine physikalische und chemische Umwandlung.

Die Verarbeitung von diasporhaltigem Bauxit bereitet im Sinterverfahren keine Schwierigkeiten. Nur ist das Ausbringen gewöhnlich etwas niedriger als bei Verarbeitung von Böhmitbauxit.

c) Gang und Apparatur des Verfahrens.

aa) beim Aufschluß mit Soda

Das Brechen, Trocknen und Mahlen des Bauxits erfolgt in ähnlicher Weise wie beim Bayer-Verfahren. Zu bemerken ist dabei, daß das Trocknen nur soweit durchgeführt zu werden braucht, als es für das Mahlen des Bauxits nötig ist. Es sind also hier Mahltrockner besonders am Platze. Eine Naßmahlung mit Sodalauge sollte man nicht durchführen. Ein im großen angestellter Versuch zeigte nämlich, daß sich bei einem Bauxit-Sodalaugegemisch an der Aufgabeseite des Ofens ringförmige Krusten ansetzen, die bald zur Unterbrechung des Aufschlußprozesses führten[1]).

Die Mischung der Rohmaterialien geschieht am einfachsten in folgender Weise:

Unter den Rohmaterialsilo werden nach den ersten Abschlußorganen Schnecken angebracht, die das Rohmaterial den automatischen Waagen (Librawerke, Braunschweig) zubringen. Da die Materialien teilweise die Eigenschaft haben, durch die Schnecken „hindurchzuschießen", besonders beim Natriumsulfat (Aufschluß mit Sulfat und Kohle an Stelle von Soda, s. S. 109) ist dies der Fall, so sollen die Schnecken eine gewisse Länge und einen verhältnismäßig kleinen Durchmesser haben. Man wählt lieber zwei Schnecken mit kleinem Durchmesser, als eine große. Die Waagen sind Kippwaagen, deren Gefäße bei einem einstellbaren Gewicht umkippen. Sie sind mit den Zubringerschnecken elektrisch gekuppelt, so daß beim Umkippen der Gefäße die Schnecken stillstehen.

Die Drehöfen für den Aufschluß werden am besten als Rekuperatoröfen (Pfeiffer, Kaiserslautern) gebaut, wie sie für die Kalzinierung von Tonerde sich gut bewährt haben. Eine Schwierigkeit dabei ist, daß die Schneckenflügel von dem heißen Sintergut angegriffen werden und korrodieren. Sie müssen daher nicht nur aus hochsiliziumhaltigem Material hergestellt werden, sondern man muß auch dafür sorgen, daß die Wärme durch außen aufgeschweißte Bleche teilweise abgeführt wird. Notfalls kann man sich auch durch Anblasen dieser Rohre mit Luft helfen. Die Beheizung der Öfen kann entweder mit Gas, Massut oder Kohlenstaub erfolgen. Im letzteren Falle darf der Kieselsäuregehalt der Kohlenasche nicht zu hoch liegen[2]). Man richtet die Feuerung so ein, daß auf 1 kg Sinter eine Menge Heizmaterial entsprechend 1200 WE angewandt werden.

Wenn die Abgase des Sodaaufschlußofens zur Karbonisierung der Aluminatlaugen benutzt werden, so soll das Heizmaterial nicht viel Schwefel enthalten, da sich sonst Natriumsulfat in den Laugen anreichert, zumal wenn die Soda im Kreislauf geführt wird und wenig Absatz an Kristallsoda besteht. Bei Benutzung der Abgase muß man besonders darauf achten, daß diese gut entstaubt sind und möglichst wenig durch Luft verdünnt werden. Als Entstaubung wird meist elektrische Entstaubung angewandt. Der Staub hat die Tendenz sich an Wänden und Drähten aufzubauen, besonders wenn der Ofen nicht dauernd in Betrieb ist. Man muß für gute Abklopfvorrichtungen sorgen.

Der Sinter soll eine gelbgrünliche Färbung besitzen und noch mit dem Fuß zertretbar sein. Die Abgase sollen kein Kohlenoxyd aber auch weniger als 1% Sauerstoff enthalten. Regelmäßige Analysen der Abgase sind notwendig, am besten mit automatisch arbeitenden Apparaten (Monoapparaten von Meihack, Hamburg).

[1]) Bei der Herstellung von Sinter aus Rotschlamm, wobei nur geringe Mengen Soda der Mischung zugeführt werden, hat sich die Naßvermahlung bewährt (s. S. 131).

[2]) Neuere Versuche haben gezeigt, daß die SiO_2 in der Flugasche in Hinklick auf die Qualität der Tonerde praktisch vernachlässigt werden kann.

Der Sinter kann, wenn er durch einen kleinen Brecher gegangen ist, auch pneumatisch mit Druckluft gefördert werden (Apparate von Möller, Hamburg). Die Krümmer der Leitungen werden durch Schmelzbasalt vor Abnutzung geschützt.

Die Verarbeitung des Sinters geschieht am besten in einer Naßkugelmühle, die mit dem Sintergut und dünnen Laugen beschickt wird.

Die Apparatur für eine trockene Vermahlung des Sinters, wie sie früher teilweise üblich war, ist nicht nur in Anschaffung und Betrieb teurer als die Naßvermahlung, weil die lösende Wirkung der Lauge für die Zerkleinerung nicht ausgenützt wird, sondern hatte auch gesundheitliche Nachteile für die Belegschaft. Der Sinterstaub wirkt auf die Haut stark ätzend ein und ist wegen seines Gehaltes an Natriumchromat für die Nasenschleimhäute besonders gefährlich.

Zur Aufarbeitung der aus dem Sinter gewonnenen Lauge gibt es zwei Modifikationen des Verfahrens. — Zunächst die ältere Arbeitsweise:

Die Schwierigkeit beim Lösen des Sinters besteht darin, daß eine in bezug auf $Al(OH)_3$ instabile Lösung entsteht, und daß die Lösung etwa 2% Kieselsäure enthält.

Die ältere Arbeitsweise hat einen sehr komplizierten Produktionsgang entwickelt, der in dem aufgestellten Schema zum Sulfataufschluß verdeutlicht wird. Man vergleiche hierzu den Arbeitsgang nach dem Aufschluß (Abb. 28). Um die Stabilität der Laugen zu erhöhen und die im Verlaufe des Prozesses anfallende Sodalauge ohne Eindampfung für die Kristallsodaherstellung benutzen zu können, wird eine sehr konzentrierte Aluminatlauge hergestellt. Man filtriert durch Nutschen, die am besten als Kippnutschen ausgebildet werden mit darunter angebrachten Schnecken zum Abtransport des Rotschlammes. Vielleicht könnte man auch Dorrco-Innenfilter benutzen, normale Drehfilter haben sich nicht bewährt.

Die Lauge wird nach der Filtration einige Stunden ausgerührt. Es fällt ein Hydrat aus, das etwa 1% Kieselsäure enthält und für die Herstellung von Aluminiumsulfat und anderen Aluminium-Salzen benutzt wird, bei denen die Gegenwart von SiO_2 nicht schadet.

Durch dieses Ausrühren wird die Lauge stabiler und das Verhältnis von Na : Al geht in der Lauge von 1,4 auf 1,9. In Autoklaven wird dann die Aluminatlauge weiterentkieselt. Es fällt dabei ein Natrium-Aluminiumsilikat-Schlamm an, der eisenfrei ist und deshalb für manche Zwecke nutzbar gemacht werden kann. Die Lauge enthält jetzt, ebenso wie im Bayerprozeß, noch 0,2—0,4 g SiO_2 im Liter. Nun wird die Lauge bei etwa 70—80° C karbonisiert, wobei die gesamte Tonerde als $Al(OH)_3$ ausfällt. Man kann hierbei als Kohlensäurequelle die Abgase des Sodaaufschlußofens benutzen (s. w. u.). Als Gefäße können entweder stehende Zylinder verwendet werden, von denen man zwei hintereinander schaltet. Man erhält dann eine Kohlensäureausnützung bis zu 90%, muß aber die Gase auf 1—$1^1/_2$ atü drücken. Oder man wendet liegende Gefäße an, in die die CO_2-Gase durch eine horizontale Welle mit Zerstäubereinbauten geführt werden. Die CO_2-Ausnützung in zwei solchen hintereinander geschalteten Apparaten ist nur 60—70%. Die Art der Apparatur hat aber den Vorteil, daß man die Gase praktisch drucklos führen kann. Für 40000 t Tonerde braucht man 10 solcher Doppelapparate von 2 m Durchmesser und 6 m Länge und einem Rührwerk mit 125 Umdrehungen in der Minute. Der zweite Behälter steht über dem ersten. Die Lauge fließt kontinuierlich durch beide Apparate. Auf die Fällungsbedingungen des Hydrates soll bei der Beschreibung der zweiten Arbeitsweise (s. S. 114) noch etwas näher eingegangen werden.

Mit der Tonerde fällt beim Karbonisieren die Kieselsäure der Aluminatlösung mit aus. Man erhält deshalb ein Tonerdehydrat mit 0,3% SiO_2 und mehr. Dies ist zu hoch im Vergleich zum Hydrat des Bayerprozesses, mit dem es konkurrieren muß. Nach dem Filtrieren auf Trommelfiltern wird das Hydrat deshalb noch mit dünner Säure gewaschen. Das im Hydrat vorhandene Natrium-Aluminium-Silikat wird dabei zersetzt, die Kieselsäure geht kolloidal in Lösung, der Gehalt des Hydrates an Kieselsäure sinkt auf 0,1%. Das Hydrat wird wie im Bayer-Prozeß kalziniert.

Die Sodalösung wird eingedampft, soweit sie nicht zur Herstellung von Kristallsoda benutzt wird. Das ausfallende $Na_2CO_3 + 1\,H_2O$ wird auf Drehfiltern, Innenfiltern oder Schälzentrifugen filtriert und dann kalziniert.

Die neuere Arbeitsweise:

Statt der eben angegebenen Arbeitsweise kann man nach einem neueren Verfahren auch so vorgehen, wie es in dem Arbeitsschema (Abb. 27) angedeutet ist. Der Sinter wird zu einer Lauge von 28° Bé (spez. Gew. 1,241) gelöst. Der vorgelegten Flüssigkeit wird soviel ausgerührte Lauge vom Verhältnis 4 zugesetzt, daß die resultierende Lauge etwa ein Verhältnis von 1,7 hat. Diese Lauge wird in einem Eindicker geklärt. Der Rotschlamm wird in zwei Wascheindickern gewaschen und schließlich über Trommelfilter filtriert. Die Lauge geht evtl. durch ein Klarfilter. Die Filtration des Rotschlammes aus den dünnen Waschlaugen erfolgt viel leichter als aus den konzentrierten des älteren Prozesses. Auch die Abscheidung der Kieselsäure in den Autoklaven, in die nun die Laugen gelangen, ist in diesem Falle vollständiger. Es genügt in den Autoklaven bis auf 3 atü Druck zu gehen. Die Aufschlußlauge mitsamt dem Rotschlamm im Autoklaven zu behandeln, ist nicht günstig. Die Klärfähigkeit des Rotschlammes nimmt in diesem Fall sehr ab.

Nach dem Beseitigen des Kieselsäureniederschlages z. B. in einem Eindicker wird die Lauge geteilt, ein Teil geht in die Ausrührerei, der Rest in die Karbonisierung. Man kann auch so arbeiten, daß man alle Lauge ausrührt, filtriert und die filtrierte Lauge, soweit sie nicht zum Sinterlösen gebraucht wird, mit CO_2 fällt. Die bei letzterem Vorgehen erhaltene Tonerde enthält dann ungefähr doppelt soviel Kieselsäure als wenn man die Autoklavenlauge direkt karbonisiert; dafür ist sie nahezu frei von Eisen und eignet sich besonders für die Aluminiumsulfatherstellung. Das Mengenverhältnis von ausgerührter Tonerde zu mit Kohlensäure gefällter Tonerde liegt in diesem Falle bei etwa 70:30. Die Ausrührung geschieht wie im Bayerprozeß; eventuell vorhandene S''-Ionen verzögern die Ausrührung.

Die für die Fällung der Tonerde benutzten Kohlensäuregase kann man vom Sodaaufschlußofen nach vorhergehender Entstaubung oder vom Kalzinierofen entnehmen. Sie sollen in jedem Falle beim Eintritt in die Fällapparate wenigstens 12% CO_2 enthalten. Man kann auch die Abgase eines Kalkbrennofens benutzen. Bis zum ersten Weltkrieg wurde bei Andernach am Rhein eine Tonerdefabrik betrieben, die eine dort vorkommende natürliche Quelle von Kohlensäuregas benutzte.

Wie schon erwähnt, sollen die Kohlensäuregase nicht viel schweflige Säure als Beimengung enthalten. Diese muß eventuell durch Waschen mit dünner Sodalauge vor dem Pumpen entfernt werden.

Der Fällvorgang der Tonerde mit Kohlensäure muß bei Temperaturen über 70° C vorgenommen werden, da bei tiefen Temperaturen eine Doppelverbindung von Hydrat und Soda ausfällt, besonders in dem letzten Stadium der Ausfällung.

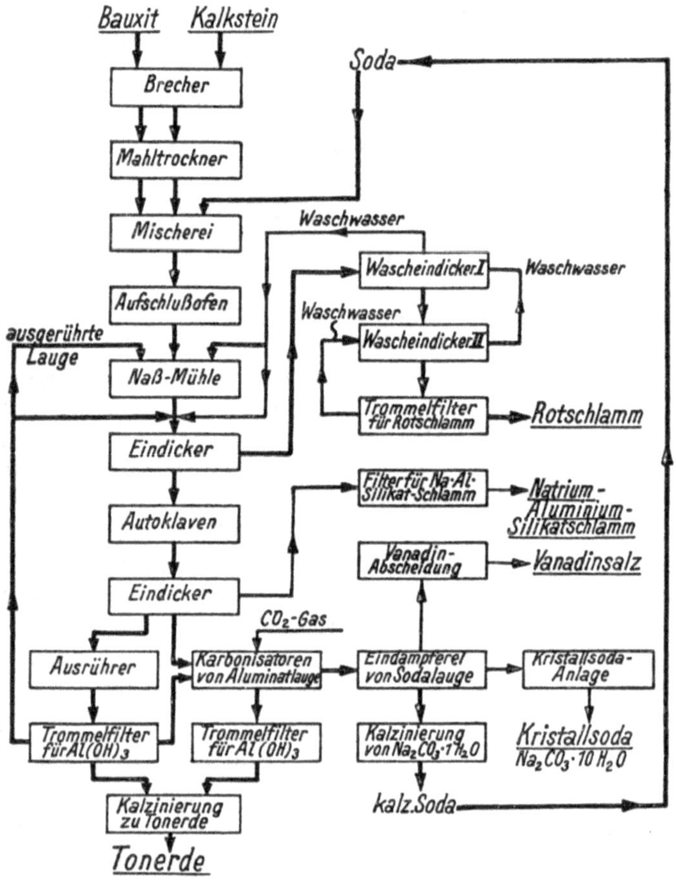

Abb. 27. Aufschluß des Bauxits nach dem Sinterverfahren (neuere Arbeitsweise).

Die ausfallende Tonerde ist zunächst in bezug auf Kieselsäure etwa so rein wie Bayer-Tonerde, erst mit den letzten 20—30% fällt die Kieselsäure in steigendem Maße mit aus. Man benutzt dies insofern, als man die Kieselsäurefällung vorzeitig bei 0,6—1,6% NaOH abbricht. Man erhält dadurch eine Tonerde mit 0,15—0,25% SiO_2, eine Qualität, die früher für gewisse Zwecke ausreichte. In den Eindampfkörpern hat man dann zwar eine größere Abscheidung von Silikatkrusten.

Bei der Herstellung von Kristallsoda und von $Na_2CO_3 + 1 H_2O$ erhält man eine Restlauge, in der sich die kleinen Beimengungen des Bauxits anreichern. In einem Doppelfällapparat von je 6 m Länge und 1,5 m Durchmesser, wie oben beschrieben, können täglich 5,5 t $Al(OH)_3$ ausgefällt werden. Auch sogenannte Ströderwäscher der Lurgi-Apparatebaugesellschaft kann man anwenden. Sie haben aber einen höheren Kraftbedarf als die einfachen Apparate.

Nach der Fällung sammelt man die Lauge in einem heizbaren Rührbehälter. In diesem findet noch eine Nachfällung des Hydrats statt, die ohne zwischenzeitliche Stapelung auf dem Filter vor sich gehen und das Filter verstopfen würde. Die Filtration geschieht auf Drehfiltern wie beim Hydrat aus der Ausrührerei. Schon mit Rücksicht auf die gegenseitige Reserve stellt man die Drehfilter für beide Hydratsorten nebeneinander auf. Um die Leistung der Drehfilter zu erhöhen, kann man den erwähnten Rührbehälter als Eindicker ausbilden.

Die Kalzinierung erfolgt in derselben Weise wie im Bayerprozeß. Da das mit Kohlensäure gefällte Hydrat feinkörniger ist als das ausgerührte, ist die Leistung des Kalzinierofens beim gefällten Hydrat im allgemeinen niedriger als beim ausgerührten.

Die Eindampfung der Sodalaugen geschieht zunächst in Vierfachverdampfern auf 35^0 Bé (spez. Gewicht 1,320), und darauf in Fertigverdampfern, wenn man nach den neueren Arbeitsweisen arbeitet und soweit man nicht Kristallsoda herstellt. Beim älteren Verfahren arbeitet man direkt mit Fertigverdampfern. Da man bei Vierfachverdampfern für 3 t Wasserverdampfung nur 1 t Frischdampf benötigt, ist der Mehraufwand an Dampf beim neueren Verfahren nicht allzu groß. Denn der Hauptdampfverbrauch liegt beim „Verdampfen auf Salz". Dabei lassen sich Vielfachverdampfer nicht anwenden, wenigstens nicht, bei den heute meist üblichen Verdampfern. Bei Einfachverdampfern arbeitet man diskontinuierlich, läßt bei einer bestimmten Ansammlung des Salzes den Verdampferinhalt größtenteils ab und füllt mit frischer Lauge, die die abgeschiedenen Salze zunächst wieder löst, während beim kontinuierlichen Arbeiten der Mehrfachverdampfer sich an den Heizrohren immer mehr Salz auf den Heizkörpern ansetzt. Wahrscheinlich könnte man mit Verdampfern, die ein Rührwerk besitzen, bessere Resultate erreichen.

Früher verwendete man zur Filtration des Salzlaugegemisches Nutschen; neuerdings meist Schälzentrifugen oder Drehfilter mit außen oder innen liegender Filterfläche. Leztere Apparate stellt man zweckmäßig über den Einlauf der Kalzinieröfen für Soda auf, so daß das Aufgabegut $Na_2CO_3 + 1\,H_2O$ direkt in den Ofen laufen kann.

Als Kalzinieröfen für Soda haben sich Drehöfen bewährt, die im Gleichstrom von Gas und Kalziniergut betrieben werden. Die Öfen liegen horizontal und haben im Innern einige niedrige Schneckengänge. Um ein Anbacken des Salzes an den Seiten des Ofens zu verhindern, wird dieser durch Wasserberieselung der ersten zwei Meter gekühlt. Das Gas wird in einer kurzen Brennkammer entzündet und die Gasflamme direkt auf das eingebrachte Gut gerichtet. Der Ofen ist etwa 20 m lang. Die Abgase haben am Ende des Ofens eine Temperatur von etwas über 200^0 C. Sie werden am besten elektrisch entstaubt. Wenn das verwendete Gas schwefelhaltig war, so ist der Staub der Kammern der elektrischen Anlage stark sulfathaltig.

Am Ausgang der Öfen ist eine Schlagkreuzmühle für die kalzinierte Soda angeordnet. Die Kalzination wird so geführt, daß in die Schlagkreuzmühle keine „klebrige" Masse hineingelangt. Die Soda enthält unter diesen Bedingungen etwa 1—2% H_2O. Das Salz wird nun entweder mit einer pneumatischen Anlage dem Aufschlußbetrieb der Tonerdefabrik wieder zugeführt, oder findet anderweitige Verwendung.

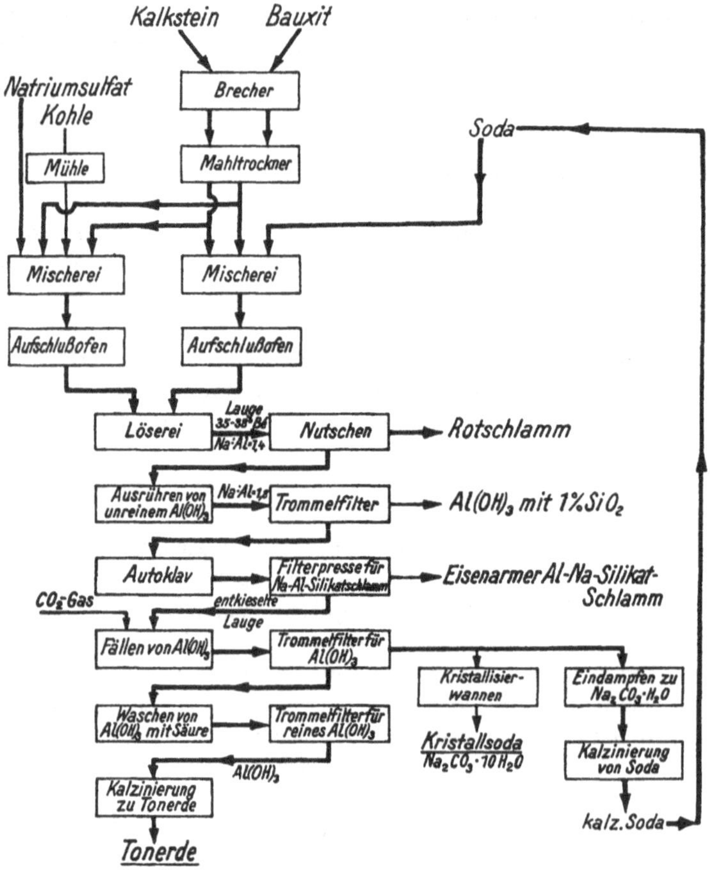

Abb. 28. Bauxitaufschluß mit Sulfat und/oder Soda.

bb) beim Aufschluß mit Sulfat und Kohle

Der Aufschluß nach Peniakoff mit Sulfat und Kohle wurde erwähnt (s. S. 109). Der wirtschaftliche Vorteil dieses Aufschlusses vor dem mit Soda ist sehr umstritten. Zunächst kommt es auf das Verhältnis des Sodapreises zu dem des Natriumsulfates an. Ist der Preis vom $Na_2SO_4 : Na_2CO_3$ wie 1 : 1,6 oder ungünstiger, d. h. der Preisunterschied kleiner, so rechnet sich kein Vorteil bei Verwendung von Sulfat heraus.

Daneben hat man noch folgendes zu beachten: Die Aufschlußöfen müssen länger sein als beim Aufschluß mit Soda und außerdem ist der Durchsatz beim Arbeiten mit Sulfat etwa nur $^2/_3$ so groß wie bei dem mit Soda. Die Herstellung der Mischung ist komplizierter, die Ofenführung schwieriger und der Aufschluß des Bauxits etwas schlechter. Bei nicht richtiger Ofenführung hat man tagelang zu tun, bis man wieder einwandfreie Aluminatlaugen bekommt. Die neben der Kristallsoda zwangsweise anfallende kalzinierte Soda kann, wenn nicht besondere Vorkehrungen getroffen werden, wegen ihrer Verunreinigungen nicht verkauft werden. Man hat also zwei Mischvorrichtungen nötig. Im ganzen kann man zur Anwendung von Natriumsulfat als Aufschlußmittel nur zuraten, wenn der Preisunterschied von Na_2SO_4 und Na_2CO_3 erheblich größer ist als oben angegeben.

Die Laugen des Peniakoff-Verfahrens sind im allgemeinen konzentrierter als beim Bayer-Verfahren. Sie enthalten etwa 215 g/l Na_2O und 250 g/l Al_2O_3. Bei dieser Konzentration sind sie auch bei dem niederen Molverhältnis noch genügend stabil[1]).

Die nach dem Sulfataufschluß anfallende Sodalauge enthält 5—20% Sulfat! Den entsprechenden Arbeitsgang zeigt das Schema der Abb. 28.

d) Gewinnung der Nebenprodukte Kristallsoda und Vanadinsalz

Wie man sieht, verursacht die Wiedergewinnung der kalzinierten Soda viel Kosten und erfordert viele Apparaturen. Sie war auch ursprünglich nur als Ausweg für den Fall gedacht, daß die Nachfrage nach Tonerde (und Tonerdehydrat) größer ist als die nach dem zweiten Hauptprodukt des Sinteraufschlusses: Kristallsoda.

Die Kristallsodaherstellung wurde meist mit viel Handbetrieb durchgeführt. Hier soll kurz eine mechanisierte Herstellungsweise beschrieben werden, die sich im großen in jahrelangem Betrieb gut bewährt hat.

Die etwa 60° C warme gesättigte Sodalösung (35° Bé, spez. Gewicht 1,320) wird von einem hochstehenden heizbaren Sammelbehälter durch Rinnen in Kristallisierwannen abgelassen. Diese Wannen haben zwei nach außen schwach gebogene Seiten und einen schwach gebogenen Boden, in dem eine mit einem Stopfen verschließbare Öffnung für das Ablassen der Restlauge sich befindet. Über den in Reihen angeordneten Wannen ist eine Laufkatze montiert, die eine Wanne mit Inhalt heben und über die anderen Wannen fortbewegen kann. Unter den Wannen ist eine zweite Rinne angeordnet für die Aufnahme der Restlauge. Sie führt zu einem Sammelbehälter. Die Größe der Wannen richtet sich nach der Produktion. Wannen mit einem bis zwei Kubikmeter Nutzinhalt sind zu empfehlen. Nach beendeter Kristallisation und nach dem Ablassen der Restlauge wird die mit Kristallen gefüllte Wanne von der Katze aufgenommen und in einen flachen Kasten mit warmem Wasser gesetzt. Hierin bleibt die Wanne einige Minuten, wodurch die am Boden und an den Seiten hängenden Kristalle gelockert werden. Die Wanne wird wieder gehoben und in ein Gestell gesetzt, in dem die Wanne um 180° gedreht werden kann. Die Kristalle fallen nun beim Drehen in einen Trichter, unter dem ein Backenbrecher angeordnet ist. Die etwas zerkleinerte Soda wird darauf durch ein Transportband zu einer Abfüll- und Wiegeapparatur geführt.

Die konkurrierenden Produkte der Kristallsoda sind die bekannten Waschmittel, die in $^1/_2$- und 1-kg-Päckchen auf den Markt kommen. Grobstückige Soda läßt sich nicht in gleicher Weise verpacken. Deshalb wurde auch eine feinkristalline Soda im Lautawerk hergestellt und besonders nach Berlin geliefert. Zur Gewinnung solcher

---

[1]) Vgl. H. Siegert, Schweizerische Z. 49 (1948) 783.

Soda wird die Lauge in einen Behälter mit Rührwerk und äußerer Wasserberieselung gepumpt. Das Rührwerk kann mit Schabern ausgerüstet werden, die die Kristalle von den Behälterwänden laufend entfernen. Wenn die Temperatur im Rührwerk unter 20° C gefallen ist, wird der Inhalt auf eine sogenannte „Lecke" gebracht, auf der die Hauptmenge der Restlauge wegfließt. Die Kristallmassen werden dann in Zentrifugen trocken geschleudert. Bewährt haben sich besonders hängende Zentrifugen mit Austrag am Boden. Die feinkristalline Soda wird in Säcken gestapelt, um sie noch etwas nachtrocknen zu lassen und dann in automatischen Füllmaschinen in Päckchen gefüllt. Gegenüber der aus Solvaysoda direkt hergestellten feinkristallinen Soda zeigte diese Soda eine unangenehme Eigenschaft: sie backte beim Liegen zu einem mehr oder weniger harten Klumpen zusammen. Erst als man in die Zentrifugen ein wenig Kochsalzlösung einspritzte, backte sie nicht mehr.

Beim Sinteraufschluß des Bauxits mit Soda werden, wie schon oben erwähnt (s. S. 109) auch die im Bauxit enthaltenen Chromverbindungen mit aufgeschlossen und finden sich dann als Natriumchromat in den Aluminatlaugen, die dadurch eine gelbe Färbung annehmen. Man kann das Chromat entweder durch Zugabe von Eisen-II-Sulfatlösung oder durch Natriumsulfidlösung entfernen. Legt man auf die Gewinnung von Chromoxyd keinen Wert, so reduziert man das Chromat mit Eisensulfatlösung, die man am besten in der Naßmühle dem Lösegemisch zusetzt. Die Chromverbindungen gelangen so in den Rotschlamm und sind damit wertlos. Will man dagegen Chromhydroxyd gewinnen, so behandelt man die Laugen in der Eindampferei mit Schwefelnatriumlösung. Die Behandlung braucht nur von Zeit zu Zeit durchgeführt zu werden, wenn sich die Laugen an Chrom angereichert haben. Die Fällung des $Cr(OH)_3$ geschieht in der Hitze in einem Rührbehälter. Das Abfiltrieren wird in einer Filterpresse vorgenommen. Man erhält Chromschlämme mit ca. 40% Cr_2O_3. Diese können zur Herstellung von grüner Farbe oder Natriumchromat benutzt werden.

Wenn man aus den Laugen der Eindampferei Kristallsoda abscheiden will, so ist die vorherige Behandlung dieser Laugen mit Natriumsulfidlösung nicht durchführbar. Spuren von Natriumsulfid bleiben immer an den Sodakristallen hängen und geben der Soda einen Geruch nach Schwefelwasserstoff, so daß sie von der Hausfrau abgelehnt wird. Enthalten die Kohlensäuregase der Karbonisierer Schwefeldioxyd, so wird das Chrom in den Laugen teilweise reduziert. Die Soda wird grün.

Wenn die Aluminatlaugen oder beim Sinterverfahren die Sodalaugen etwa 0,5 g/l V_2O_5 (und etwa 1,0 g P_2O_5) enthalten, soll man mit der Abscheidung des Vanadinsalzes beginnen. Man benutzt dazu Lauge, die auf 36° Bé (spez. Gewicht 1,332) eingedickt ist. Wenn man höher eingedickte Lauge verwendet, fällt wohl noch etwas mehr Vanadinsalz aus, aber auch Soda und eventuell Sulfat. Man sollte deshalb mit der Konzentration der Lauge nur höher gehen, wenn nur wenig von diesen Salzen in der Lauge vorhanden ist. Die eingedampfte Lauge wird in Kühlschlangen oder in einem von außen mit kaltem Wasser berieselten Behälter oder auch in einer Vakuumverdampferanlage auf ca. 40° C abgekühlt und dann in einen Eindicker gebracht. Bei einer Produktion von 100000 t Al_2O_3 im Jahr braucht man etwa einen Eindicker von 9 m Durchmesser. Welcher An teil der gesamten Lauge zur Vanadinabscheidung benutzt wird, hängt davon ab, wieviel Vanadium täglich mit dem Aufschluß des Bauxits in die Laugen eingeführt wird. Man sollte sich darauf einrichten, daß etwa ein Viertel der Lauge gekühlt werden kann. Das im Eindicker angesammelte Salz wird auf Zentrifugen entwässert. Die Zusammensetzung des Salzes ist wechselnd, da je nach der Bauxitsorte der Phosphor- und Vanadiumgehalt ein anderer ist. Die unten angeführte Analyse hat sich bei Verarbeitung von ungarischem Bauxit ergeben. Beim Bayeraufschluß wird nicht mehr als ein Drittel des im Bauxit vorhandenen Vanadiums aufgeschlossen, beim Sinteraufschluß über die Hälfte. Ein Kalkzusatz zu den Aufschlußlaugen (mit Rücksicht auf eine gute Klärung oder zur Stabilisierung) vermindert die Ausbeute etwas. Man gewinnt je Tonne Al_2O_3 selten mehr als 0,35 kg V.

Tabelle 49

Analyse des Vanadinsalzes

Kristallwasser	45,72%	Kristallwasser	45,72%
As_2O_5	1,82%	Na_3AsO_4	3,38%
V_2O_5	5,20%	Na_3VO_4	10,51%
P_2O_5	12,00%	Na_3PO_4	27,72%
F	1,88%	NaF	4,16%
CO_2	3,53%	Na_2CO_3	8,51%

Arsen, Phosphor und Vanadium können sich im Salz gegenseitig isomorph vertreten. Auch der Gehalt an Fluor wechselt.

Die Weiterverarbeitung des Salzes auf Ammoniumvanadat geschieht in der Weise, daß das Salz in einer gewichtsgleichen Menge Wasser gelöst und mit Schwefelsäure bis zur schwach sauren Reaktion versetzt wird. Dann wird zum Sieden erhitzt und danach Ammoniak zugegeben. Den ausfallenden Niederschlag läßt man absitzen. Die abgeheberte, klare, abgekühlte Lösung wird portionsweise mit Ammonchlorid versetzt, bis eine filtrierte Probe nur noch eine schwache V-Reaktion ergibt. Das Ammoniumvanadat wird abgenutscht und mit ammonchloridhaltigem Wasser gewaschen. Die Ausbeute beträgt etwa 95%.

Schließlich fällt noch ein Nebenprodukt in den Autoklaven an: Ein Natrium-Aluminium-Silikat $2\,Na_2O \cdot 2\,Al_2O_3 \cdot 3\,SiO_2$. Die Zusammensetzung des Salzes schwankt etwas, je nach der Laugekonzentration, aus der das Salz ausgefällt wird. Man kann es sammeln, mit Kalk mischen und einen Sinteraufschluß mit ihm durchführen. Man benötigt auf 1 SiO_2 zwei Mole $CaCO_3$. Es hat sich gezeigt, daß es günstig ist, noch einige Prozente Soda zuzusetzen. Beim Sintern erhält man Ca_2SiO_4 und $NaAlO_2$. Man verarbeitet den Sinter in ähnlicher Weise wie den Rotschlammsinter nach dem Verfahren in den USA. (s. S. 131). Will man das Aluminiumsalz zu anderen Zwecken verwenden, so muß es meist eisenfrei sein, was beim älteren Aufschlußverfahren, wie oben erwähnt, der Fall ist; beim neueren muß man evtl. eine Filtration der Laugen, die in die Autoklaven gehen, einschieben. Man kann dieses Salz dann oft da verwenden, wo sonst Tonerdehydrat gebraucht wird. Im Kriege wurde es mit Schwefelsäure umgesetzt und das entstehende Produkt an Stelle von Aluminiumsulfat verwandt. Auch ist vorgeschlagen, Kryolith daraus herzustellen. Wenn man es sehr sorgfältig mit Säure behandelt, löst sich nur das Natrium heraus. Das zurückbleibende Aluminiumsilikat kann dann als Rohstoff für die Siluminfabrikation gebraucht werden. Schließlich findet das Salz auch für pharmazeutische Zwecke Verwendung (zur Beseitigung überschüssiger Magensäure).

e) Die Verwertung des Rotschlammes, der bei den Verfahren II. 1. und 2. anfällt

Die beim Sinterverfahren und beim Bayer-Verfahren anfallenden Rückstände haben nicht ganz die gleiche Zusammensetzung. Besonders der Hauptbestandteil, das Eisenoxyd, zeigt in den beiden Rotschlämmen verschiedene Reaktionsfähigkeit.

Es soll hier zunächst die Verwertung des Rotschlammes aus dem Sinterverfahren behandelt werden.

Der Rotschlamm aus dem Sinterverfahren enthält das Eisen in Form von Eisenoxydhydrat, das sich beim Lösen des Sinters aus dem Natriumferrat des Sinters bildet, während beim Bayerverfahren das Eisenoxyd des Bauxits von der Natronlauge nicht angegriffen wird. Es befindet sich in diesem Falle noch im Zustand, in dem es im Bauxit vorhanden war, also als wasserarmes, reaktionsträges Eisenoxyd. Deshalb eignet sich nur der Rotschlamm aus dem Sinterverfahren für die Reinigung von Gasen von Cyan und Schwefelwasserstoff. Hierzu werden sehr große Mengen Rotschlamm verwandt, der etwa zwei Jahre auf der Halde gelegen hat. Der frisch aus der Fabrikation kommende Rotschlamm enthält noch etwas Alkali, ist deshalb schmierig und für Gase undurchlässig. Beim Lagern im Freien wird das Alkali in Soda verwandelt oder durch Regen ausgewaschen, so daß der Rotschlamm eine mulmige Beschaffenheit annimmt und auch etwas an Wassergehalt verliert. Er hat dann etwa 48% anhaftendes Wasser.

Früher verwandte man zur Schwefelwasserstoffbeseitigung Raseneisenerz. Diese Reinigungsmasse wird erst wirksam, insbesondere für HCN-Aufnahme, wenn sie alkalische Reaktion besitzt. Das trifft erst zu, wenn das in den Gasen der Gasfabrikation enthaltene Ammoniak sich niedergeschlagen hat. Der Rotschlamm ist infolge seines Alkaligehaltes sofort wirksam. Da außerdem das Raseneisenerz oft knollig und mit Humus oder Lehm versetzt ist, wird heute die Rotschlammasse vorgezogen.

Den Sinterrotschlamm benutzen außer städtischen Gaswerken noch die Kokereien und die Benzinfabriken, die nach dem Fischer-Tropsch-Verfahren arbeiten. Die Nachfrage war im letzten Kriege so groß, daß es nicht nötig war, für andere Zwecke noch Absatz zu suchen. Für den Rotschlamm erzielte man einen verhältnismäßig hohen Preis (12—15 Mark je Tonne Masse mit etwa 48% H_2O anhaftend).

Die ausgebrauchte, mit Schwefel bis zu 50% angereicherte Masse wurde als Rohstoff für die Schwefelsäurefabrikation verwandt oder in neuerer Zeit auch auf elementaren Schwefel verarbeitet, indem man den Schwefel mit organischen Lösungsmitteln extrahierte.

Seit etwa 20 Jahren hat man hier und da an einzelnen Stellen auch andere Verfahren zur Entfernung von Schwefelwasserstoff aus den Gasen angewandt, erwähnt sei z.B. das sogenannte „Alcazid"-Verfahren. Bisher aber haben diese Verfahren die Reinigung der Gase mit Eisenoxydhydrat nicht verdrängen können. Gewöhnlich muß man bei den anderen Prozessen eine „Feinreinigung" mit Rotschlamm nachschalten.

Da die kleineren Gasfabriken häufig bei den Tonerdefabriken anfragen, wie sie die Masse anwenden sollen, sei nachfolgend eine Vorschrift mitgeteilt, desgleichen auch eine solche für die Verwendung der Masse in einer Benzinfabrik nach Fischer-Tropsch.

Die Verwendung von Sinterrotschlamm in der Leuchtgasfabrik:

Das von Schwefelwasserstoff zu reinigende Gas tritt mit ca. 20° C, mit Wasserdampf gesättigt (etwa 19 g H_2O je Kubikmeter Gas) in das Reinigersystem ein. Man setzt dem Gas etwas Luft zu, um das zunächst gebildete F_2S_3 kontinuierlich in Eisenoxyd und Schwefel umzusetzen. Ein Reinigersystem besteht jeweils aus 4 Reinigerkästen. Davon werden 3 Kästen alle 3—4 Tage durch Umschalten in der Reihenfolge gewechselt. Ebenso wird die Strömungsrichtung des durchgeleiteten Gases in ähnlichen Zeitabschnitten geändert. Der vierte Kasten, der frische Masse enthält, wird als letzter geschaltet. Zur Reinigung von 100000 cbm Gas in 24 Stunden werden 500 cbm, entsprechend 400 t Reinigungsmasse benötigt. Die Reinigerkästen haben beispielsweise eine Länge von 10 m, eine Breite von 6 m und eine Höhe von 2 m. Das Gas hat in den Kästen eine Strömungsgeschwindigkeit von 5—7 mm pro Sekunde. In den Kästen dieser Höhe befinden sich zwei Lagen Reinigungsmasse mit je 40 cm Schütthöhe, in Kästen von 4 m Höhe fünf solcher Lagen. Der Luftzusatz zum Gas beträgt 1,5—2 Vol%. 100 cbm Gas enthalten vor der Reinigung etwa 600—800 g H_2S, nach der Reinigung sind in 100 cbm Gas höchstens 2 g H_2S enthalten. Ein mit Bleiacetat getränktes Fließpapier darf nicht angefärbt werden, wenn es eine Minute der Einwirkung des gereinigten Gases ausgesetzt wird. Je nach Belastung bleibt die Füllung eines Kastens $^3/_4$—1 Jahr wirksam.

Die Verwendung des Sinterrotschlammes in der Benzinherstellung nach Fischer-Tropsch:

Das in einem Elektrofilter entstaubte Gas tritt in die Anlage zum Reinigen des Gases von Schwefel. Diese Anlage besteht prinzipiell aus zwei Abteilungen einer „Grob"-Reinigung und einer „Fein"-Reinigung.

Die Grobreinigung des Synthesegases wird in ähnlicher Weise vorgenommen wie die des Leuchtgases der Gasfabriken, nur muß hier in einem Reinigersystem etwa die zehnfache Menge Gas verarbeitet werden. Die Firma Kloenne (Dortmund) hat sich besonders mit der Konstruktion solcher Reiniger für große Gasmengen beschäftigt. Während die Reiniger in den Gasfabriken Reinigerkästen von 120 cbm mit zwei Lagen Reinigungsmasse besitzen, werden in den Benzinfabriken Türme von ca. 1000 cbm Inhalt mit 16 Lagen Masse aufgestellt.

Die Feinreinigung dient dazu, den restlichen, von der Grobreinigung nicht absorbierten anorganischen Schwefel und den organischen Schwefel aus dem Synthesegas zu entfernen. Bei Verarbeitung von Briketts der Lausitzer Gruben beträgt bei 100 cbm Synthesegas der Gehalt an organischem Schwefel (Merkaptanen, Schwefelkohlenstoff, Kohlenoxysulfid) etwa 5 g. Eine Feinreinigung besteht aus mehreren Gruppen, von denen jede z. B. 20000 Nm^3 Gas verarbeitet. Eine Feinreinigungsgruppe setzt sich zusammen aus zwei Reinigertürmen, einem Gaserhitzer und einem Wärmeaustauscher. Die Reinigungstürme (4,9 m Durchmesser und 10,6 m Höhe) können 80 t Feinreinigungsmasse aufnehmen. Diese Feinreinigungsmasse wird in einer besonderen Anlage aus Sinterrotschlamm und Soda hergestellt. Die Temperaturen in der Gasreinigung betragen 170—260° C. Die beiden Reinigertürme sind hintereinander geschaltet; zwischen beiden ist ein Wärmeaustauscher geschaltet, der es ermöglicht, den zweiten Turm bei niederer Temperatur arbeiten zu lassen als den ersten. Das Synthesegas wird in einem Gaserhitzer auf die nötige Temperatur gebracht, der mit Restgasen beheizt wird. Die ausgebrauchte Feinreinigungsmasse wird nicht weiter verwandt.

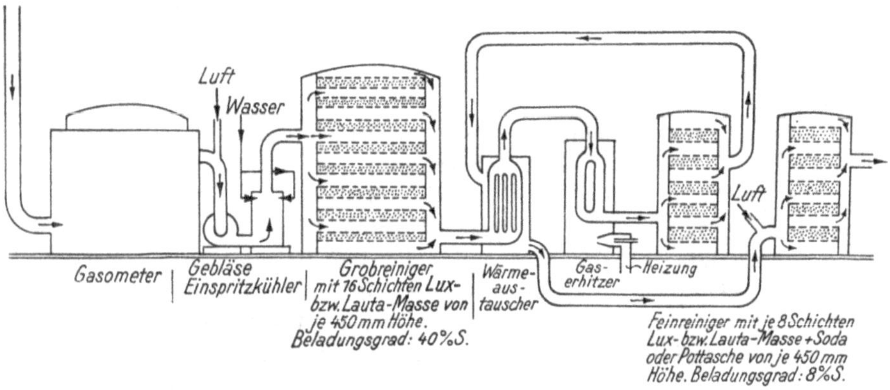

Abb. 29. Entschwefelung des Synthesegases mit Rotschlamm-Masse.

Für die im folgenden behandelten Verwendungszwecke des Bayerrotschlammes könnte man auch Sinterrotschlamm verwenden, was aber — wie oben ausgeführt — praktisch kaum in Frage kommt.

Rotschlamm aus dem Bayerverfahren

Der Rotschlamm aus dem Bayerverfahren sammelt sich in großen Halden bei den Tonerdefabriken an. Aus diesem Grunde ist die Verwendung des Rotschlammes für die Tonerdefabrik eine wichtige Frage. Die Verwertungsmöglichkeiten sollen hier daher etwas ausführlicher besprochen werden.

Man kann den Rotschlamm verwenden

a) im Baugewerbe
b) in der chemischen Industrie
c) in der Eisenindustrie.

Rotschlammverwertung im Baugewerbe

Zunächst soll die Verwendung des Rotschlammes als Grundstoff für rote Farbe erwähnt werden. Besonders nach den beiden Weltkriegen wurde in Behelfsbetrieben Rotschlamm für Farbe aufgearbeitet. Es handelt sich um Anlagen, die täglich einige Tonnen Rotfarbe erzeugen können.

Herstellungsverfahren: Der Rotschlamm wird in einer Anmaischschnecke mit viel heißem Wasser versetzt und in zwei oder drei hintereinander geschaltete Rührbehälter gebracht. Die feineren Teile des Rotschlammes fließen mit dem Wasser oben aus den Rührbehältern ab, während die gröberen Bestandteile sich in den unteren Teilen der Rührgefäße sammeln und von dort von Zeit zu Zeit abgelassen werden. Diese Schlämmung des Rotschlammes ist für die Qualität der Farbe von großer Bedeutung, weil keine Körner von fühlbarer Größe in der Farbe sein sollen. Man braucht für eine Tonne Farbe 15—20 cbm Wasser. Die Aufschlämmung wird dann am besten in einem Dorr-Eindickter gesammelt und der Rotschlamm auf einem Filter — z. B. Trommelfilter — abfiltriert. Dann wird der Rotschlamm in einem Ofen so hoch erhitzt, daß er 2% Glühverlust hat. Schließlich wird das Gut in einer Farbmühle vermahlen. Man braucht für 1 t Rotfarbe etwa 3 t Rotschlamm.

Die Schlämmung des Rotschlammes könnte man auch in einer etwas eleganteren Weise durchführen, etwa in der Art, daß der Rotschlamm in einer Anmaischschnecke angeteigt wird und in zwei oder drei hintereinandergeschalteten Rührwerken mit viel heißem Wasser durchgerührt wird. Dieses Gemisch läuft kontinuierlich einem Klassierer zu zur Trennung in Fein- und Grobrückstand. Der Klassierer arbeitet in einem geschlossenen Kreislauf mit einer Naßmühle, d. h. die mit dem Austrag des Klassierers entfernten groben Rückstände werden in einer Naßmühle auf die notwendige Feinheit vermahlen. Der Überlauf des Klassierers gelangt in einen Hydroseparator, in dem die Feinschlämmung stattfindet. Der Hydroseparator arbeitet in der Weise, daß der Überlauf nur Teilchen der gewünschten Korngröße enthält, während das Überkorn mit dem Austrag des Hydroseparators nochmals dem Klassierer zugeführt wird. Die aus dem Hydroseparator überlaufende Aufschlämmung wird am besten in einem Dorr-Eindicker eingedickt und der abgesetzte Rotschlamm auf einem Filter, z. B. Trommelfilter, abfiltriert. Diese Aufbereitungsweise hat den Vorteil, daß zum Trocknen nur Rotschlamm gelangt, der bereits die notwendige Feinheit besitzt. Die beim Trocknen entstehenden Knollen können in diesem Falle mit einem Desintegrator vermahlen werden.

Das Verfahren ist also vollkommen kontinuierlich und entspricht etwa einer Vermahlung und Aufbereitung, wie sie in Farbenfabriken, z. B. für Lithopone, verwendet wird.

Bestimmte, besonders leuchtende Farbnuancen lassen sich erzielen, wenn man die Wäsche des Rotschlammes mit verdünnten Säuren, namentlich Salzsäure, durchführt.

Eine spezielle Anwendung der Rotschlammfarbe ist die zur Herstellung von roten Dachziegeln und von farbigem Zementputz. Auch für sogenannte Eisenklinker eignet sich der Rotschlamm. Die Bauindustrie verwendete diese glänzenden Klinker mit ganz dichter Oberfläche zeitweise in ausgedehntem Maße. Für diese Anwendungsgebiete ist es wichtig, die Schlämmung, Mahlung und Sichtung so weit wie möglich zu treiben, um ein hochdisperses Pigment zu gewinnen.

Schließlich kann der Rotschlamm als Zusatz zum Zementrohmehl benutzt werden, um einen Qualitätszement, „Ferrari"-Zement herzustellen. Gewöhnlich hat man dazu Pyritabbrände benutzt. Im Kriege wurden vielfach die Rückstände von den Gasreinigungsmassen aus Sinterrotschlamm verwendet, die bei der Herstellung von Schwefelsäure zurückbleiben. Jedenfalls ließen sich noch große Mengen Rotschlamm in der Zementindustrie unterbringen.

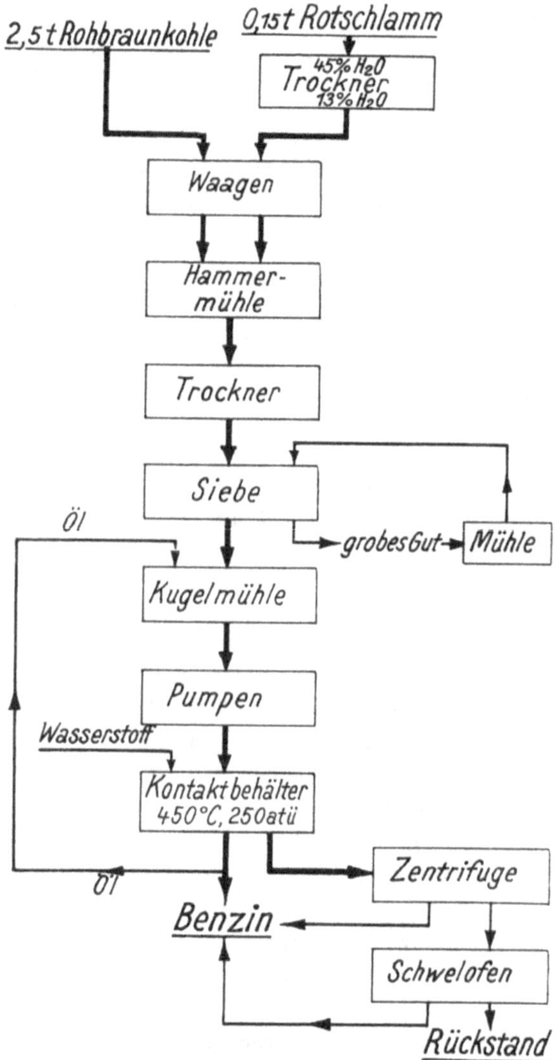

Abb. 30. Die Rotschlammverwertung bei der Herstellung von Benzin nach dem Hochdruckverfahren.

Verwendung des Bayerrotschlammes in der chemischen Industrie

Sehr große Mengen Bayerrotschlamm werden bei der Synthese des Benzins nach dem Hochdruckverfahren als Kontaktmasse gebraucht. Im zweiten Weltkriege waren es je Tag einige hundert Tonnen vorgetrockneter Rotschlamm mit 13% H_2O. Abb. 30 zeigt die Verarbeitung des Rotschlammes in großen Zügen.

Als Trockner des Schlammes hat sich der Turbinentrockner von den Buettner-Werken auf das beste bewährt. Der Trockner wird am günstigsten in der Tonerdefabrik angeordnet, um bei dem Versand von Rotschlamm an Fracht zu sparen. Das Material wird nicht über 13% hinaus getrocknet, da anderenfalls der Rotschlamm sehr staubig wird. Später wird er nochmals erhitzt, zusammen mit der Rohbraunkohle, wie das Schema zeigt. Die gesamte Masse wird dabei auf 4—5% Feuchtigkeit abgetrocknet. In der trockenen Mischung soll 2,5% Fe enthalten sein. Infolgedessen ist die Zugabe an Rotschlamm je nach dem Fe-Gehalt variabel.

Verwendung des Bayerrotschlammes in der Eisenindustrie

Die an sich naheliegende Verwendung des Rotschlammes als künstliches Eisenerz ist erst in den letzten Jahren erfolgreich durchgeführt worden, obwohl die ersten Versuchsergebnisse hierzu schon im ersten Weltkriege vorlagen. Auch für diesen

Zweck wird der Rotschlamm in der Tonerdefabrik auf 13—15% vorgetrocknet. Diese Vortrocknung ist nicht billig. Der Rotschlamm muß mit den anderen niedrigprozentigen Eisenerzen konkurrieren. Wie bei den Erzen erzielt man 0,20—0,25 Mark für die Einheit Eisen (Fe) in der Tonne Trockengut; bei einem Gehalt von 30 bis 35% Fe, also etwa 7 Mark je Tonne. Etwa in der gleichen Höhe liegen auch die Kosten, die für das Trocknen des Rotschlammes aufgewendet werden müssen. Es lohnt sich also nur, Rotschlamm mit einem möglichst hohen Eisengehalt zu verarbeiten. Die Menge des auf Eisen verschmolzenen Rotschlammes stieg im letzten Weltkrieg auf etwa 15000 t je Monat. Die im Jahre 1943 gesammelten Ergebnisse der Rotschlammverhüttung auf der Friedrich-Alfred-Hütte in Rheinhausen waren die folgenden:

Schon im Jahre 1939 hatte man sich entschlossen zu versuchen, den Rotschlamm im Hochofen niederzuschmelzen. Besondere Veranlassung hierzu hatte auch die Tatsache gegeben, daß der Mangel an phosphorarmen Erzen immer größer wurde. Es wurde phosphorarmer Rotschlamm verarbeitet.

Der Rotschlamm wurde daher der Hütte in angetrocknetem Zustande als Knorpel geliefert und hatte folgende Zusammensetzung:

Tabelle 50

Zusammensetzung eines angetrockneten Rotschlammes

Fe	28 —29	%
Mn	0,17— 0,25	„
P	0,05— 0,08	„
S	0,14— 0,15	„
SiO_2	6 — 7	„
Al_2O_3	13,5 —15	„
CaO	1,7 — 2,5	„
MgO	0,4 — 0,6	„
TiO_2	5,5 — 6	„
Alkalien	6 — 7	„
geb. H_2O	5 — 5,5	„
Feuchtigkeit	15 —17	„

Der erste Großversuch wurde mit einem Ofen durchgeführt, der auf Stammeisen ging. Von diesem Roheisen wird ein möglichst geringer Schwefelgehalt bei einem Siliziumgehalt von unter 1% verlangt. Der Rotschlamm wurde ohne weitere Vorbehandlung im Anlieferungszustand aufgegeben. Dabei traten keine Schwierigkeiten auf, solange der Tonerdegehalt der Schlacke 6—8% nicht überschritt. Die Verstaubung hielt sich in üblichen Grenzen; sie bewegte sich zwischen 1,38 und 3,05% auf Erz, zwischen 0,56 und 1,27% auf den Möller bezogen. Überschritt der Tonerdegehalt der Schlacke indessen 10—12%, so wurde die Schlacke steif, nahm Eisen in Form von Granalien mit und führte zu beträchtlichen Ofenstörungen. Es gelang aber, die hier und da auftretenden Schlackenschwierigkeiten im laufenden Betrieb zu meistern.

Diese versuchsweise Verhüttung von Rotschlamm ergab, daß es möglich ist, Rotschlamm zu verhütten, trotzdem er im feuchten Zustande als Schlamm bzw. erdige Masse oder im trockenen Zustande als Staub vorliegt. Es gelang sogar, einige Vorteile zu erzielen. Das aus Möllern unter Zusatz von Rotschlamm erblasene Eisen ist nämlich sehr schwefelarm, die Manganreduktion ist wesentlich größer und sein Koksverbrauch geringer. Wird der Rotschlamm im Gemisch mit anderen Feinerzen gesintert, so steigt die Leistung der Sinteranlage beträchtlich. Endlich ist die ziemlich tonerdereiche Hochofenschlacke ein sehr wertvoller Einsatzstoff für die Erzeugung hochwertigen Hochofenzementes.

f) Verbrauch, Personalbedarf, Kosten des Sinterverfahrens

Das Sinterverfahren hat sich gegenüber dem Bayerverfahren durch die Gewinnung der Nebenprodukte, die bei dieser Fabrikation anfallen, lange Zeit behauptet. Die Verhältnisse liegen hier ähnlich wie seinerzeit bei der Gewinnung der Soda nach dem älteren pyrogenen und dem neueren wäßrigen Verfahren.

Neben einer erhöhten Ausbeute an Vanadinsalz ist es die Herstellung von Kristallsoda und der Anfall von reaktionsfähigem Rotschlamm, die die Kosten der Tonerdeherstellung tragen helfen.

Die Herstellung der Kristallsoda bringt sozusagen einen doppelten Vorteil; einmal den Gewinn, den man bei dem Verkauf der Soda hat und zweitens die Einsparungen, die man in der Tonerdefabrikation durch den Wegfall der Regenerierung der kalzinierten Soda erzielt. Die Verkaufsgewinne sind nicht unerheblich. Der Nachteil ist nur der, daß das Produkt keine großen Frachtkosten verträgt, der Markt für Kristallsoda relativ klein ist und statt größer zu werden, mit der Zeit zusammenschrumpft. Die Herstellung der Waschmittel in handlichen Verkaufspäckchen und die Gewöhnung der Käufer an die kalzinierte Soda schränken die Nachfrage nach Kristallsoda immer mehr ein. Es fallen auf 1 t Tonerde 3,3 t Kristallsoda an, wenn die Laugen vollständig auf Kristallsoda verarbeitet werden. Mit einer Anlage von 30000 t Tonerde könnte man Deutschland mit Kristallsoda versorgen, wenn die Frachtkosten es erlauben würden, die Kristallsoda an einer einzigen Stelle zu produzieren.

Bei dem Verkauf eines eisenoxydhydrathaltigen Rotschlamms zur Entschwefelung von Gasen liegen die Verhältnisse günstiger als bei der Kristallsoda. Die Nachfrage konnte nur schwer befriedigt werden. Es wurde zeitweise solcher Rotschlamm auch exportiert, z. B. nach Ungarn, der Tschechoslowakei und selbst nach den Vereinigten Staaten. Allmählich haben sich auch andere Entschwefelungsverfahren von Gasen entwickelt. Doch war bis zu den Jahren des zweiten Weltkrieges kein Nachlassen der Nachfrage zu konstatieren. Diese konnte nur befriedigt werden, indem man auf die Halden von Rotschlamm zurückgriff, die sich früher angesammelt hatten. Auch in der Nachkriegszeit wird wieder vom In- und Ausland Gasreinigungsmasse verlangt.

Der Aufschluß des Bauxits mit Soda bei 1200° C ist bei schwer aufschließbaren Erzen besser als beim Bayerverfahren. Bei normalen Rohstoffqualitäten ist der Unterschied gering. Man kann beim Sinterverfahren auch Bauxite mit höherem Kieselsäuregehalt verarbeiten, worauf im nächsten Kapitel eingegangen werden soll. Der Sodaverbrauch ist eher etwas höher als beim Bayerverfahren. Es liegt das wohl daran, daß im Aufschlußofen etwas Alkali verdampft und außerdem bei schwefelhaltigen Gasen etwas Na_2SO_4 entsteht. Dieses wird merkwürdigerweise in das in der Aluminatlauge zur Abscheidung kommende Natriumaluminiumsilikat bis zu 6% Na_2SO_4 mit eingebaut, wodurch die Alkaliverluste erhöht werden.

Im folgenden sind die Betriebskosten für eine Tonne Al_2O_3 in einer Bayer-Anlage (mit Autoklaven) denen in einer Sinter-Anlage gegenübergestellt. In den Kosten sind keine Beträge für Kapitaldienst mit eingerechnet. Die Bayer-Anlage hatte etwas mehr als die doppelte Produktion wie die Sinteranlage und ist dadurch in den Kosten begünstigt. Andererseits brauchte die Eindampferei des Sinteraufschlusses nur etwa $^3/_4$ ihrer Laugen einzudampfen, da der übrige Teil für die Kristallsodaherstellung benutzt wurde.

Tabelle 51

Betriebskostenvergleich (Basis 1939)

Lfd. Nr.	Erzeugung (je Jahr)	Bayerfabrik 68100 t	Sinteranlage 30361 t
1.	Rohmateriallager und Brecherei	3,60 Mk.	3,60 Mk.
2.	Trocknerei	5,00 „	3,70 „
3.	Mahlanlage	1,10 „	3,00 „
4.	Mischerei	—	2,00 „
5.	Aufschlußofen	—	13,10 „
6.	Autoklaven + Filter	16,00 „	13,20 „
7.	Kaustizierung	4,65 „	—
8.	$Al(OH)_3$-Fällung durch CO_2	—	2,77 „
9.	Ausrührerei und Filter	4,12 „	4,30 „
10.	Eindampferei	12,37 „	14,95 „
11.	Sodakalzinierung	—	5,10 „
	Summe:	46,84 Mk.	65,72 Mk.

Die Tonerdekalzinierkosten (etwa 15,— Mark) sind bei beiden Anlagen gleich und daher weggelassen.

Nach Energiebedarf aufgeteilt war der Verbrauch an Dampf in beiden Anlagen etwa gleich groß: 9 t für 1 t Tonerde. Der Bedarf an Generatorgas betrug beim Bayer-Verfahren 400 m³ (1300 WE/m³) zum Trocknen des Bauxits, beim Sinterverfahren kommt dazu noch Gas für Herstellen des Sinters und für das Kalzinieren der Soda, wofür man selbst bei modernen Apparaten 2200 m³ rechnen muß; im vorliegenden Fall wurden mit weniger wirtschaftlichen Apparaten 2600 m³ gebraucht.

Selbst wenn man das neuere Sinterverfahren anwendet, hat man im Vergleich zum Bayer-Verfahren mehr Bedienungsmannschaften nötig. Für eine Anlage von 40000 t Tonerde braucht man zusätzlich für

	früher	jetzt
den pneumatischen Transport der wiedergewonnenen Soda	9	3 Arbeiter
die Mischerei	13	12 Arbeiter
den Aufschlußofen	18	9 Arbeiter
die Hydratfällung mit Kohlensäure	12	9 Arbeiter
die Eindampferei mit Abscheidung von $Na_2CO_3 + 1\,H_2O$	20	16 Arbeiter
die Sodakalzinierung	12	6 Arbeiter
zusammen:	84	55 Arbeiter.

In Wegfall kommen etwa 14 Arbeiter für die Einstellung des Bauxitlaugegemisches und für die zusätzliche Bedienung der Autoklaven, ferner 10 Arbeiter für die Kaustizierung.

Der Mehrbedarf des Sinterverfahrens an Arbeitern ist also 60 bzw. 31 Mann.

Durch den Verkauf des Rotschlammes und durch die vollständige Gewinnung des Vanadiums kann man im günstigen Fall etwa ein Drittel bis die Hälfte der Differenz der Kosten zwischen dem Bayer-Verfahren und dem Sinterverfahren ausgleichen. Der Rest müßte durch die Herstellung der Kristallsoda aufgebracht werden. Es handelt sich nach der oben aufgestellten Tabelle also um etwa 9 bis 12 Mark.

Wenn sämtliche Lauge auf Kristallsoda verarbeitet würde, so fielen die Kosten für die Eindampferei (14,95 Mark) zum größten Teil und die Kosten für Sodakalzinierung (5,10 Mark) ganz weg. Hinzu käme der Gewinn an dem Kristallsodaverkauf. Man würde nach dem Sinterverfahren billiger als nach dem Bayer-Verfahren arbeiten. Wenn auch dieser Grenzfall bei größeren Fabriken nie eintritt, so zeigt er doch, wie wichtig die Herstellung von Kristallsoda für die Rentabilität des Sinterverfahrens ist.

3. Die Kombination des Bayer-Verfahrens mit dem Sinter-Verfahren

Man wundert sich vielleicht, daß man in der Praxis in einigen Fabriken das Bayer-Verfahren und den Sinteraufschluß gleichzeitig betreibt. Schon die erhöhten Anlagekosten für zwei Verfahren sprechen dagegen, aber beide Verfahren ergänzen sich in gewisser Weise. Die Kombination lohnt sich allerdings nur für Anlagen über 50000 t Tonerde im Jahr.

Das Sinterverfahren benötigt — nach der neuen Arbeitsweise — (vgl. S. 113) zum Lösen des Sinters ausgerührte Lauge. Es erzeugt andererseits einen Überschuß an Ätznatron, der im Bayerprozeß als Ersatz für die Alkaliverluste benutzt werden kann. Wie früher ausgeführt (s. Abschn. II c) muß man zum rationellen Ersatz des Ätznatrons sonst eine Kaustizierung von Soda aufstellen. Abgesehen von den Kosten auf die unten weiter eingegangen wird, ist dabei ungünstig, daß man gebrannten Kalk beziehen muß, der eventuell mit hohen Frachten belastet ist, und man erhält einen bisher nicht verwendbaren Abfallschlamm von Kalziumkarbonat, der Haldenraum beansprucht. Nach dem letzten Kriege fand er zeitweilig als Streukalk in der Landwirtschaft Verwendung. Zu diesem Zwecke mußte er getrocknet und abgesackt werden. Es war ein schlechtes Geschäft und wurde aufgegeben, als hochwertige Düngemittel wieder auf dem Markt erschienen.

Man kann nun die Kombination beider Verfahren entweder so vorsehen, daß man das Sinterverfahren nur in dem Maße betreibt, wie es erforderlich ist, um dadurch den Alkaliverlust des Bayer-Verfahrens zu ersetzen oder auch darüber hinaus in größerem Umfang als selbständigen Prozeß. Letzteres ist fast ausschließlich der Fall, wenn eine Tonerdefabrik ursprünglich nach dem Sinterverfahren arbeitete und nach dem Bayer-Verfahren erweitert wurde.

Im allgemeinen wendet man natürlich bei dem kombinierten Arbeiten dieselben Apparate an, die man bei dem getrennten Aufstellen der beiden Aufschlußmethoden benutzt. Nur bei dem Lösen des Sinters braucht man die entstehende Lauge nicht in Autoklaven zu entkieseln, sondern kann die von Rotschlamm befreite Lauge durch eine Anzahl Rührgefäße laufen lassen, die auf 95° C erhitzt sind. Bleibt die Lauge etwa 6 Stunden auf dieser Temperatur, so wird durch die Impfwirkung des Natrium-Aluminium-Silikates, das man zu Anfang zusetzt und das dann sich immer neu bildet, die Lauge bis auf 0,6—0,8 g SiO_2 je Liter entkieselt. Dieser Gehalt der Lauge an Kieselsäure stört in diesem Falle nicht, da sie etwa mit der zehnfachen Menge Bayer-Lauge gemischt wird.

Was die Wirtschaftlichkeit des kombinierten Arbeitens anbelangt, so muß man das Bayer-Verfahren mit Kaustizieranlage einerseits vergleichen mit dem Bayer-Verfahren ohne Kaustizieranlage aber zusätzlicher Sinteranlage andererseits. Die Berechnung sei durchgeführt für 1 t Al_2O_3, der Verlust an Alkali soll 15% Soda bez. auf Tonerde betragen. Es sind nur die Kosten zu berücksichtigen, die bis zur Herstellung der filtrierten Lauge für die Ausrührerei entstehen, von da an laufen beide Aufschlußmethoden denselben Weg. Nach der Aufstellung (S. 127) betragen diese gemäß den Zeilen 1—7 bei der Bayer-Fabrik 30,35 Mark, bei dem Sinterverfahren 38,60 Mark. Beim Bayer-Verfahren sind in obiger Aufstellung nicht berücksichtigt die Kosten, die für die Eindampfung der dünnen Kaustizierlauge entstehen. Hierfür sind etwa 1,40 Mark erforderlich, so daß also die gesamten Verarbeitungskosten bis zur Herstellung der Ausrührlauge 31,75 Mark betragen. Bei der Kostenberechnung des kombinierten Verfahrens ist zunächst festzustellen, wieviel Tonerde nach dem Bayer-Verfahren und wieviel nach dem Sinterverfahren hergestellt wird. Wir rechnen mit einem Sodaverlust von 15% Na_2CO_3, also 150 kg je t Al_2O_3. Mit 150 kg Soda werden im Sinterofen etwa 120 kg Al_2O_3 aufgeschlossen. Folglich schließt man unter den obigen Bedingungen 88% des Bauxits nach dem Bayer-Verfahren und 12% nach dem Sinterverfahren auf. Daraus berechnet sich bei Berücksichtigung der Kaustizierungskosten von $4{,}65 + 1{,}40 = 6{,}05$ Mark

$$0{,}88 \times (31{,}75 - 6{,}05) = 21{,}38 \text{ Mark}$$
$$0{,}12 \times 38{,}60 = 4{,}63 \text{ „}$$
$$\text{Summe:} = 26{,}01 \text{ Mark}$$

für den kombinierten Prozeß, gegenüber 31,75 Mark beim Bayer-Verfahren.

Der kombinierte Prozeß ist also unter den oben angegebenen Bedingungen 5,74 Mark billiger als der Bayer-Aufschluß mit Kaustizierung. Bei geringerem Sodaverlust ist die Differenz geringer, bei höherem größer. Beim Turmverfahren ist der Unterschied deshalb etwas geringer, weil die Eindampfkosten für die kaustizierte Lauge niedriger sind. Nicht berücksichtigt in obiger Rechnung ist der Mehrerlös, den man beim Verkauf des Sinterrotschlammes hat.

4. Die Verarbeitung von kieselsäurereichen Bauxiten

a) Ein amerikanisches Verfahren

Das Problem, kieselsäurereichen Bauxit zu verarbeiten, tauchte erst in der Zeit auf, in der kieselsäurearme Bauxite schwerer erhältlich waren oder man aus Gründen der Landesverteidigungsgesetze auf die Verarbeitung bestimmter Bauxitlager Wert legte. So haben die Russen zuerst kieselsäurereiche Bauxite von Tichwin (im Bezirk von Leningrad) verarbeitet. An sich war die Aufschlußweise schon länger bekannt[1]).

In dem entsprechenden Patent wird angeführt, daß man auf 1 Mol. SiO_2 etwa 2 Mol. $CaCO_3$ zugeben muß. Im übrigen wird der Bauxit nach dem Sinterverfahren aufgeschlossen. Beim Sintern entsteht Ca_2SiO_4. Das Verfahren hat einige Nachteile. Wenn man beim Auslaugen eine teilweise Umsetzung des Ca_2SiO_4 in Aluminiumsilikat und dadurch Verluste an Al_2O_3 vermeiden will, muß man den Sinter in sehr verdünnten Laugen lösen. Dadurch werden die an sich schon hohen Kosten der Wiedergewinnung der Soda beim Sinterprozeß noch mehr erhöht. Auch entstehen beim Sintern nicht nur Ca_2SiO_4 und $NaAlO_2$, sondern auch Verbindungen zwischen CaO, SiO_2, Na_2O und Al_2O_3, die in Laugen unlöslich sind und deshalb zu Verlusten an Al_2O_3 und Na_2O Veranlassung geben. (vgl. S. 135). Die Amerikaner haben deshalb im letzten Kriege das Verfahren geändert. Sie schließen den Bauxit nach dem Bayer-Verfahren auf. Der entstehende Rotschlamm wird dann unter Zusatz von Kalk und etwas Soda gesintert. Die Arbeitsweise ist ausführlich beschrieben von Robert F. Gould[2]).

Verarbeitet wurden Bauxite bis zu 13% SiO_2 (meist aus Arkansas) und 56—59% Al_2O_3, das (soweit nicht an SiO_2 gebunden) als Trihydrat vorliegt. Zunächst wird der Bauxit nach dem Bayer-Verfahren in der für Trihydrat-Bauxite beschriebenen (S. 84) Weise aufgeschlossen. (Vgl. das Arbeitsschema, Abb. 31.) Der Bauxit wird durch Ringwalzenmühlen und Hammermühlen fein gemahlen, mit gemahlenem gebranntem Kalk und Lauge gemischt. Die Lauge kommt aus den Zersetzern und wird mit Soda, zur Ausgleichung der Verluste, versetzt. Der Aufschluß erfolgt bei 3,5 atü im Autoklaven. Die diesen verlassende Lauge hat als „typische Analyse": Al_2O_3 80—90 g/l, NaOH 100—110 g/l, Na_2CO_3 60—90 g/l.

Die Lauge-Rotschlamm-Mischung geht über Klassierer und Eindicker. Die Lauge wird in Kelly-Filtern klarfiltriert, der Rotschlamm in Eindickern gewaschen. Die Kühlung der Lauge geschieht in zwei Stufen, unter Vorwärmen der ausgerührten Lauge und unter Verdüsen in einem Sprühturm. Es folgt dann der Bayer-Prozeß, wie er in Amerika für leicht aufschließbare Bauxite ausgebildet ist.

„Der aus den Wascheindickern und den Kelly-Filtern kommende Rotschlammbrei hat etwa 50% Feststoffgehalt. Er wird durch Filtration eingedickt und wieder auf 25% Feststoffgehalt verdünnt. Dann wird er zur Analyse und Speicherung in Vorratsbehälter gepumpt."

---

[1]) H. Packard D.R.P. 182.442 von 1902.

[2]) Industrial and Engineering Chemistry September 1945.

„Kalk und Soda werden in etwas größerer Menge zugegeben als für die Bindung der Kieselsäure bzw. der Tonerde benötigt wird."

„Der Rotschlamm aus den Vorratsbehältern wird durch Volumenmesser gemessen. Die Soda wird dem Schlamm kontinuierlich über Waagen zugegeben. Die

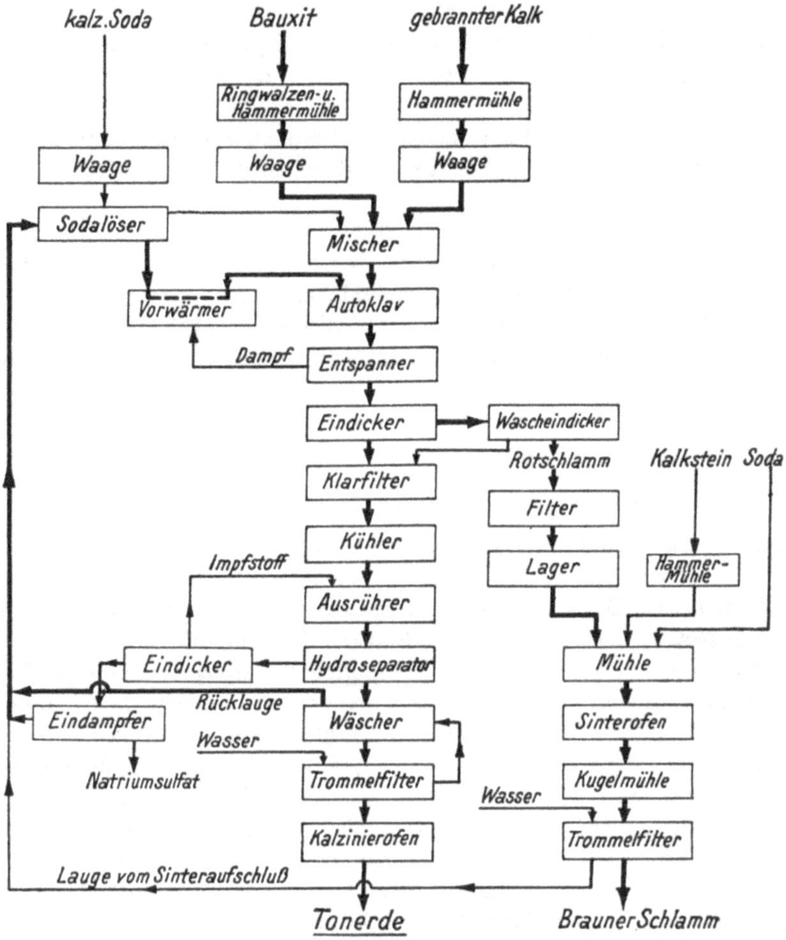

Abb. 31. Kombinierter Bauxit- und Rotschlamm-Aufschluß.

Zuführung des Schlammes zu den Kugelmühlen erfolgt durch Schnecken, der Eintritt in die Mühlen geschieht zusammen mit dem Kalkstein. In den Kugelmühlen, die durch 750 PS-Motoren angetrieben werden, wird gleichzeitig gemischt und gemahlen. Der Feststoffgehalt der austretenden Mischung beträgt etwa 60%."

Die Sinteröfen werden mit Kohlestaub beheizt. Der Sinter wird in Naßmühlen durch Wasser ausgelaugt.

„Nach Verlassen der Kugelmühle wird der ausgelaugte Sinter auf Filter gepumpt. Der abgeschiedene Schlamm wird wieder angerührt und dann in einen Schlammsee außerhalb der Anlage gepumpt, während das Filtrat mit der aus dem Bayer-Prozeß kommenden Lauge zusammengeht. Ein Teil der Rücklaugen fließt durch Verdampferanlagen, um die Konzentration der umlaufenden Lauge konstant zu halten."

Beim Konzentrieren der Laugen scheidet sich Natriumsulfat aus, dessen Schwefel aus der Heizkohle des Sinterofens und aus den Erzen stammt. Da im Sinterschlamm, einem Rotschlamm zweiter Art, keine nennenswerten Mengen Natrium-Aluminium-Silikat sich befinden, wird durch diesen kein Sulfat gebunden. Die Sinterlauge ist kieselsäurehaltig und geht deshalb wie die Lauge des Bayer-Prozesses durch die Autoklaven.

Es wird großer Wert darauf gelegt, ein grobkörniges Tonerdehydrat zu erhalten. Deshalb wird dieses von dem feinen Impfstoff durch die schon erwähnten Hydro-Separatoren (s. S. 93) getrennt.

Nach der oben angeführten Literaturstelle wurden nach dem kombinierten Verfahren im Großbetrieb 85—90% des im Bauxit vorhandenen Al_2O_3 gewonnen, davon etwa 70% im Bayerprozeß. Was den Sodaverlust anbelangt, so sollen 60—70% des im Rotschlamm vorhandenen und zur Mischung zugegebenen Alkali durch den Sinterprozeß wieder gewonnen werden. Danach berechnet sich, daß bei einem Bauxit mit 57% Al_2O_3 und 13% SiO_2 mit einem Sodaverlust von 10—13 kg für 100 kg gewonnenes Al_2O_3 zu rechnen ist. — Nach dem Kriege sollen, wie schon erwähnt, die Rotschlammverarbeitungs-Anlagen stillgelegt worden sein.

b) Lautawerk-Verfahren

Das Lautawerk-Verfahren zur Verarbeitung von kieselsäurereichen Bauxiten beruht darauf, daß man dem Bauxit durch eine Vorbehandlung über die Hälfte der Kieselsäure entzieht. Im Bauxit liegt die Kieselsäure normalerweise in Form der Verbindung $Al_2O_3 \cdot 2\,SiO_2 + 2\,H_2O$ vor. Man hat durch Röntgenanalyse nachgewiesen, daß diese Verbindung bei 700° C in ihre Komponenten Al_2O_3 und SiO_2 zerfällt (vgl. S. 181). Wenn man nun einen Weg fände, aus diesem Gemenge die Kieselsäure herauszulösen, während die Tonerde ungelöst bleibt, so könnte man den Bauxit entkieseln. In der Tat wurde eine Arbeitsweise gefunden, die beiden Bedingungen gerecht wird. Man muß den Bauxit auf über 900° C erhitzen und ihn dann mit 10%iger Natronlauge bei 90—95° C behandeln, wie die folgenden Versuche zeigen.

Der Bauxit wurde zerrieben und durch ein 5000-Maschensieb getrieben, dann auf verschiedene Temperaturen (700° C, 900° C, 950° C oder 1000° C) erhitzt und schließlich mit 90° C heißer Natronlauge 4 Stunden gerührt; auf 1 g Bauxit wurden 50 cm³ 10%ige NaOH angewandt.

In der vorletzten und letzten Spalte der Tabelle 52 ist angegeben, wieviel Prozent des vorhandenen SiO_2 resp. Al_2O_3 durch die Behandlung mit Natronlauge extrahiert worden sind. Besonders einfach gestaltet sich die Anwendung des Entkieselungsverfahrens, wenn es im Zusammenhang mit dem Turmaufschlußverfahren durchgeführt wird. Dabei wird der gebrochene Bauxit, nur höher (auf 950° C) geglüht, in die Türme gebracht; diese werden dann zuerst im Kreislauf mit 10%iger Natronlauge eine Zeitlang durchgespült. Aus dem Turm wird die Lauge abgelassen. Der so behandelte Bauxit steht nun zu normalem Aufschluß bereit. In halbtechnischem Maßstab wurden eine Anzahl von Versuchen durchgeführt, von denen hier einer näher beschrieben werden soll.

Tabelle 52
Die Entkieselung des Bauxits durch Natronlauge

Lfd. Nr.	Bauxit-Fundort	Glüh-temp. °C	Ausgangsanalyse		Endanalyse		Entkiese-lungs-effekt %	Verlust an Al_2O_3 %
			% SiO_2	% Al_2O_3	% SiO_2	% Al_2O_3		
1	Ungarn	700	17,6	51,5	14,9	43,5	14,3	14,4
2	Ungarn	900	20,5	53,3	11,3	53,4	45,4	4,3
3	Ungarn	950	19,9	53,0	5,6	59,4	75,0	1,3
4	Ungarn	1000	20,3	54,6	6,2	60,7	73,5	3,7
5	Österreich	700	10,1	61,9	8,0	56,9	21,5	8,8
6	Österreich	900	12,4	61,4	3,4	63,9	75,8	8,5
7	Österreich	950	12,7	59,6	2,7	65,9	81,0	1,2
8	Österreich	1000	13,1	60,7	2,7	66,0	81,0	4,4
9	Jugoslawien	700	12,1	57,4	9,0	54,8	28,8	7,1
10	Jugoslawien	900	12,7	59,5	6,3	60,6	54,0	5,7
11	Jugoslawien	950	13,2	60,0	3,1	64,5	79,5	6,1
12	Jugoslawien	1000	14,5	60,2	3,2	67,4	80,5	1,3

Es wurden 2,5 t Bauxit, der vorher auf etwas über 900°C erhitzt war, in einen zylindrischen Behälter von 1,6 m Durchmesser gefüllt. Auf dem Boden des Gefäßes war vorher eine Schicht Kalkstein gelagert, damit die Laugeverteilung günstig wurde. Es standen 25 m^3 Natronlauge von 10% zur Verfügung. Die Lauge wurde zu Anfang mit 8 m^3/St. durch den Behälter geschickt, in der zweiten und dritten Stunde mit 4 m^3/St. Die restliche Lauge wurde dann mit gleicher Geschwindigkeit im Kreislauf gepumpt.

Die Aufnahme an Kieselsäure betrug zu Anfang 23 g/l und verminderte sich nach 4 Stunden auf 6 g/l. Der Tonerdegehalt der Lauge lag zwischen 1 und 2 g/l. Die in den ersten drei Stunden durch den Behälter geschickte Lauge von 15,9 m^3 hatte durchschnittlich 13,7 g/l SiO_2 und 1,5 g/l Al_2O_3, welche 218 kg SiO_2 und 24 kg Al_2O_3 entsprachen. Für die letzten Auslaugestunden sind die entsprechenden Zahlen 8,3 m^3 Lauge, 4,9 g/l SiO_2 und 1,2 g/l Al_2O_3 oder 40,7 kg SiO_2 und 10 kg Al_2O_3.

Der Bauxit hatte vor der Entkieselung folgende Zusammensetzung:

Glühverlust:	0,6%
SiO_2	19,4%
Fe_2O_3	22,6%
Al_2O_3	53,6%
TiO_2	2,7%

Durch die Natronlauge wurden also

$$\frac{218 + 40,7}{485} \cdot 100 = 53\%\ SiO_2 \qquad \frac{34}{1340} \cdot 100 = 2,5\%\ Al_2O_3 \text{ gelöst.}$$

Die Bauxitanalyse nach der Entkieselung war:

Glühverlust:	3,5%
SiO_2	8,4%
Fe_2O_3	24,9%
Al_2O_3	57,4%
TiO_2	2,9%

Die Entkieselung von grobstückigem Bauxit ist nicht ganz so gut wie die von feingemahlenem. Bei anderen Versuchen mit 14% SiO_2 im Bauxit wurden nach der Entkieselung Bauxite mit 6% SiO_2 erhalten. Diese wurden nach dem Turmverfahren normal aufgeschlossen und man erhielt eine Al_2O_3-Ausbeute von 83%, was bei Bauxit mit 6% SiO_2 beim Turmverfahren etwa normal ist. Beim Erhitzen des Bauxits auf 1000° C und darüber geht die Aufschließbarkeit sehr schnell zurück.

Es mußte noch eine Arbeitsweise ausgearbeitet werden, die Natronlauge von der beim Prozeß aufgenommenen Kieselsäure wieder zu befreien. Dies geschieht am besten, wenn man die Natronlauge bei ca. 95° C mit gelöschtem Kalk behandelt. Es hat sich gezeigt, daß man zunächst mit einem Überschuß von Kalk arbeiten muß, z. B. auf 1 SiO_2 wendet man 4 CaO an. Man läßt absitzen, entfernt die gereinigte Lauge, füllt den Behälter mit neuer Lauge unter Aufrührung des alten Schlammes. Man braucht dann auf 1 SiO_2 nur 1 CaO zuzusetzen. Diese Operation wurde fünfzehnmal wiederholt, ohne ein Nachlassen der Ausfällung zu bemerken. Die Kieselsäure war nach einer Stunde bis auf 0,2—0,3 g SiO_2 im Liter ausgefällt. Die Tonerde war etwa auf den gleichen Wert abgesunken. Im großen würde man am besten mit Eindickern arbeiten. Es fällt ein Ca (H_2SiO_4) aus. Man braucht also nur etwa halb so viel Mole Kalk wie beim Sinterverfahren, allerdings in Form von CaO gegenüber $CaCO_3$ beim Sinterverfahren. Aus einer größeren Reihe von Versuchen wurde der Verlust an Alkali ermittelt. Er betrug 0,4% NaOH (auf die behandelte Menge NaOH gerechnet).

Wenn man beim Autoklavenverfahren die Entkieselung anwenden will, muß man den geglühten und gemahlenen Bauxit in Rührbehältern mit Natronlauge behandeln. Über die Menge der anzuwendenden Natronlauge liegen noch keine Versuche vor, aber es ist anzunehmen, daß man die Natronlauge bis auf etwa 3% SiO_2 anreichern kann. Man könnte dann in einem Eindicker Lauge und Bauxit trennen und den Bauxit über ein Trommelfilter nehmen. Beim nachfolgenden Aufschluß im Autoklaven muß man berücksichtigen, daß der Bauxit vorher sehr hoch geglüht worden ist und deshalb sich erst bei höherem Druck gut aufschließt.

Was die Kosten der Entkieselung der Natronlauge anbelangt, so kann man ohne zu großen Fehler die gleichen Kosten annehmen, die man für die Kaustizierung der Soda benötigt. Einmal wird aus dünner Alkalilauge die Kohlensäure, im anderen Fall die Kieselsäure mit Kalk entfernt. Für die Verarbeitung von 1 t Soda wurden für eine große Anlage die entsprechenden Zahlen bereits angegeben (s. S. 42). Für noch größeren Durchsatz vermindern sich die Aufwendungen:

für Personal: 1,70 Lohnstunden, für Dampf 0,7 t.

Auch die übrigen Kosten gehen zurück, so daß die Gesamtkosten auf 14,— Mark kommen. Zur Verarbeitung von 1 t NaOH (in Form von dünner Lauge) würde man also $14 \cdot \frac{106}{80} = 18{,}6$ Mark brauchen, dazu kommen noch die Kosten für den Kalk.

Ein Vergleich der beiden Arbeitsweisen, kieselsäurereiche Bauxite zu verarbeiten, ist solange nicht möglich, als nicht eine Fabrikationsanlage nach dem zuletzt behandelten Verfahren aufgestellt ist.

5. Aufschluß des Bauxits mit Kalk

Chemische Grundlagen des Verfahrens[1])

Die Verwendung von Kalk als Aufschlußmittel bei der Gewinnung von Tonerde aus Bauxit über Kalziumaluminat-Verbindungen ist schon sehr frühzeitig vorgeschlagen worden. Der Aufschluß mit Kalk hat sich aber gegenüber dem Aufschluß mit Alkalien zunächst nicht durchsetzen können.

Der Kalkzuschlag belastet mengenmäßig den Prozeß sehr stark. Die Bildung von Kalziumaluminaten verlangt die Anwendung verhältnismäßig hoher Temperaturen, um den sogenannten Aufschluß zu erzwingen. — Die Alkalialuminat-Verfahren hingegen stellen an die Qualität der Bauxite, wie in den vorhergehenden Kapiteln ausgeführt, in chemischer Beziehung ganz bestimmte Anforderungen. So muß in erster Linie die Tonerde in einer durch Alkali leicht aufschließbaren Form schon im Rohstoff vorliegen; der Kieselsäuregehalt darf eine gewisse Höhe nicht überschreiten.

Beim Kalkaufschluß haben wir es mit drei Hauptkomponenten zu tun. Es sind dieses Kalk (CaO), Aluminiumoxyd (Al_2O_3) und Kieselsäure (SiO_2). Das Dreistoffsystem CaO — Al_2O_3 — SiO_2 ist bekanntlich von G. A. Rankin[2]) untersucht worden; die Zementindustrie und diejenigen Industrien, die zementartige Produkte erzeugen, haben daraus sehr bald praktischen Nutzen ziehen können.

Das Gebiet des Rankinschen Diagramms, welches für den Aufschluß von kieselsäurehaltigen Rohstoffen mit Kalk für die Tonerdeerzeugung von Interesse ist, ist in der Abbildung Nr. 32 wiedergegeben. Das Dreieck ABC stellt das Gebiet dar, in dem nach Erreichen des völligen Gleichgewichtes als Endprodukt der Kristallisation die drei Verbindungen $CaO \cdot Al_2O_3$, $12\,CaO \cdot 7\,Al_2O_3$ und $2\,CaO \cdot SiO_2$ möglich sind.

Die Kalziumaluminate haben bekanntlich die Eigenschaft, unter Wasseraufnahme abzubinden. Das Dikalziumsilikat ist in wässriger Lösung und in verdünnten alkalischen Lösungen praktisch unlöslich. Das Monokalziumaluminat ist in wäßriger Lösung sehr wenig löslich, in alkalischer Lösung nur unvollkommen. Beide vorgenannten Kalziumaluminate lassen sich aber mit verdünnter Sodalösung so weit zerlegen, daß darauf eine brauchbare technische Extraktionsmethode aufgebaut werden konnte.

Auf Grund dieses verschiedenen chemischen Verhaltens der obengenannten Verbindungen besteht für den Aufschluß des Bauxits mit Kalk das Ziel, beim Elektroofen- oder Sinterprozeß auch nur diese Verbindungen zu erhalten. Aus den Rankinschen Untersuchungen geht aber hervor, daß im Gebiet des Dreiecks ABC (Abb. 32) auch noch die Verbindung Gehlenit ($2\,CaO \cdot Al_2O_3 \cdot SiO_2$) sich bilden kann. Diese Verbindung ist mit Sodalösung nicht aufschließbar. Ihre Bildung bzw. ihr Vorhandensein kann man nur verhindern, wenn man Sorge trägt, daß die Schlacke oder das Sinterprodukt unter einer gewissen Verzögerung abgekühlt wird. Hierbei zerlegt sich der Gehlenit aus der festen Phase unter Aufnahme überschüssigen Kalks aus der Schmelze in die beiden gewünschten Verbindungen $2\,CaO \cdot SiO_2$ und $CaO \cdot Al_2O_3$.

Unter Aufschluß des Bauxits mit Kalk versteht man also hier die Erzeugung von solchen CaO-haltigen Verbindungen, die bei der Extraktion mit Sodalauge die

---

[1]) Grundlagen des Pedersen-Tonerdeverfahrens, H. Pedersen, H. Ginsberg und Fr. W. Wrigge, Z. Metall u. Erz 41 (1944) 32.

[2]) G. A. Rankin, Z. f. anorgan. u. allgem. Chemie 92 (1915) 213.

Bildung von löslichem Natriumaluminat ermöglichen, während die Verunreinigungen, hier also in der Hauptsache Kieselsäure, ungelöst zurückbleiben. Dieses wird erreicht, indem man die Rohstoffe entweder bei mittlerer Temperatur (etwa 1400° C) teilweise zum Schmelzen bringt, sintert, oder Bauxit und Kalk bei erhöhter Temperatur (etwa 1800° C) vollkommen durchschmilzt.

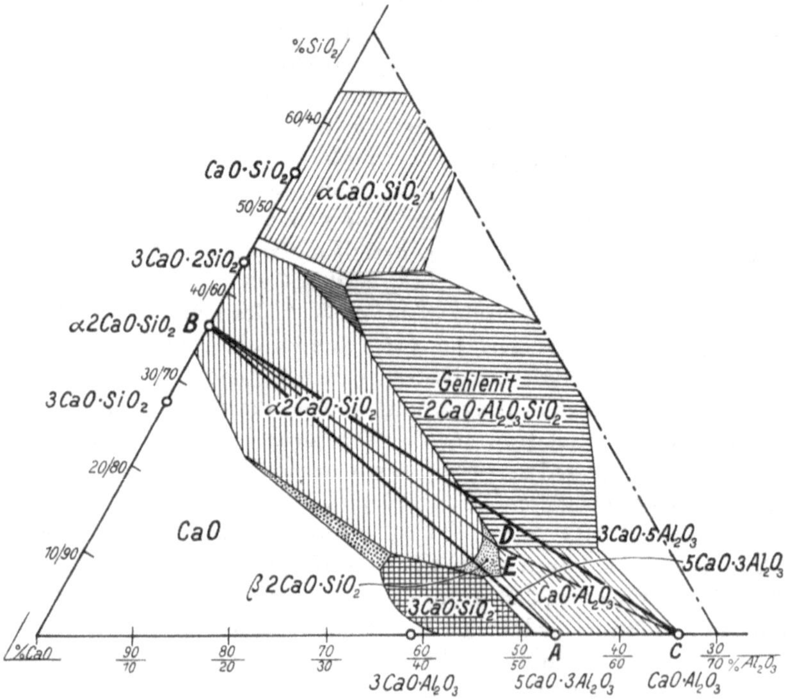

Abb. 32. Ausschnitt aus dem Diagramm für das ternäre System CaO-Al_2O_3-SiO_2 nach Rankin.

Genauere Untersuchungen haben ergeben, daß schon beim Sintern die gleichen chemischen Umsetzungen erreicht werden wie beim Schmelzen im Elektroofen. Beim Elektroofenprozeß werden die anderen Hauptverunreinigungen wie Eisen und Titan, dazu auch ein Teil der Kieselsäure, ausreduziert und als metallische Legierung gewonnen. Der Sinterprozeß kann so durchgeführt werden, daß das Eisen mit verschlackt oder auch, daß es teilweise oder ganz reduziert wird (vgl. weiter unten).

Kalziumaluminatschlacken sind gewöhnlich außerordentlich hart. Auch dies war ein Grund, weshalb man lange Zeit zögerte, sie für die Tonerdegewinnung zu verwenden, denn zu einer wirksamen Auslaugung ist eine sehr weitgehende Zerkleinerung erforderlich. Diese ist schwierig und kostspielig.

Es war bekannt, daß das Dikalziumsilikat drei verschiedene Modifikationen bildet, nämlich α-2 SiO_2 · CaO mit dem Schmelzpunkt 1920° C
β-2 SiO_2 · CaO mit dem Schmelzpunkt 1420° C und
γ-2 SiO_2 · CaO mit dem Schmelzpunkt 675° C.

Die Umwandlung der β-Form in die γ-Form erfolgt unter einer Volumenzunahme von etwa 10% (Mol. Volumina 52,4 cm^3 und 57,9 cm^3!). Hierdurch findet eine Sprengung des Gefüges statt und der betreffende Schlackenkörper „zerrieselt"[1].

Bei der Tonerdeschlacke muß man im Hinblick auf die Aufbereitung, um nicht zu viel Kieselsäure bei gegebener Laugenkonzentration gelöst zu bekommen, den Kieselsäuregehalt in der Schlacke so niedrig wie möglich halten. Andererseits hat sich überraschenderweise gezeigt, daß ein verhältnismäßig niedriger Gehalt an Dikalziumsilikat ausreichend ist, um einen Zerfall der Schlacke zu feinem Pulver bis über 70% zu erreichen. Optimale Verhältnisse zeigen Schlacken, deren Kieselsäuregehalt zwischen 4 und 8% liegt.

Beim Abkühlen der Schlacke kristallisiert erst das Monokalziumaluminat ($CaO \cdot Al_2O_3$) in großen, harten, durchsichtigen Kristallen. Beim vorsichtigen Zerdrücken einer teilweise zerrieselten Schlacke kann man nahezu reines Monoaluminat absieben. Das Dikalziumsilikat und das 12-7-Kalziumaluminat kristallisieren teilweise in eutektischer Mischung und sind leichter zu zerdrücken als das Monoaluminat. Unter „Zerdrücken" ist hier vorsichtiges Zerkleinern im Vergleich zum Mahlvorgang verstanden. Bei einer so zerkleinerten Schlacke hat man es also mit einer heterogenen Mischung zu tun von Kristallen verschiedener chemischer Zusammensetzung, Größe und Härte, und natürlich auch verschiedener Reaktionsfähigkeit gegenüber Natronlauge. Um eine möglichst hohe Löseausbeute zu erzielen, wird die Schlacke nachgemahlen. Hierdurch wird der chemische und physikalische Unterschied zwischen den einzelnen Körnungen der Bestandteile weitgehend ausgeglichen. Aber selbst bei einem Feingut kleiner als 6400 Maschen-cm^2 lassen sich noch Unterschiede zwischen den allerfeinsten und gröberen Anteilen feststellen.

Außer den genannten Hauptbestandteilen SiO_2, Al_2O_3 und CaO enthält die Schlacke stets noch in wesentlichen Mengen TiO_2, FeO, MgO, S und C. Das Titanoxyd tritt als Kalkverbraucher auf: $CaO \cdot TiO_2$. Magnesiumoxyd und Eisen-(II)-Oxyd ersetzen äquivalent Kalk.

Schwefel bildet Kalziumsulfid, CaS. Diese Verhältnisse sind bei der Berechnung des Kalkzuschlages zu berücksichtigen. Röntgenographisch konnte Spinellbildung festgestellt werden. Spinell ist durch Sodalauge praktisch nicht aufschließbar. Ein MgO-Gehalt in der Schlacke setzt hiernach die Tonerdeausbeute herab. Bei 6% MgO wurde in einigen Fällen nur noch eine Ausbeute von 58% der in der Schlacke enthaltenen Tonerde erzielt. Dolomitische Kalke dürfen als Zuschlagmittel beim Bauxitaufschluß nicht verwendet werden.

Bei der Berechnung des Möllers muß also der Kalkzuschlag unter Berücksichtigung der im vorstehenden geschilderten Verhältnisse erfolgen. Mit Rücksicht auf die Laugbarkeit der Schlacke oder des Sinters ist ein gewisser Kalküberschuß notwendig. Hierdurch wird die Gewähr gegeben, daß bei der Laugung immer ein gewisser Anteil an freiem Alkali vorhanden ist. Das freie Alkali nimmt zwar an der Reaktion zwischen Kalziumaluminat und Soda:

---

[1]) Das Zerrieseln wird neuerdings nicht mehr allein auf die β-γ-Umwandlung zurückgeführt, sondern gleichzeitig auch auf eine Überlagerung mit einer α-β-Umwandlung und Auslösung innerer Spannungen der glasigen Grundmasse.

$$CaO \cdot Al_2O_3 + Na_2CO_3 \leftrightarrow CaCO_3 + Na_2O \cdot Al_2O_3$$

solange ein Sodaüberschuß vorliegt, nicht teil. Im Betrieb hat sich aber gezeigt, daß sich die Tonerde nur dann körnig und gut filtrierbar abscheidet, wenn freies Alkali später während der Fällung zugegen ist. Andernfalls bekommt man koloidale oder hochdisperse Ausscheidungen, die den Filtrations- und Waschvorgang sehr erschweren, wenn nicht gar unmöglich machen.

Ein Kalküberschuß führt mehr oder weniger zur Bildung der Verbindung $12\,CaO \cdot 7\,Al_2O_3$. Diese bildet bei der Laugung Natronlauge gemäß folgender Gleichung:

$$12\,CaO \cdot 7\,Al_2O_3 + 12\,Na_2CO_3 + 5\,H_2O \leftrightarrow 7\,Na_2O \cdot Al_2O_3 + 12\,CaCO_3 + 10\,NaOH.$$

In der Praxis rechnet man mit einem Molverhältnis $Al_2O_3 : CaO = 1{,}1$—$1{,}35$, Bei der Laugung werden anfangs gleichzeitig Tonerde und Kieselsäure aus der Schlacke gelöst. Der Kieselsäuregehalt erreicht während der ersten Lösungszeit ein Maximum, sinkt zunächst schnell, dann langsamer ab und nähert sich einem konstanten Wert. Der Tonerdegehalt in der Lösung steigt zunächst ebenfalls rasch, nachher langsamer an und hält sich unter normalem Verlauf schließlich annähernd konstant (vgl. Kurven in Abb. 33). Das Absinken des SiO_2-Gehaltes beruht auf einer Ausfällung in Gegenwart überschüssiger Schlacke.

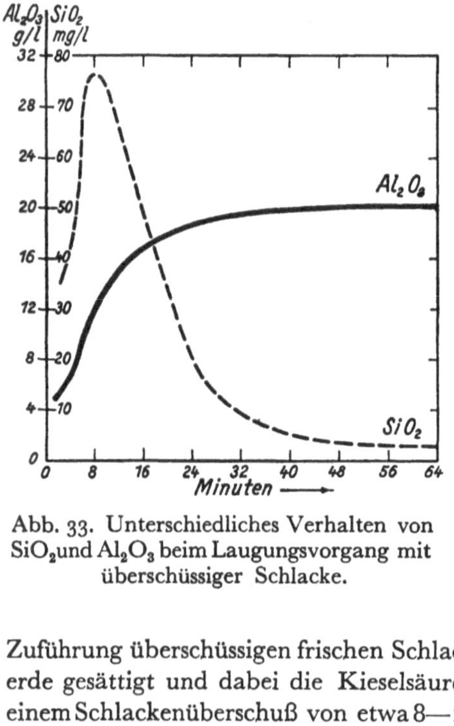

Abb. 33. Unterschiedliches Verhalten von SiO_2 und Al_2O_3 beim Laugungsvorgang mit überschüssiger Schlacke.

Infolge dieser Verhältnisse arbeitet man in der Praxis so, daß man die sogenannte Extraktion in zwei Stufen durchführt unter Verwendung eines Gegenstromverfahrens. In der ersten Stufe arbeitet man mit einem Laugenüberschuß und nimmt einen hohen SiO_2-Gehalt in Kauf. Durch Zuführung überschüssigen frischen Schlackenmehles wird diese Lauge dann mit Tonerde gesättigt und dabei die Kieselsäure weitgehend ausgefällt. Man rechnet mit einem Schlackenüberschuß von etwa 8—10%, alles bezogen auf die lösliche Tonerde.

Bei dieser Arbeitsweise ist das Verhalten des zurückbleibenden Schlammes von besonderer Wichtigkeit. In der Praxis wird häufig eine sprunghafte Änderung der Schlammeigenschaften beobachtet. Der Schlamm setzt sich plötzlich schneller ab, wobei sich sein Volumen aber wesentlich vergrößert. Es ist interessant, daß diese Erscheinung sehr häufig mit dem Abschluß der Entkieselung zusammenfällt. Findet diese sogenannte „Schlammumwandlung" innerhalb einer gewissen Zeit nicht statt, so kann man mit einiger Sicherheit annehmen, daß der Schlackenzusatz zu gering gewesen ist. Findet sie zu frühzeitig statt, so ist das Umgekehrte anzunehmen. Verringert sich die Absitzgeschwindigkeit nach der Schlammumwandlung stark und steigt das Schlammvolumen, so ist ebenfalls der Schlackenzusatz zu groß gewesen. Oft wird sogar eine doppelte Umwandlung beobachtet: der Schlamm nimmt nach der ersten Umwandlung wieder seine alten Eigenschaften an, und im Verlaufe einer weiteren Zeit ändert er diese noch einmal. Die erste Erscheinung wurde häufig nach 40—60 Minuten, die zweite nach 3—4 Stunden beobachtet. Ist eine zweite Umwandlung zu beobachten, kann man mit einiger Sicherheit annehmen, daß der Kieselsäuregehalt in der Lauge hinterher außerordentlich niedrig ist. Abgesehen von der Entkieselung sind diese Beobachtungen auch allgemein für den Betrieb von Wichtigkeit, weil die Eindickapparate auf eine bestimmte Absitzgeschwindigkeit eingestellt werden müssen. Plötzliche Änderungen der Absitzgeschwindigkeit der Feststoffe führen zu Betriebsstörungen. Entweder wird der Überlauf trübe oder der Schlamm setzt sich zu fest auf den Boden des Behälters, so daß er vom Krählwerk nicht mehr ordentlich durchgearbeitet werden kann. Hat man aber einmal alle diese Verhältnisse gut beobachtet und den Schlacken- und Aufbereitungsbetrieb auf eine gleichmäßige Schlackenbeschaffenheit eingestellt, so lassen sich die Schlammumwandlungen absolut beherrschen, ohne daß der Betrieb sie ängstlich überwachen muß. Es ist auch möglich, sie gänzlich zu umgehen, d. h. den Betrieb so zu führen, daß überhaupt keine merkliche Schlammumwandlung eintritt.

Eine wissenschaftlich befriedigende Klärung haben diese Verhältnisse noch nicht gefunden.

a) Aufschluß im Elektroofen

Der Elektroofen kann unter verschiedenen Voraussetzungen betrieben werden, die abhängig sind von dem Zustand des Aufgabegutes:

1. Betrieb unter Verwendung von rohem, stückigem Aufgabegut

Dieser ist bezüglich der Betriebseinrichtung die einfachste Arbeitsweise. Das Rohmaterial geht direkt vom Lager zum Ofenbetrieb, nachdem es evtl. vorher nur eine einfache Brecheranlage passiert hat.

2. Betrieb nach Vorsinterung einer feingebrochenen Mischung von Bauxit und Kalkstein

Das vorgesinterte Gut führt zu einem sehr ruhigen Ofengang und gewährt eine gleichmäßige gute Mischung. Diese Betriebsweise setzt aber die Einrichtung einer Sinteranlage voraus.

3. Betrieb wie 1., doch unter Zuschlag von gesintertem Bauxitstaub

Diese Arbeitsweise hat den Vorteil, daß der Bauxitabrieb ohne weiteres mit verarbeitet werden kann, und ferner, daß man unabhängiger ist bezüglich des Bauxiteinkaufs. Sie hat wieder die Voraussetzung, daß eine Sinteranlage vorhanden ist, die in diesem Falle nicht so groß zu sein braucht oder aber nur mehr oder weniger ausgenutzt wird, je nachdem wie groß der Anteil an feinem Gut ist.

4. Variationen von 1., 2. und 3. mit gebranntem Kalk

Die Zuführung von gebranntem Kalk erleichtert den Ofengang. In den meisten Fällen zwar läßt sich der Kalk nicht stückig brennen; er zerfällt und muß mit dem übrigen Rohstoff gesintert werden.

Die wirtschaftlichen Überlegungen zu den vorhergehenden Punkten sollen im folgenden Abschnitt behandelt werden.

aa) Die Anforderungen des Verfahrens an Roh- und Hilfsstoffe

Bei dem Aufschluß des Bauxits mit Kalk können auch schwer aufschließbare Bauxite, die für das Bayerverfahren nicht brauchbar sind (s. Abschnitt I) Verwendung finden. Dies sind sehr häufig die sogenannten harten und stückigen Bauxite, die sich gut für eine direkte Aufgabe auf einen Elektroofen eignen. Auch bezüglich des Kieselsäuregehaltes im Bauxit stellt der Kalkaufschluß nicht die Anforderungen wie der Aufschluß mit Natronlauge. Es lassen sich nach dieser Arbeitsweise Bauxite mit jedem beliebigen Kieselsäuregehalt verarbeiten. Aus wirtschaftlichen Gründen (s. weiter unten) geht man jedoch beim Elektroofenprozeß nicht gern über 7% SiO_2 hinaus.

An den Kalkstein werden keine besonderen Anforderungen gestellt. Er soll hochprozentig sein und einen möglichst geringen Gehalt an Magnesiumoxyd haben (vgl. 5. a) S. 137).

Wird Eisenerz zusätzlich zugeschlagen, so soll dieses möglichst wenig Kieselsäure enthalten, da anderenfalls Kalkverbrauch, Schlackenmenge und Energieverbrauch ansteigen.

Als Reduktionsmittel kann jeder Koks Verwendung finden, jedoch ist die Anwendung von Gaskoks zu empfehlen, da dieser infolge seiner Porösität leichter reagiert. Sein Aschegehalt soll weniger als 10% betragen, auch soll der Koks möglichst wenig Schwefel enthalten.

Es ist ein großer Vorteil, wenn die Rohmaterialien in möglichst gleich großen Stücken dem Ofen aufgegeben werden können. Feines Gut führt zu unregelmäßigem Ofengang. Eine möglichst gleichmäßige Schlacke ist wichtig für eine günstige Aufbereitung. Deshalb muß die dem Ofen zugeführte Charge so gleichmäßig wie möglich sein. In diesem Zusammenhang ist auch von Wichtigkeit, daß der Feuchtigkeitsgehalt in den Rohmaterialien nicht wesentlich schwankt. Obwohl zwar die Sinterung für den Prozeß selbst keine unbedingte Voraussetzung ist, ist sie aber von Bedeutung für die Wirtschaftlichkeit und Standortfrage des Verfahrens (s. unter e), S. 000).

bb) Die Apparatur und der Gang des Verfahrens bis zur Herstellung des Kalziumaluminates

Für die Erschmelzung der Kalziumaluminatschlacke findet der normale, moderne Elektroofentyp — Dreiphasenofen mit Söderbergelektrode — wie er etwa für die Erzeugung von Roheisen und Ferrosilizium gebraucht wird, Verwendung. Da es sich hierbei jedoch um einen typischen Schlackenprozeß handelt, d. h. um einen Prozeß, bei dem mengen- und volumenmäßig nicht das Metall, sondern die Schlacke überwiegt, müssen bei der Zustellung und Dimensionierung der Ofenwanne einige Änderungen vorgenommen werden. Auch sind besondere Spannungsverhältnisse zu berücksichtigen.

In Hoyanger (Norwegen), der ersten Tonerdefabrik nach dem Kalziumaluminat-Schlackenverfahren im Elektroofen, dem Pedersenverfahren, arbeitete man mit 3000 kW-Öfen, deren Spannung von 70—140 V regelbar war. Der Ofen arbeitete normalerweise an der oberen Spannungsgrenze. Der Elektrodendurchmesser betrug 700 mm. Der äußere Ofenmantel hatte ungefähr einen Durchmesser von 6 m und eine Tiefe von 3 m; die Wanne selbst, aus 15—20 mm starken Stahlblechen, hatte einen Durchmesser von 4 m und eine Tiefe von 1,8 m. Sie war mit einer etwa 100 mm starken Schicht aus Schamottemehl oder Schlackenwolle isoliert, ferner ausgefüttert mit feuerfestem Stein (500 mm) und Kohlenmasse bzw. Kohlesteinen (400 mm). Ein solcher Ofen gibt stündlich etwa $1^1/_2$—2 t Schlacke. Jeder Ofen hatte 3 wassergekühlte Öl-Einphasen-Transformatoren von je 1500 kVA in Dreick-Dreieck geschaltet.

Während des letzten Krieges wurde in Sauda (Norwegen) etwa 1 Jahr lang für eine neue Anlage zur Erzeugung von Tonerde nach dem Pedersenverfahren die Aluminatschlacke in einem der Tonerdefabrik benachbarten Ferrolegierungswerk erzeugt, und zwar in einem 10000-kVA-Ofen. Es handelte sich dabei um eine sogenannte halbgeschlossene Art, d. h. die Ofenwanne war durch einen 1 m hohen Blechmantel erhöht. Dieser Blechmantel war innen durch feuerfestes Mauerwerk geschützt. Nach oben war der ganze Ofen durch einen doppelwandigen Eisenblechdeckel mit eingebauter Wasserkühlung abgedeckt. Um jede Elektrode herum war ein kreisrundes Loch ausgespart, auf das ein Trichter zur Einführung des Aufgabegutes gesetzt wurde. Der Trichter wurde gefüllt gehalten, so daß das Aufgabegut den Abschluß bildete. An der Seite des aufgesetzten Mantels waren Türen angeordnet, durch die der Ofengang beobachtet werden konnte. Das Gas konnte seitlich durch ein wassergekühltes Rohr abgezogen werden.

Mit diesem Ofen wurden Erfahrungen für einen ganz geschlossenen Ofentyp gewonnen. Die praktische Betriebsbelastung betrug 8000—8500 kW. Die durchschnittliche Tagesproduktion an Aluminatschlacke schwankte zwischen 120 und 130 t.

Die Erzeugung an Roheisen lag etwa bei 16 t je Tag.

In Südrußland am Dnjepr war bis zum zweiten Weltkrieg eine Tonerdefabrik in Betrieb, die Kalziumaluminat in drei einanodigen Miguet-Öfen von je 11500 kVA erzeugte. Der Durchmesser der Elektrode war 4 m. Diese Öfen sollen sich für die Schlackenherstellung nicht sonderlich bewährt haben.

Die größten Öfen, die für die Kalziumaluminatschlacke speziell konstruiert waren (zum Teil unter Verwertung der Erfahrungen bei der Phosphorerzeugung), aber nicht für die Kalziumschlackenerzeugung in Betrieb gekommen sind, waren 15000 kVA-Dreiphasenöfen mit einer Spannungsregulierung zwischen 240 und 140 V, regelbar in 27 Stufen. Die Elektroden hatten einen Durchmesser von 1100 mm und einen Abstand von Mitte zu Mitte von 2800 mm. Es war gerechnet, daß die Öfen im laufenden Betrieb etwa mit 12000—13000 kW arbeiten, und stündlich 8000 kg Schlacke erzeugen. Die Öfen waren geschlossen. Es war vorgesehen, die CO-reichen Ofengase abzusaugen und als Verbrennungsgase weiter auszunutzen (vgl. Abb. 34, S. 149 und Abb. 35, S. 156).

Die Roh- und Hilfsstoffe werden in einer Mischanlage gewogen, gemischt und mittels entsprechender Transporteinrichtungen laufend auf den Ofen aufgegeben. Der Ofen wird möglichst gedeckt gefahren.

Arbeitet man mit stückigem Bauxit, so ist — wie erwähnt — eine Sinteranlage nicht nötig. Der Bauxit wird auf möglichst gleich große Stücke gebracht, das Feine abgesiebt und nur in einer solchen Menge zugeführt, wie sie der Ofengang verträgt. Die Mischanlage ist deshalb nur mit Grobbrecher, Siebanlage, automatischen Waagen und Transportelementen ausgerüstet. Die Zusammensetzung einer Charge geht aus folgendem hervor:

Einsatz:

Bauxit	2,0 t
Kalkstein	1,7 t
Koks	240 kg
Strom	3500 kWh.

Ausbringen:

Schlacke	2,2 t (entsprechend 1 t Al_2O_3)
Eisen	260 kg
Abgas ca.	1,5 Mio WE.

Alle 4—6 Stunden wird die Schlacke abgestochen und ebenfalls das Eisen. Man sticht die Schlacke gewöhnlich in große Kübel ab. Sie wird langsam abgekühlt, damit ein Gleichgewicht und eine solche Ausbildung der Schlackenbestandteile erreicht wird, wie sie für die Aufbereitung erforderlich sind (vgl. S. 137). Eine typische Schlackenzusammensetzung enthält die Tabelle 53.

Tabelle 53
Schlackenanalyse

SiO_2	4,0%
Al_2O_3	51,0%
CaO	42,0%
TiO_2	1,5%
FeO	1,0%
MgO	0,4%
S	0,1%

Verarbeitet man nur Bauxit mit etwa 18% Fe_2O_3, schlägt also kein Eisenerz hinzu, so fallen je Tonne Schlacke etwa 250 kg Roheisen an. Dieses enthält etwa folgende Verunreinigungen:

Tabelle 54
Analyse des Eisens

C	4,0 — 4,7%
Si	0,7 — 1,1%
Mn	0,1 — 0,2%
V	0,2 — 0,6%
Ti	0,1 — 0,4%
Al	0,0 — 0,1%
P	0,02— 0,2%
Cr	0,0 — 0,2%
S	0,0 — 0,1%

Ein besonderer Nachteil dieses Eisens ist sein Phosphorgehalt, der aus dem Bauxit stammt. Bauxit enthält immer etwas Phosphor; dieser geht vollständig ins Eisen. Das Eisen ist für Gießereizwecke gut geeignet, die Güsse sind dicht, leicht bearbeitbar und zeigen gute mechanische Eigenschaften.

Wie bereits erwähnt, zeigt die langsam abgekühlte Schlacke einen Selbstzerfall, hervorgerufen durch die Umwandlung des in ihr enthaltenen Dicalciumsilikates. Die Zerrieselung geht normalerweise so weit, daß 75—80% des Gutes durch ein Sieb mit 5000 Maschen/cm² passieren. Trotzdem lohnt es sich, die Schlacken — Feines und Grobes — noch durch die Mahlanlage zu geben, weil dadurch ein größerer Extrationsgewinn erzielt wird. Durch den Selbstzerfall wird aber selbstverständlich eine sehr große Mahlarbeit eingespart.

Das Verfahren der Lonza-Werke[1]), Waldshut, besteht darin, daß im elektrischen Ofen zuerst ein niedrigprozentiges Karbid mit Kalküberschuß hergestellt und in diese heiße Karbidschmelze getrockneter Bauxit eingetragen wird. Bei der hohen Temperatur verläuft die Reduktion des Eisenoxyds und der Kieselsäure des Bauxits sehr rasch und besonders bezüglich der schwer zu reduzierenden Kieselsäure verhältnismäßig vollständig, sogar vollständiger als nach dem Pedersenverfahren. Es resultiert ein gut kristallisiertes Kalziumaluminat von ungefähr folgender Zusammensetzung:

SiO_2	3%
Fe_2O_3	1,5%
TiO_2	ca. 0,5—1,0%
Al_2O_3	ca. 53%
CaO	ca. 40%

und ein 20%iges Ferrosilizium.

Die Herstellung des Produktes ist von uns in größerem Maßstabe in einem Ofen von 1000—1500 kW längere Zeit überprüft worden.

b) Aufschluß mit Hilfe von Verbrennungsgasen im Drehofen, auf dem Sinterband, im kurzen Trommelofen, im Schacht- oder Hochofen

Es wurde bereits erwähnt, daß im Prinzip sowohl der Schmelzprozeß als auch der Sinterprozeß zu Kalziumaluminatschlacken führen, die sich in günstigen Fällen nahezu gleichgut auf Tonerde aufbereiten lassen. Nach dem Kalksinterverfahren sind hochwertige Bauxite und Bauxite mittlerer Qualität noch nicht im laufenden großtechnischen Betrieb aufbereitet worden. Diese Prozeßart hat aber wiederholt interessiert, und es sind sehr umfangreiche großtechnische Versuche von den Tonerdefabriken allein, aber auch in Gemeinschaft mit den betreffenden Ofenbaufirmen durchgeführt worden. Die folgenden Ausführungen sollen diese großtechnischen Untersuchungen im einzelnen behandeln.

Das Schmelzverfahren, im besonderen der Elektroofenprozeß hat den Vorteil, daß die metallischen Verunreinigungen von der Schlacke in einem Arbeitsgang getrennt werden. Reduktion und Abtrennung der metallischen Bestandteile sind beim Elektroofenprozeß in jedem Falle vollständiger als beim Sinterverfahren. Reduziert man beim Sinterverfahren die metallischen Bestandteile nicht aus, so hat die Verarbeitung des Sinters den Nachteil, daß sie die Schlammenge wesentlich erhöht und damit den Aufbereitungsprozeß entsprechend belastet. Es wurde auch schon

[1]) D.R.P. 535067 vom 7. Dezember 1930.

darauf aufmerksam gemacht, daß die Anwendung des einen oder anderen Aufschlußverfahrens von Erwägungen bezüglich der Standortfrage abhängt.

Eine Kombination beider Verfahren ist ebenfalls möglich. Es ist auch darauf schon hingewiesen worden.

Die Sinterverfahren lassen sich in zwei Gruppen behandeln:

1. Die Verfahren, die außer einer laugungsfähigen Schlacke metallisches Eisen gewinnen lassen (Trommelofen, Renn-Prozeß),
2. Verfahren, die auf die Eisenerzeugung verzichten, bei denen also in der Schlacke neben dem Kalziumaluminat das Eisen in oxydischer Form vorliegt (Wassermantelofen, Zement-, Sinterpfanne-, Sinterbandprozeß).

Die erste Gruppe der Sinterverfahren hat den Vorteil, daß der Sinter in der Zusammensetzung und auch mengenmäßig ungefähr der Elektroofenschlacke entspricht, ferner daß die Eisenverbindungen als Metall ausgenutzt werden und dem Verfahren wie bei dem Elektroofenprozeß eine wesentliche Gutschrift bringen.

Der Hochofenprozeß als reiner Schlacken-Schmelzprozeß, also ohne Metallerzeugung, soll mit den eigentlichen Sinterprozessen behandelt werden.

Die Sinterung ohne Eisengewinnung kommt nur dann in Frage, wenn der Bauxit wenig Eisen enthält oder wenn örtlich bedingt an Reduktionsmitteln sehr gespart werden muß.

aa) Die Anforderungen des Verfahrens an Roh- und Hilfsstoffe

Die Sinterverfahren sind bezüglich der Rohstoffbeschaffenheit sehr elastisch. Das Material soll feinstückig bis staubig sein. Soll mit der Sinterung gleichzeitig ein Aufschluß, d. h. eine chemische Umsetzung erzielt werden, wie hier bei der Erzeugung von Kalziumaluminat, so ist eine Feinmahlung und innige Mischung der Chargenbestandteile erforderlich. Als Reduktionsmittel kann minderwertige Kohle Verwendung finden.

bb) Die Apparatur und der Gang des Verfahrens bis einschließlich zur Herstellung des Kalziumaluminates

Die Sinterung bzw. Schmelzung kann erfolgen:

im kurzen Trommelofen, im Schacht- oder Drehofen,

auf der Sinterpfanne oder auf dem Sinterband und im Hochofen.

Kurzer Trommelofen:

Ein kurzgebauter Trommelofen, in dem Kalziumaluminatschlacke erzeugt wurde, ist der sogenannte Stürzelberger Ofen. Ein solcher Versuchsofen hatte 3,8 m Durchmesser, und war 11,5 m lang. Der Ofen war mit korundhaltigen Steinen der Steinzeugwerke, Bad Freienwalde/Oder ausgekleidet, die Heizung erfolgte durch Kohlenstaub. Um eine gleichmäßige Beheizung zu erzielen, war der Ofen auf einer Drehscheibe angeordnet. Der Feuerkopf stand fest. Die Abgase aus diesem Ofen sind naturgemäß sehr heiß; sie hatten eine Temperatur von 1400° C. Der Wärmeinhalt der Abgase muß also in jedem Fall weiter ausgenutzt werden. Dieses ist im Rahmen des Kalziumaluminatverfahrens möglich, und zwar zum Vorwärmen der Kalktrommel, zur Bauxit- und Koksvorwärmung und auch zum Vorwärmen der Verbrennungsluft.

Das Verfahren ist diskontinuierlich. Zunächst wurden etwa 95% des Eisens in flüssiger Form abgezogen und danach in fester Form die Schlacke. Die Schlacke zerrieselte sehr leicht. Die Löseausbeute betrug im Mittel etwa 80%. Das Eisen war von besonders guter Qualität. Es enthielt im Mittel folgende Verunreinigungen:

C	4,3%
Si	0,01%
P	0,03%
S	0,01%

Bei einer mittleren Ausbeute von 80% war der Einsatz je Tonne Al_2O_3:

Bauxit	2,5 t
Kalkstein	2,0 t
Koks	310,0 kg
Kohle	890,0 kg

Je Tonne Tonerde wurden 2,6 t Schlacke gebraucht.

Wassermantelofen:

Der Schachtofen mit Wassermantel eignet sich besonders für die Verarbeitung kieselsäurereicher Bauxite mit 10—15% SiO_2. Das Eisen wird bis zur FeO-Stufe reduziert. Es entsteht die Verbindung $2\,FeO \cdot SiO_2$. Dieses gibt mit dem Dikalziumsilikat leicht schmelzbare Mischkristalle, die einen Vorteil für das Verfahren bedeuten.

Bei einigen großtechnischen Versuchen wurden Bauxit und Kalkstein teils stückig, teils brikettiert aufgegeben. Es wurden nur 15% an festem Koks, bezogen auf das Chargengut, gebraucht. Das war etwa die Hälfte des Kohlenstoffverbrauches beim Stürzelberger-Ofen. Die an den wassergekühlten Wandungen erstarrte Schlacke bildete das Ofenfutter. Die Abgase hatten eine Temperatur von 300° C und einen Gehalt von 25% Kohlensäure und 5% Kohlenoxyd. Die erzeugte Schlacke mit etwa 27% Al_2O_3 zerrieselte bis zu 60% und ließ sich bis etwa 85% auslaugen. Auffallend war, daß der Kalküberschuß in der Schlacke geringer sein oder auch ganz fortfallen konnte. Es ist anzunehmen, daß der Gehalt der Schlacke an Eisenoxyden den Kalküberschuß ersetzt. Bei 80% Ausbeute war folgender Einsatz nötig:

Bauxit mit 12% SiO_2	2,5 t
Kalkstein	3,7 t
Koks	1,1 t

Für 1 t Al_2O_3 waren 4,3 t Schlacke erforderlich. Es ist vorgeschlagen, den Schachtofen mit Luft zu betreiben, die mit Sauerstoff angereichert ist.

Drehofen:

Die Durchführung des Kalziumaluminatprozesses im Drehofen hat gegenüber den vorgenannten Arbeitsweisen den Vorteil, daß die Reaktionstemperatur genauer eingehalten werden kann und damit gleichmäßigeres Sintergut und höhere Ausbeuten gewonnen werden können. Die Hauptschwierigkeit besteht beim Drehofen jedoch darin, daß die erforderliche Reaktionstemperatur, etwa 1300° C, schon so nahe der Temperatur liegt, bei der das Aufgabegut zum Zusammenbacken neigt und infolgedessen große Brocken im Drehofen entstehen oder daß der Sinter mit der Ofenausfütterung verschmilzt.

Der Drehofenprozeß kann so geführt werden, daß als Nebenprodukt Metall gewonnen wird (z. B. Rennverfahren) oder auch daß reiner Sinter entsteht (Zementverfahren).

Für die Gewinnung von Kalziumaluminat nach dem Rennverfahren fand ein Drehofen von 60 m Länge und 3,6 m Durchmesser Verwendung. Die Leistung betrug 300 t je Tag. Bauxit und Kalkstein wurden ungetrocknet auf 1—2 mm Korngröße vorgebrochen. Der Kokszuschlag betrug an Koksgrus 25% der trockenen Rohmischung. Rohmischung und Reduktionsmittel, auch evtl. Rückgut und Flugstaub passierten einen Knetmischer, in dem Wasser zugegeben wurde. Das so vorbereitete Gut wurde dem Drehofen zugeführt, der mit Kohlenstaub beheizt war. Der Ofen arbeitete im Gegenstrom. Das Eisen wurde als Eisenschwamm ausreduziert. Am Ende des Ofens wurde das Eisen von der Schlacke dadurch getrennt, daß Luft zugeführt wurde, wodurch eine Oxydation an der Oberfläche und eine Reduktion im Innern eintrat. Die Schlacke wurde dünnflüssig; die Eisenkörner schweißten zu sogenannten Luppen zusammen. Diese Eisenluppen hatten eine Größe von 50 mm Durchmesser und mehr. Die Schlacke selbst verließ zähflüssig den Ofen. Sie wurde gekühlt, auf etwa 1 mm Korngröße vermahlen und das Eisen durch einen Magnetscheider ausgeschieden, und zwar bis auf etwa 2%. Es hatte einen Kohlenstoffgehalt von 1%. Außerdem fiel noch Eisenstaub unter 1 mm Korngröße an, sogenanntes „magnetisches Konzentrat“ mit etwa 70% Fe-Gehalt. Dieses Konzentrat wanderte wieder in den Ofen zurück, weil es offensichtlich im Ofen die Luppenbildung begünstigte.

Bei dem Zementverfahren, bei dem also kein metallisches Eisen abgeschieden wird, fand ein Drehofen gleicher Dimensionen, wie oben beschrieben, Verwendung. In diesem Falle brauchte dem Rohmaterial kein Kohlenstaub zugeschlagen zu werden. Es wurden Auslauge-Ausbeuten bis zu etwa 85% der auslaugbaren Tonerde erzielt.

Sinterpfanne:

Bei der Anwendung der Sinterpfanne handelt es sich im Prinzip um ein diskontinuierliches Verfahren, das zwar apparativ im Laufe der Jahre so entwickelt worden ist, daß der Materialfluß weitgehend kontinuierlich erfolgt. So hat man z. B. die Sinterpfannen kreisförmig angeordnet und arbeitet auf dem sogenannten Sinterrad. Für die Herstellung von Kalziumaluminatschlacke hat die Sinterpfanne bisher nur im Versuchsbetrieb Verwendung gefunden.

Normalerweise wurde das in richtiger Stückgröße vorbereitete Material bereits im erforderlichen Mischungsverhältnis aus dem Bunker abgezogen und in einem Trommelmischer mit abgesiebten Staub und Rückgut unter Zugabe von Wasser gemischt. Nach Durchgang durch einen Zwischenbunker gelangte das Material in einen Füllwagen und von hier aus auf die Pfanne, und zwar in einer Schicht von 30—40 cm.

Der Betrieb einer Sinterpfanne im einzelnen ist von anderen Prozessen her gut bekannt und soll deshalb hier nicht beschrieben werden.

Bei der Herstellung von Kalziumaluminat wurde 20—25 Minuten geblasen. Jede Charge benötigte insgesamt etwa 25—30 Minuten. Im Sinterkuchen wurde eine Maximaltemperatur von 1200—1300° C gemessen. Der Sinterkuchen wurde in der Brech- und Siebanlage wie üblich aufbereitet. Die Größe der Sinterpfanne betrug 10 qm, die Leistung 15—20 t je Tag und Quadratmeter. Der Kraftbedarf war etwa 25 kWh je Tonne Fertiggut.

Befriedigende Resultate sind mit der Sinterpfanne nicht erzielt worden. Die Tonerdeausbeuten lagen bei der Aufbereitung wesentlich unter derjenigen, die mit der Schlacke vom Elektroofenprozeß erzielt werden. Diese Angaben beziehen sich auf den Durchschnitt des Sinters. Der Sinter ist nämlich sehr ungleichmäßig in seiner Zusammensetzung, d. h. die Kalziumaluminatbildung ist im Material nicht überall gleichmäßig weit fortgeschritten.

Sinterband:

Das Sinterband wurde für die Herstellung von aufbereitbarem Kalziumaluminatsinter bisher nicht angewandt. Gegenüber der Sinterpfanne hat das Sinterband den Vorteil, daß es vollkommen kontinuierlich arbeitet. Es gelingt aber noch viel weniger als bei der Sinterpfanne, gleichmäßiges Reaktionsgut zu erhalten. Deshalb hat das Sinterband im Kalziumaluminatprozeß für die Tonerdegewinnung, ausgehend vom Bauxit, nur in Kombination mit anderen Arbeitsgängen Verwendung gefunden, und zwar als Mittel zur Vorbereitung des Aufschlußgutes für den Elektroofen oder für den Drehofen.

Hochofen:

Auch im Hochofen ist aus Bauxit Kalziumaluminatschlacke zur Gewinnung von Tonerde erzeugt worden. Für das oben erwähnte südrussische Tonerdewerk sind große Mengen in einem Hochofen des Stahlwerkes von Dnjepopetrovsk erschmolzen worden[1]). Der Betrieb soll wiederholt zu unangenehmen Schlackendurchbrüchen geführt haben. Die erschmolzene Schlacke selbst war sehr hart und zerrieselte nicht.

Im Hochofenwerk Lübeck sind versuchsweise ebenfalls etwa 3000 t Schlacke erschmolzen worden. Diese wurden im zweiten Weltkrieg in Hoyanger (Norwegen) aufbereitet. Aus etwa 2500 t Schlacke sind hier etwa 700 t Tonerde mit 0,07% SiO_2 erhalten worden. Die Betriebsausbeute betrug nur 62%, während die Laboratoriumsausbeute der gleichen Schlacke 80% betragen hatte. Die Hauptschwierigkeit bereitete die Schlacke bei der Schlammextraktion; diese erforderte einen extra hohen Schlackenüberschuß. Wenn man annimmt, daß dieses für die Hochofenschlacke charakteristisch ist, so würde ein erhöhter Raumbedarf in der Extraktion erforderlich sein. Dann zwar müßte man mit der im Laboratorium erzeugten Ausbeute auch im Betrieb rechnen können. Als unangenehm hat sich bei der Verarbeitung der Hochofenschlacke auch ein hoher Schwefelgehalt erwiesen. Es fand in der Umlauflauge eine Anreicherung von normal 2 g/l auf 3,8 g/l statt. Hierdurch entstanden wiederholt Selbstausfällungen von Tonerde, die zu großen Filtrationsschwierigkeiten führten.

[1]) W. E. Krebs, Stahl und Eisen 62 (1942) 735.

Beim Erschmelzen einer Kalziumaluminat-Schlacke im Hochofen sind drei Arbeitsweisen zu unterscheiden:

1. Die Verhüttung von Bauxit ohne Zuschläge,
2. die Verhüttung von Bauxit unter Zuschlag von hochwertigem Eisenerz,
3. die Verhüttung von Bauxit unter Zuschlag von Schrott.

Zu 1.: Bauxit ist ein sehr minderwertiges Eisenerz. Es enthält nur etwa 15% Eisen. Es erfordert infolgedessen, auch besonders im Hinblick auf die erforderliche basische Schlackenführung, einen abnorm hohen Kokszuschlag. Auf eine Tonne aus der Schlacke gewinnbare Tonerde kämen etwa 3—3$^1/_2$ t Koks. Das ist wirtschaftlich nicht tragbar, auch wenn man die Gichtgase gut ausnutzen könnte. Die Verhüttung von Bauxit allein im Hochofen kommt daher praktisch nicht in Frage. Man wird immer mit besonderen Zuschlägen arbeiten, wenn dieser Weg gewählt wird.

Zu 2.: Der Zuschlag von hochwertigem Eisenerz bei der Verhüttung von Bauxit erlaubt, mit einer geringeren Schlackenmenge zu arbeiten und bringt infolge einer nunmehr wesentlichen Eisenerzeugung eine günstige Verteilung der Kosten, besonders der für den Koks. Aber auch dieser Prozeß fand für die Tonerdeerzeugung im laufenden Betrieb noch keine Anwendung.

Zu 3.: Die Kombination des Schlackenprozesses mit einer Schrottveredelung bringt gegenüber 1. ebenfalls Vorteile. Sie liegen im wesentlichen in der gleichen Richtung, wie sie zu 2. angeführt wurden. Zwar ist die Verarbeitung von Schrott im Hochofen technisch nicht sehr befriedigend. Im Siemens-Martin-Ofen erfolgt der Schrottdurchsatz bekanntlich ohne Koksbedarf und bringt auch keinen Manganverlust. Immerhin gibt es Fälle und Verhältnisse, unter denen es zweckmäßig erscheint, Schrott auch im Hochofen zu verarbeiten. So ist ein solches Vorgehen auch bei der Kalziumaluminatschlacken-Erzeugung von Interesse.

Im Großversuch bestand die Charge aus:

2,3 t Bauxit mit rd. 0,5 t Eisenoxyd,
2,5 t Kalkstein,
2,0 t Schrott mit 1,8 t Eisen, 0,2 t Eisenoxyd,
3,4 t Koks.

Von der Koksmenge konnte kostenmäßig 62%, also 2,1 t, das erschmolzene Eisen tragen; der Rest, 1,3 t, entfielen auf eine Tonne Tonerde, die aus der Schlacke erzeugt wurde. Die kostenmäßige Belastung der Erzeugungsgüter erfährt eine weitere Erleichterung, wenn es gelingt, die nebenher anfallenden Gichtgasmengen, etwa 7—9000 m^3, unterzubringen.

c) Die Verarbeitung der Kalziumaluminatschlacken

Die Aufbereitung der nach den verschiedenen Verfahren gewonnenen Schlacken zeigt im großen und ganzen keine wesentlichen Unterschiede. Die Schlacken aus dem Elektroofen, kurzen Trommelofen und Hochofen sind chemisch praktisch gleich zusammengesetzt. Das Eisen ist in allen Fällen weitgehend ausreduziert. Alle Schlakken zeigen die Erscheinung des Zerrieselns. Das Sintergut von der Sinterpfanne, dem Sinterband, aus dem Dreh- oder Wassermantelofen enthält hiergegen neben

Kalziumaluminat das Eisen noch in oxydischer Form. Diese Produkte sind infolgedessen mit größeren Mengen von auszuscheidenden Bestandteilen belastet und erfordern eine entsprechend größere Kapazität der Aufbereitungsapparatur. Aber auch hierbei ist das Aufbereitungsverfahren nicht anders als bei der reinen Kalziumaluminatschlacke. Auch das Sintergut soll so zusammengesetzt sein, daß es infolge der Umwandlung des Kalziumsilikates beim Abkühlen weitgehend zerfällt. Der Arbeitsgang der Aufbereitung ist aus der Abb. 34 zu ersehen.

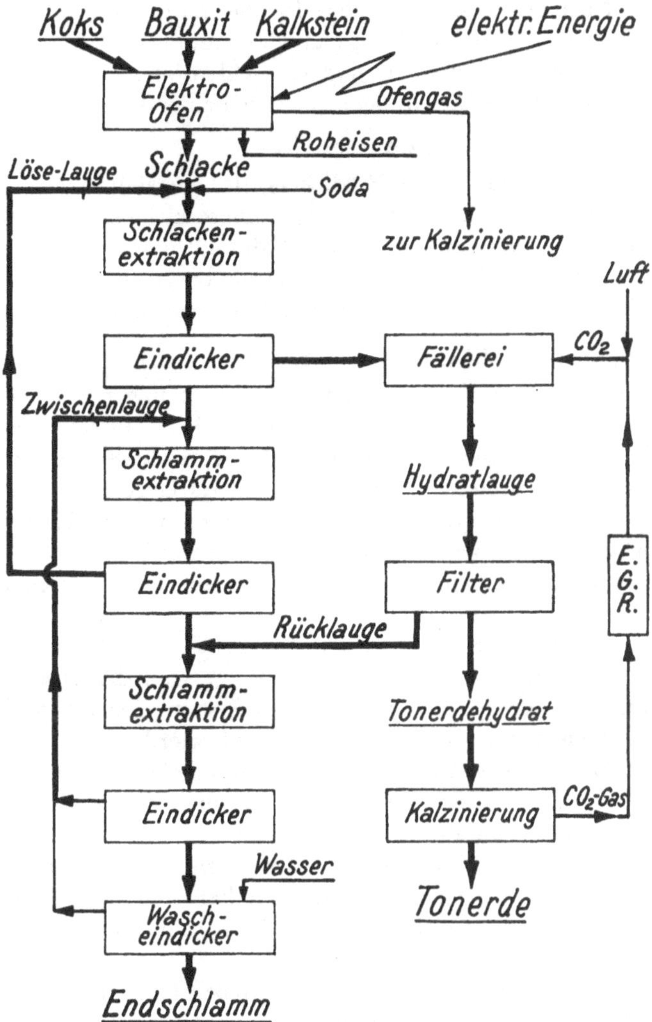

Abb. 34. Schematische Darstellung des Pedersen-Verfahrens auf Bauxitbasis.

Der Extraktionsprozeß: Die zerrieselte, evtl. noch nachgemahlene Schlacke wird mittels halbautomatischer Waagen in etwa 18%ige schon im vorhergehenden Betriebsgang teilweise mit Tonerde, gesättigte Sodalauge eingetragen. An Stelle der halbautomatischen Waagen wurden im modernen Betrieb vollautomatische Waagen gewählt. Durchschnittlich werden etwa 5 t Schlakkenmehl je Charge in etwa 5 Minuten angerührt. Es wird zunächst die ganze Laugenmenge in den betreffenden Behälter eingefüllt und dann in etwa 10 Portionen die Schlacke zugegeben. Der Mischbehälter wird dabei gründlich umgepumpt. Bei dieser Arbeitsweise findet kein Zusammenbacken des Schlackenmehls statt. Ein Umpumpen hat sich als besser erwiesen als einfaches intensives Umrühren. Natürlich kostet ein dauerndes Umpumpen, wenn es wirksam sein soll, mehr Strom als ein Rührwerk benötigt. Ein schnelles, intensives Mischen des Schlackenmehles und der Lauge ist aber unbedingt erforderlich, namentlich während der ersten Stunde. In der darauffolgenden Zeit besteht keine Gefahr des Zusammenbackens mehr.

1. Stufe: Schlackenextraktion:

Nach etwa 4—5 Stunden ist die Extraktion beendet. Die Behälter werden am Boden entleert, Lauge und Schlamm fließen in einen offenen Eindicker. Es ist besonders vorteilhaft und empfehlenswert, hier offene Rinnen zu verwenden. Geschlossene Rohrleitungen führten immer wieder zu Verstopfungen.

2. Stufe: Schlammextraktion:

Der Austrag dieses Eindickers, der ungefähr 200 g Feststoff im Liter enthält, wird mittels einer Dorrco-Pumpe einem kleinen Rührwerksbehälter zugeführt und mit Rücklauge aus der „Hydratfällung" angerührt. Von hier wird die Mischung kontinuierlich in das Schlammextraktionsgefäß gebracht, das dieselbe Größe und dieselbe Ausstattung hat wie das Extraktionsgefäß der Stufe 1.

3. Stufe: Schlammwäsche:

Fertig extrahierter Schlamm und noch ungesättigte Lauge strömen kontinuierlich wieder einem Dorr-Eindicker zu. Der Austrag dieses Eindickers, etwa 600 g Feststoff im Liter, kommt in den Wascheindicker, in dem in Verbindung mit einer Reihe von weiteren Wascheindickern im Gegenstrom ausgewaschen wird.

Der Überlauf des ersten Wascheindickers, der also das konzentrierteste Waschwasser abgibt, wird mit dem Überlauf des Eindickers der ungesättigten Lauge in einem Sammelbehälter gestapelt und hier aufgewärmt. Der Stapelbehälter ist mit Heizschlangen ausgestattet.

Das ganze System wird auf einer Temperatur von etwa 40—50° C gehalten. Bei größeren Anlagen hat sich gezeigt, daß die Lösungs- und Reaktionswärmen und die mit den Fällgasen in das System eingeführte fühlbare Wärme praktisch ausreichen, um das ganze System auf erforderlicher Temperatur zu halten. Es ist höchstens etwas Wärme bei der Bereitung frischer Sodalauge oder mit dem Waschwasser zuzuführen. Auf den Dampfverbrauch soll weiter unten noch ausführlicher eingegangen werden.

Der Überlauf des Eindickers der ersten Stufe, in dem die gesättigte Lauge anfällt, fließt in einen kleinen Zwischenbehälter und wird von diesem dem Kellyfilter zur Klarfiltration zugeleitet. Die blank filtrierte Lauge wird in einem Vorratsbehälter für gesättigte Lauge gestapelt.

Dieses ist in kurzen Zügen der Arbeitsgang in der Extraktion. Durch Parallelschalten mehrerer Rührwerke und Eindicker wird die nötige Kapazität erreicht, durch Hintereinanderschalten eine weitgehende Kontinuität. In einer Anlage für 50000 t Tonerdeerzeugung im Jahr waren Behälter mit einem Nutzraum von etwa je 350 cbm Inhalt aufgestellt. Als Eindickergefäße fanden Ein- und Mehrkammerbehälter Verwendung.

Vorgänge bei der Schlackenextraktion:

Die chemischen Grundlagen des Verfahrens und damit in der Hauptsache die der Extraktion sind bereits behandelt worden. Hier sollen noch einige Ergänzungen allgemeiner Art hinzugefügt werden.

Wie erwähnt, ist ein hoher Feinheitsgrad des Schlackenmehles für die Extraktion von wesentlicher Bedeutung, und zwar in erster Linie in Hinsicht auf die Ausbeute. Der Feinheitsgrad wird in seiner ersten Stufe durch den Selbstzerfall der Schlacke erreicht. Etwa 70—80% der Schlacke zerrieseln. Die Zerrieselung, ihre Ursache, wurde erwähnt, erfolgt in der Hauptsache erst nach 3—4 tägigem Lagern in der Kühlhalle. Der Zerfall ist so weitgehend, daß die nachfolgende Mahlarbeit, die für den nicht zerfallenen Rest und die noch gröberen Bestandteile aufzubringen ist, keine wesentliche Belastung für das Verfahren bedeutet. Man kann mit etwa 2,— Mark je Tonne und einem Stromaufwand von 70 kWh bei einem Feinheitsgrad von 2% Rest auf dem 6200-Maschensieb rechnen. Der Mahlkugelverschleiß beträgt hier etwa 0,7 kg je Tonne.

Die Zusammensetzung der in die Extraktion gelangenden Schlacke wurde ebenfalls erwähnt. Wichtig ist vor allen Dingen ein gewisser CaO-Überschuß nach Absättigung der in der Schlacke enthaltenen Kieselsäure und des Aluminiumoxydes. Dieser CaO- bzw. Schlackenüberschuß ist nötig, um die Gewähr zu geben, daß während der Extraktion stets eine gewisse Menge freie NaOH in der Lauge vorhanden ist.

Ein wesentliches Merkmal der Laugerei ist, daß die Extraktion mit gleichzeitiger Entkieselung unter Einwirkung von einem gewissen knappen Schlackenüberschuß erfolgt. Es ist also nicht nötig, wie beispielsweise bei dem Bayerverfahren, besondere Zusätze zu machen oder die Entkieselung in einem zusätzlichen Arbeitsgang durchzuführen. Die Entkieselung erfolgt hier bei der sehr niedrigen Arbeitstemperatur von 40—45° C. Der SiO_2-Gehalt in der Lauge, die etwa 18 g Soda/l enthält (Na_2O als Soda gerechnet), sinkt auf etwa 0,07% SiO_2, bezogen auf Al_2O_3, während er anfänglich weit über 1% betragen hat. Eine weitere Entkieselung ist unter bestimmten Verhältnissen möglich und im Hinblick auf die Tonerdequalität auch erforderlich.

Beim Laugen des Schlackenmehles nimmt zunächst die Al_2O_3-Konzentration zu, die Konzentration an freier Na_2CO_3 ab. Nach Erreichung einer gewissen Al_2O_3-Konzentration nimmt bei weiterer Aufnahme an Al_2O_3 auch die freie NaOH ab. Von diesem Zeitpunkt ab beginnt die Ausscheidung der SiO_2, die bis dahin in starkem Maße parallel mit der Tonerde in Lösung gegangen war. Jetzt ändert sich bei richtiger Zusammensetzung des Schlackenmehles und richtiger Dosierung die Sedimentationsgeschwindigkeit des Schlammes plötzlich. Sie wird größer. Gleichzeitig wächst das Schlammvolumen an. Dies ist die auf S. 138) erwähnte sogenannte erste Schlammumwandlung, die z. T. in den Betrieben beobachtet und als wichtiges Kriterium zur Beurteilung des Extraktionsverlaufes verwandt wird. Nach dieser Schlammumwandlung findet wieder eine Zunahme an freier Natronlauge statt unter gleichzeitiger Abnahme des Al_2O_3-Gehaltes in der Lösung (Selbstfällung). Es muß daher der Betrieb so geführt werden, daß die Schlammumwandlung in bemerkenswertem Maße überhaupt nicht eintritt oder die Abtrennung des Schlammes im Eindicker doch wenigstens unmittelbar darauf erfolgt, ehe also eine nennenswerte Selbstfällung möglich ist.

Die Sättigung der Lauge mit Tonerde beträgt bis zu 14 g/l. Der Gehalt an NaOH soll im Anfang nicht weniger als 2,6 g NaOH im Liter sein, andernfalls besteht bei der späteren Karbonisierung die Gefahr einer Feinfällung. Der Schlackenüberschuß soll 20—25% betragen. Er hängt ab von der physikalischen Beschaffenheit der Schlacke. Schlacken, die nicht zerrieseln, erfordern im allgemeinen einen höheren Überschuß. Offensichtlich hängt dieses mit der Reaktionsfähigkeit der Schlackenbestandteile zusammen, d. h. wie schnell sich freies NaOH durch Umsetzung bildet und in welchem Umfange gleichzeitig Tonerde in Lösung geht. Diese Verhältnisse beeinflussen wiederum das offenbar kolloidchemische Verhalten des Schlammes bezüglich seiner Umwandlungserscheinung. Die Zusammenhänge harren noch einer genaueren Untersuchung. Es wurde erwähnt, und sei nochmals wiederholt, daß sie für die Beurteilung und Kontrolle des Prozesses von ausschlaggebender Bedeutung sein können, daß es aber auch in der Praxis gelingt, die Extraktion so sicher zu führen, daß man auf diese besonderen Erscheinungen nicht zu achten braucht.

Entwicklungsmöglichkeiten bei der Extraktion:

Ein wesentlicher Nachteil des Verfahrens gegenüber dem Bayerprozeß ist die geringe Konzentration der Laugen an Tonerde. Geht man auf höhere Konzentrationen, muß unbedingt eine besondere Entkieselung durchgeführt werden, die kostspielig ist und zu Verlusten an Tonerde führt. Versuche haben gezeigt, daß unter bestimmten Verhältnissen praktisch unter Beibehaltung der bisherigen Arbeitsweise eine Konzentrationserhöhung bis auf etwa 35 g Al_2O_3/l gewählt werden kann, wenn man sich mit einem SiO_2-Gehalt von etwa 0,08% in der Tonerde zufriedengibt. Dies ist aber bereits die obere Grenze. Das Arbeiten mit der höheren Konzentration nimmt der Extraktion die Sicherheit, die man bei niederen Laugekonzentrationen hat. Alle Versuche, namentlich auch die mit höheren SiO_2-Gehalten in der Schlacke, deuten darauf hin, daß es wirtschaftlicher ist und sich vor allen Dingen auch bessere Tonerdequalitäten gewinnen lassen, wenn man mit möglichst dünnen Lösungen arbeitet und dabei den größeren Bedarf an Behälterraum in Kauf nimmt.

Eine wesentliche Verbesserung wird erreicht, wenn man die einzelnen Extraktionsstufen kontinuierlich gestaltet, was, wie Erfahrungen gelehrt haben, durchaus möglich ist. Auch scheint es gangbar, den bisherigen nutzbaren Behälterraum von etwa 350 m^3 je Behälter noch wesentlich zu vergrößern.

Fällung des Hydrates:

Aus den Stapelbehältern für gesättigte Lauge wird diese den Fällungsbehältern zugeführt. Praktischerweise wird der Inhalt der Fällbehälter durch Luft oder Kohlensäuregas aus der Kalzination umgerührt. Für die Einleitung der Rührgase sind die Behälter mit drei bis vier Rührern ausgestattet, die am besten von oben her in die Behälter hineinragen. Eine seitliche Einführung ist eleganter, führte aber meistens zu der Schwierigkeit, daß man Verstopfungen nicht genügend verhindern konnte. Die von oben her frei hineinhängenden Rohre bieten hingegen den Vorteil, daß sie leicht herausgenommen, gereinigt bzw. durch neue ergänzt werden können.

Beim Einleiten der Kohlensäure werden nicht gleich alle Rohre angeschlossen. Man beginnt mit einem Rohr und leitet zunächst ein durch Kohlensäuregas unterstütztes „Ausrühren" des Tonerdehydrates ein. Erst später schließt man weitere Einleitungsrohre an und „fällt" die übrige Tonerde aus. Der Fällvorgang wird analytisch verfolgt, indem man von Zeit zu Zeit eine Tonerdebestimmung durchführt. Die Ergebnisse werden sobald wie möglich auf einen Gehalt von etwa 0,7 g Al_2O_3 je Liter extrapoliert und auf diese Weise im voraus der Abschluß der Ausrührzeit festgelegt.

Die Fällung wurde so reguliert, daß sie etwa 4 Stunden in Anspruch nahm. Später hat man mit einigem Erfolg versucht, eine kontinuierliche Fällung durchzuführen, die zu wesentlichen Zeitersparnissen führte. Nach beendeter Fällung oder auch kontinuierlich fließen Lauge und Hydrat in ein Stapelgefäß und von hier zur Zentrifuge oder zu einem Filter, gegebenenfalls zunächst zu einem Eindickfilter.

Filtrieren des Hydrates:

An einer Stelle wurden automatisch arbeitende „Ter-Meer"-„Maffey"-Zentrifugen für die Filtration des Hydrates verwandt. Schon in den Bayeranlagen hat man die Erfahrung gemacht, daß sich Zentrifugen für Tonerdehydratfiltration nicht besonders eignen. Auch hier sind ziemliche Schwierigkeiten aufgetreten. Man sah sich genötigt, nur eine teilweise Zentrifugierung vorzunehmen und das trübe Zentrifugat auf Pressen nachzufiltrieren. Man verwandte später an Stelle von Pressen Kellyfilter, die mit Baumwolltuch bespannt waren und auf denen etwa 10% des Gesamthydrates abgeschieden wurde.

Kalzinieren des Hydrates:

Das von der Zentrifuge bzw. Presse oder Filter kommende Hydrat enthält, wenn es normale Feinheit aufweist, etwa 18—20% Feuchtigkeit. Ist das Hydrat sehr fein, so steigt der Feuchtigkeitsgehalt an. Die Kalzination des Hydrates erfolgt genau wie beim Bayerverfahren in Drehöfen von 45—60 m Länge und einem Außendurchmesser von etwa 2 m. Der Ofen hat eine Neigung von etwa 2% und macht eine Umdrehung in der Minute. Die Heizung des Ofens erfolgt mit Generatorgas oder durch Heizöl. Die maximale Kalzinationstemperatur liegt bei etwa 1300°, die Abgastemperatur bei etwa 200°.

Das fertig kalzinierte Oxyd wird nach dem Verlassen des Drehofens in einer wasserberieselten Kühltrommel, in einem speziell konstruierten Turbokühler mit Luftkühlung oder am besten in einer einfachen wasserberieselten Schnecke auf eine Temperatur von 80—120° C abgekühlt. In einigen Fällen kühlt man noch weiter, so daß unmittelbar eine Absackung des Oxydes für den Transport erfolgen kann. Lagert man das Oxyd zunächst in einem Silo und bläst das kalzinierte Gut pneumatisch vom Kalzinations- zum Silogebäude, so kann die Temperatur etwas höher gehalten werden.

Der aus dem Drehofen mit den Abgasen anfallende Staub wird in einem Zyklon und nachgeschalteter EGR-Anlage bis auf 1—2% niedergeschlagen und dem frischen

Hydrat beigemischt, um so nochmals den Drehofen zu passieren. Die Temperatur der Gase bei Eintritt in die EGR-Anlage ist etwa 150° C, beim Austritt 120° C. Sollen die Abgase dann noch weiter für die Fällung des Hydrates Verwendung finden, so werden sie in zwei nachgeschalteten Rieseltürmen von schädlichen Schwefelverbindungen befreit und bis auf etwa 30° weiter abgekühlt.

Die Leistung des Drehofens war gewöhnlich bei Verwendung von Generatorgas mit 1200 WE niedriger als bei Ölfeuerung. So leistete ein 45 m langer Ofen mit Generatorgas 50 t am Tag, während er bei Ölfeuerung 72 t am Tag produzierte.

Nebenbetriebe:

An Nebenbetrieben besitzt eine nach dem Pedersen-Verfahren arbeitende Tonerdefabrik eine Generatorgasanlage, wenn nicht die Kalzinationsanlage mit Öl gefeuert wird, eine kleine Dampfstation, deren Abgase, wenn sie mit Kohle betrieben wird, neben den Kalzinationsgasen ebenfalls zur Hydratfällung verwandt werden können, eine Kompressoren- und Preßluftstation für Ansaugen der Abgase und Zuführung zur Fällstation, ferner zur Versorgung der pneumatischen Anlage zur Förderung von Schlackenstaub und Oxyd mit Preßluft und schließlich eine Sodastation zum Anrühren frischer Sodalauge.

Ausbeute und Verluste:

Die Extrahierbarkeit des Al_2O_3 aus der Schlacke ist im allgemeinen bis zu 95% möglich. Hinzu kommt ein Verlust durch unvollständiges Auswaschen von Schlamm und Hydrat, sowie Staub- und Leckageverluste. Der erstere beträgt etwa 0,5%, die letzteren im Mittel bis zu etwa 1%. Die Staubverluste beim Löschen des Bauxits und die Verluste, die beim Niederschmelzen im Elektroofen entstehen, sind mit 0,7%, Staubverluste beim Brechen und Mahlen mit 0,6% und endlich die Staubverluste bei der Kalzination mit etwa 2,5% in Rechnung zu setzen. Die Summe dieser Einzelverluste, 5,3%, sind von der Extrahierbarkeit, 95%, in Abzug zu bringen. Hinzu kommt ein Al_2O_3-Gewinn aus Reduktionskohlenasche und Zuschlägen von etwa 1,3%, so daß die Endausbeute des Verfahrens im Mittel bei etwa 91% liegt.

Verwertung des anfallenden Schlammes:

Der nach der Wäsche anfallende Rückstand wird aus dem letzten Wascheindicker mit einer durchschnittlichen Konsistenz von 600 g Feststoff je Liter abgestoßen. Aus 1 t eingeführter Schlacke fallen rund 1,1 t Schlamm an. Dieser besteht in der Hauptsache aus rückgebildetem Kalziumkarbonat. Infolge des hohen Wassergehaltes und des geringen Wertes seiner Bestandteile fand der Rückstand bisher keine nennenswerte Verwendung. Man kann ihn trocknen und infolge seines Kalkgehaltes bei entsprechenden Bodenverhältnissen als Düngemittel verwenden. Die Trockenkosten sind aber so hoch, daß Transportkosten für größere Entfernungen zusätzlich nicht tragbar sind. Auch als Zementzusatzstoff bestehen einige Verwendungsaussichten, aber auch nur dann, wenn billige Abgase zum Trocknen vorhanden oder eine Zementfabrik in unmittelbarer Nähe der Tonerdefabrik gelegen ist. Als dritte Verwendungsmöglichkeit wurde vorgeschlagen, den Schlamm in den Prozeß wieder zurückzuführen und dadurch einen Teil des normal notwendigen Kalksteines einzusparen. Dies ist die interessanteste Verwendungsmöglichkeit. Sie würde vor allen Dingen erlauben, gewisse Vereinfachungen in der Extraktion und der Wäscherei einzuführen, weil ein Rückstand mit höherem Al_2O_3-Gehalt keinen zusätzlichen Verlust bedeuten würde, wenn man den Schlamm in einem zweiten Arbeitsgang sowohl bezüglich seines Kalkgehaltes als auch bezüglich des Tonerdegehaltes ausnutzte. Diese Verwendungsmöglichkeit ist im Versuchsmaßstab erfolgreich durchgeführt worden. Aber auch sie stößt auf die große Schwierigkeit, daß Kosten für Trocknen und Binden des anfallenden Staubes kaum durch die Vorteile der Ausbeutung des Schlammes aufgewogen werden dürften. Die Zusammensetzung eines solchen Schlammes ist beispielsweise folgende:

CaO + MgO	51 % (als Karbonat)
SiO_2	5,0%
TiO_2	3,3%
Al_2O_3	2,4%
H_2O	32,7%

d) Rohstoffverbrauch, Energiebedarf, Personalbedarf, Kosten

Der mittlere Verbrauch an Rohstoffen, Energie und Hilfsmitteln für das Pedersen-Verfahren, bezogen auf die Tonne Tonerde, ist:

Bauxit mit 57% Al_2O_3, 7% SiO_2, 12% Glühverlust	2,3 t
Kalkstein, ca. 90%ig	2,1 t
Hüttenkoks	0,25 t
Elektrodenmasse	0,03 t
Ofenstrom	3700 kWh
Soda (Ersatz für Sodaverluste)	0,05 t
Öl für Kalzinierung	0,190 t
Strom für Betrieb einschl. Dampferzeugung	800 kWh

Je Tonne Tonerde werden 2,2—2,6 t Schlacke mit 4—8% SiO_2 erzeugt. Als Nebenprodukt fallen 300—350 kg Eisen an. Das Eisen hat etwa folgende Zusammensetzung:

Si	0,60%	Cr	0,40%
Mn	0,03%	Ni	0,25%
V	0,30%	Al	0,10%
C	4,60%	Fe	92,97%
Ti	0,60%	Ca	Spuren
P	0,15%	S	Spuren

Der Personalbedarf ist aus der folgenden Selbstkostenaufstellung zu entnehmen. Diese bezieht sich schätzungsweise auf eine Anlage für eine Jahresproduktion von etwa 50000 t.

Unter den Verhältnissen von 1938 hätte in einer solchen Anlage die Tonerde bei günstigen Stromverhältnissen, ca. 0,006 Mark je kWh, ohne Berücksichtigung der

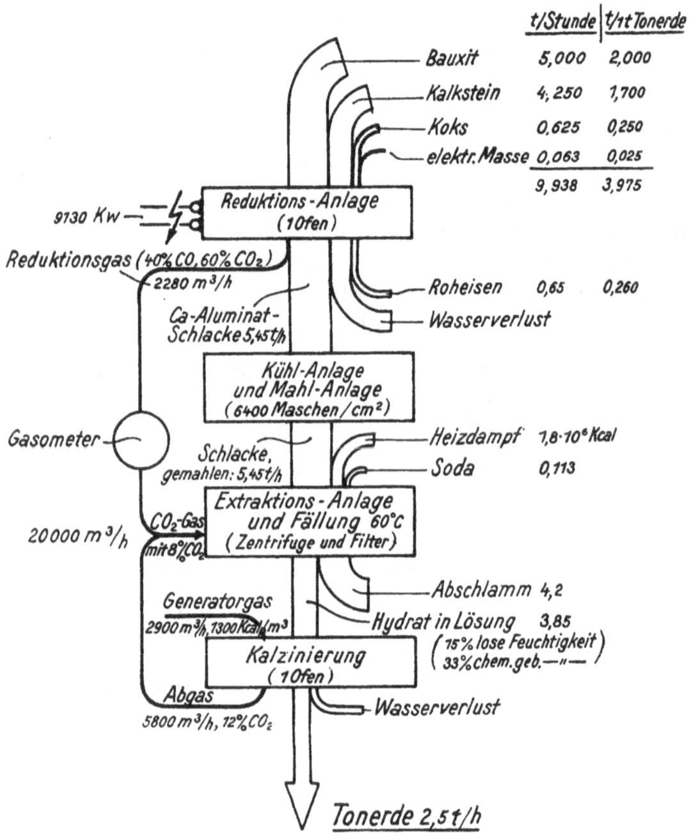

Abb. 35. Betriebs-Schema für 20000 t/Jahr Tonerde-Erzeugung auf Bauxitbasis (Pedersen-Verfahren).

Gutschrift für Eisen zu einem Preis von rd. 300,— Mark erzeugt werden können. Bezogen auf diesen Betrag verteilen sich die einzelnen Kosten wie folgt:

Bauxit	19,0%	Betriebsstrom	3,4%
Kalkstein	6,5%	Löhne	16,0%
Koks	4,7%	Gehälter	3,3%
Elektrodenmasse	1,6%	Reparaturen	10,0%
Ofenstrom	8,0%	Hilfsstoffe, Werkzeuge	3,3%
Soda	2,7%	Transport, Lager	6,7%
Öl	5,0%	Gemeinkosten	9,8%

Der Erlös aus dem Eisen bringt eine Gutschrift von rd. 15%, d. h. also, die reinen Selbstkosten für Tonerde betragen unter diesen Verhältnissen Mark 245,—; bei günstigeren Rohstoffpreisen, wie sie etwa in früheren Jahren zutrafen, und störungsfreiem Betriebsgang ließen sich die Selbstkosten um etwa Mark 50,— bis 60,— ermäßigen. Man würde dann einen Tonerdepreis von wenig unter 200,— Mark je Tonne erreichen.

Ein Mengenumlaufschema gibt die Abb. 35 wieder.

Weitere Einzelheiten über Rohstoff-, Hilfsstoff- und Energiebedarf, Betriebsdaten und ferner auch den Personalbedarf enthalten die Tabellen 55—59. Hierbei ist in den Spalten 5 und 6 ein teilweiser Ersatz des Bauxits durch ein Aluminiumsilikatgestein berücksichtigt (vgl. hierzu Teil B dieses Buches).

Tabelle 55

Betriebsdaten zum Kalzium-Aluminat-Schmelzprozeß

1	2	3	4	5	6
2	Einsatz[1]) Bauxit	%	100	90	65
3	Silikatgestein bzw. Ton	%	0	10	35
4	Tonerdeerzeugung bei gegebener Schmelzofenleistung	%	100	89	68
5	Roheisenerzeugung	t/t Al_2O_3	0,280	0,265	0,230
6	Schlacke, Menge	t/t Al_2O_3	2,21	2,50	3,40
7	Schlacke, Analyse: Al_2O_3	%	50,0	43,5	30,5
8	Schlacke, Analyse: SiO_2	%	4,0	7,8	14,0
9	Schlacke, Extrahierbarkeit	%	95,0	94,5	93,25
10	Schlacke, Ausbringen fertiger Tonerde[2])	%	92,0	91,5	90,25
11	Ofengase, Menge	Nm^3/tAl_2O_3	850	950	1260
12	Ofengase, Analyse: CO_2	%	31,0	33,0	34,5
13	Ofengase, Analyse: CO	%	59,5	58,3	59,0
14	Ofengase, Analyse: H_2	%	8,5	7,7	5,5
15	Ofengase, Analyse: CH_4	%	1,0	1,0	1,0
16	Ofengase, Heizwert[3])	$Kcal/Nm^3$	1800	1740	1680
17	Ofengase, Verbrennungswärme	10^6 Kcal / t Al_2O_3	1,53	1,65	2,11
18	Ofengase, CO_2-Menge nach Verbrennung[4])	$Nm^3/t\ Al_2O_3$	775	875	1190
19	Fällung, CO_2-Bedarf[5])	$Nm^3/t\ Al_2O_3$	450	480	550
20	Kalzinierung, Wärmebedarf	10^6 Kcal / t Al_2O_3	1,35	1,35	1,35
21	Dampfbedarf für Fabrikation	kg/t Al_2O_3	400	400	400
22	Dampfbedarf für Heizung, Waschkaue usw.	kg/t Al_2O_3	530	600	780
23	Wasserbedarf: Frischwasser	$m^3/t\ Al_2O_3$	35		
24	Wasserbedarf: Kreislaufwasser	$m^3/t\ Al_2O_3$	9		
25	Filtertuchbedarf	$m^2/t\ Al_2O_3$	0,25		

[1]) Völlig trockene (110° C) Rohstoffe mit weniger als 10% Staubgehalt.

[2]) Bezogen auf Al_2O_3 in der Schlacke.

[3]) Errechnet.

[4]) Errechnet.

[5]) Bei 10% Absorption entsprechend mehr.

Tabelle 56

Rohstoff- und Hilfsstoffbedarf

1	2	3	4	5	6
2	Einsatz Bauxit	%	100	90	65
3	Einsatz Silikat	%	0	10	35
	Bedarf:	kg/t Al_2O_3			
4	Silikatgestein, Trockengewicht		0	190	770
5	Silikatgestein, 0,5% Feuchtigkeit		0	1	4
6	Kalkstein, Trockengewicht		1770	2100	3000
7	Kalkstein, 0,5% Feuchtigkeit		9	10	15
8	Soda		45	47	51
9	Bauxit, Trockengewicht		1810	1730	1430
10	Bauxit, 8% Feuchtigkeit		145	138	115
11	Söderbergmasse		25,0	28,2	36,8
12	Stampfmasse für Betriebsreparatur		1,0	1,1	1,5
13	Stampfmasse für Ofenerneuerung (4 Jahre)		0,3	0,3	0,5
14	Gebr. Kohlen für Ofenerneuerung (4 Jahre)		1,7	1,9	2,5
15	Nußkoks für Schmelzprozeß		240,0	265,0	325,0
16	Kohle für Gaserzeugung		290,0	290,0	290,0
17	Kohle für Fabrikationsdampf		60,0	60,0	60,0
18	Kohle für Heizung, Waschkaue, Verluste usw.		80,0	90,0	115,0
19	Kohle und Kohleerzeugnisse usw.		698,0	736,5	831,3
20	Kohle und Kohleerzeugnisse usw. 5% Feuchtigkeit		35,0	37,0	41,8
	Zusammen:		733,0	773,5	873,1
21	Filtertuch		0,5	0,5	0,7
22	Schmierstoffe (Öl + Fett)		1,2	1,3	1,5
23	Eisen (Stab-, Form-, Blech)		9,0	10,0	13,0
24	Sonstige Magazin- und Reparatur-Stoffe		14,5	15,6	17,7

Tabelle 57

Analysendaten

		Al_2O_3	SiO_2	CaO	Fe_2O_3	TiO_2	MgO	Asche
Bauxit	%	59,18	3,16	—	21,87	2,80	—	
Tonerdesilikat	%	29,50	50,50	13,15	1,30	0,08	0,66	
Kalkstein	%	0,50	1,50	53,50	0,30	0,02	0,60	
Nußkoks	%	2,30	3,70	0,20	1,30	0,09	0,20	8,0
Koksgruß		—	—	—	—	—	—	15,0

Tabelle 58
Strombedarf

1	2	3	4	5	
2	Schmelzöfen . .	3500	3950	5150	kWh/t Al_2O_3
3	Kraft und Licht	750	750	800	kWh/t Al_2O_3
4	Gesamtfabrik	4250	4700	5950	kWh/t Al_2O_3

Tabelle 59
Arbeiterbedarf

1	2	3	4	5	6
2	Arbeiter für Fabrikation (Silo bis Silo)[1] .	Arbeiter 1000 t/Jahr	6,10	6,75	9,00
3	Arbeiter für Entladung, Lagerung, Verladung	1000 t/Jahr	2,00	2,21	2,75
4	Arbeiter für Reparatur	1000 t/Jahr	1,67	1,88	2,46
	zusammen	1000 t/Jahr	9,77	10,84	14,21
5	Kopfleistung[2])	t/Jahr u. Kopf	102	92	70
6	Arbeitsstunden für Fabrikation (Silo bis Silo)[3])	Std./t	14,7	16,2	21,6
7	Arbeitsstunden für Entladung, Lagerung, Verladung[4])	Std./t	4,8	5,3	6,6
8	Arbeitsstunden für Reparatur	Std./t	4,0	4,5	5,9
		zusammen	23,5	26,0	34,1

6. Gewinnung der Tonerde des Bauxits ohne spezielle Aufschlußmittel für Tonerde

a) Das Haglund-Verfahren

aa) Die chemischen Grundlagen des Verfahrens

Der Haglundprozeß wurde von Ende 1929 bis 1936 in Maghera/Venezia (Italien) fabrikatorisch durchgeführt. Es wurden dabei jährlich etwa 10—13000 t Tonerde hergestellt. Das Verfahren ist von T. R. Haglund[5]) vorgeschlagen und von der Vereinigte Aluminium-Werke A.G., Berlin (VAW.) für Europa erworben worden.

Außer in Marghera wurde noch eine Fabrikation nach dem Haglundverfahren in den Vereinigten Staaten errichtet. Hier wird die anfallende Tonerde als Schleifmittel benutzt.

Zunächst seien die Gründe mitgeteilt, die dazu führten, eine Anlage nach dem Haglundverfahren zu bauen.

Wenn man aus Bauxit Tonerde herstellen will, so sind prinzipiell drei Wege möglich. Der erste ist damit gegeben, daß man das im Bauxit enthaltene Aluminium-

[1]) Ohne Anteil Massefabrik.
[2]) Bezogen auf Gesamtbelegschaft.
[3]) Ohne Anteil Massefabrik.
[4]) Std./t Rohstoffe.
[5]) T. R. Haglund, schwed. Patent 54107 (1920).

oxyd mitsamt den Nebenbestandteilen aufschließt. Bei dem zweiten wird nur das Al_2O_3 aus dem Bauxit herausgelöst und der Rest des Bauxits möglichst in der Form belassen, wie er im Bauxit vorliegt. Der dritte Weg ist der, daß das Al_2O_3 möglichst in der Form bleibt, in der es in der Natur vorliegt — man muß es nur wasserfrei machen —, die Nebenbestandteile des Bauxits aber chemisch verändert und diese dadurch von der Tonerde getrennt werden. Der erste ist z. B. beim Sintern mit Soda beschritten worden. Der Bayerprozeß gehört zu der Gruppe der zweiten Verfahren. Der Haglundprozeß ist ein Prozeß, dem die dritte Herstellungsweise der Tonerde aus Bauxit zugrunde liegt. An sich hat diese Art den Bauxit aufzuschließen, theoretisch größtes Interesse, denn wenn man das Al_2O_3 erst in Lösung bringen und wieder fällen und glühen muß, so ist dies ganz sicher komplizierter, als wenn man die Tonerde, wie sie im Bauxit vorliegt, direkt in das Endprodukt überführt. Dabei liegt beim Haglundprozeß der Fall so, daß die Nebenbestandteile des Bauxits in einer verwertbaren Form anfallen, nämlich als Eisen und Eisenlegierung. Gerade diese vollkommene Ausnutzung des Bauxits war es, die für das Verfahren sprach.

Dies ist auch der Grund, warum das Verfahren hier beschrieben wird, und damit verhütet werden soll, daß es ganz der Vergessenheit anheimfällt. Denn es ist durchaus möglich, daß die theoretischen Vorteile auch noch einmal praktische Bedeutung bekommen. Bei der Benutzung des hergestellten Aluminiumoxyds für Schleifmittelzwecke ist es ohne weiteres mit Vorteil anzuwenden. Auch für schwer aufschließbare, insbesondere korundhaltige Rohmaterialien hat das Verfahren Vorteile vor anderen Aufschlußmethoden.

Beim Haglundprozeß ist — wie ausgeführt — die Grundidee der Gewinnung von Tonerde verschieden von den Prozessen, die bisher zur Gewinnung von Tonerde angewendet wurden. Die Apparatur ist deshalb eine vollkommen andere als bei den zur Zeit benutzten Verfahren zur Herstellung von Tonerde. Man hat hier einen metallurgischen Prozeß mit Sintern, Brikettieren und Schmelzen. Wer also Freude an metallurgischen Prozessen hat, wird sich für die Verwendung dieses Verfahrens besonders interessieren.

Der Haglundprozeß beruht auf folgenden chemischen Vorgängen: Der Bauxit wird mit Koks und Eisensulfid im Elektroofen niedergeschmolzen. Der größte Teil der Tonerde wird dabei chemisch nicht angegriffen, sondern nur entwässert und bei etwa 1800^0 geschmolzen. Das Eisen des Bauxits wird reduziert, ebenso das Titan und die Kieselsäure; diese werden zu Legierungsbestandteilen des Eisens. Außerdem entsteht durch Umsetzung des Eisensulfids mit Kohle ein gewisser Prozentsatz Aluminiumsulfid. Dies hat zur Folge, daß der Schmelzpunkt der Tonerde erheblich herabgesetzt wird. Durch die Gegenwart der Sulfide werden die Nebenbestandteile des Bauxits leichter aus der Tonerde entfernt als ohne sie. Schließlich hat die Gegenwart des Aluminiumsulfids eine Bedeutung bei der Weiterverarbeitung der Tonerde, worauf später noch zurückzukommen ist.

Die chemischen Einflüsse der Sulfide auf die Nebenbestandteile des Bauxits sind folgende:

Die Kieselsäure wird nicht zu Silizium reduziert, sondern teilweise zu SiS_2 umgesetzt. Diese Verbindung ist leicht flüchtig und geht sehr schnell und quantitativ aus der Tonerdeschmelze heraus. Deshalb enthält die Haglundtonerde sehr wenig Kieselsäure. Auch das Titan wird, soweit es in der Schmelze bleibt, in TiS_2 verwandelt, was sehr viel leichter zu lösen ist als TiO_2. Die „Schlacke" ist in Gegenwart von Aluminiumsulfid leichtflüssig. Dadurch scheiden sich das Eisen und seine Legierungsbestandteile sehr viel leichter ab.

Ein Verfahren, das ohne Schwefel arbeitet und nur den Bauxit mit Kohle im elektrischen Ofen reduziert, ist das sogenannte Hall-Verfahren, das eine Zeitlang an den Niagarafällen durchgeführt wurde. Wenn man nach diesem Verfahren arbeiten will, muß man in der Schmelze neben der Tonerde auch eine besondere Verbindung erzeugen, um die Nebenbestandteile wirksam zu entfernen. Dies ist das Aluminiumkarbid, Al_4C_3. Im Gegensatz zu Al_2S_3 ist Aluminiumkarbid ein sehr schwer schmelzbarer Körper, der die Aluminiumoxydschmelze nicht leicht-, sondern schwerflüssig macht. Infolgedessen arbeitet dieser Prozeß bei einer um mehrere 100^0 C höher liegenden Temperatur als der Haglundprozeß. Dadurch werden die Verdampfungsverluste an Al_2O_3 erheblich. Die Beseitigung der Nebenbestandteile aus der Tonerde ist mi Hilfe von Karbid viel schwieriger zu bewerkstelligen als mit Aluminiumsulfid.

Für den Haglundprozeß gelten folgende Umsetzungen:

$$Fe_2O_3 + 3C \longrightarrow 2Fe + 3CO$$
$$SiO_2 + 2C \longrightarrow Si + 2CO$$
$$SiO_2 + 2FeS + 2C \longrightarrow 2Fe + 2CO + SiS_2$$
$$TiO_2 + 2C \longrightarrow Ti + 2CO$$
$$TiO_2 + 2FeS + 2C \longrightarrow TiS_2 + 2CO + 2Fe$$
$$Al_2O_3 + 3FeS + 3C \longrightarrow Al_2S_3 + 3Fe + 3CO$$

Bei normalem Bauxit gehen vom Silizium etwa 75% des eingebrachten Siliziums in das Eisen und 25% verdampfen. Dieser Prozentsatz ist abhängig davon, wieviel Kieselsäure im Bauxit vorhanden ist. Bei kieselsäurereichem Bauxit geht mehr in die Abgase als bei kieselsäurearmem Bauxit. Der Schwefelverlust entspricht den jeweiligen Verhältnissen. Das Eisenoxyd wird fast quantitativ reduziert; am schwersten zu reduzieren ist das Titan. Im allgemeinen verhält es sich so, daß 85% in das Eisen gehen und 15% in der Tonerdeschmelze als TiS_2 bleiben. Es scheint ein Gleichgewicht zu bestehen zwischen dem Titangehalt des Eisens und dem der Korundschmelze. Weitere Einzelheiten im folgenden.

bb) Die Abstimmung der Rohstoffbeschaffenheit und des Verfahrens aufeinander

Im großen und ganzen ist der Haglundprozeß von der Beschaffenheit des Hauptrohstoffes, Bauxit, praktisch unabhängig, wenn — wie das für die Fabrik in Maghera zutraf — eine Sinteranlage zur Verfügung steht. Das Niederschmelzen im Elektroofen erfordert bekanntlich stückiges Material mittlerer Korngröße. Da die Bauxite oft feinkörnig, teils erdig bzw. staubig sind, ist eine Sinterung oder Brikettierung erforderlich. Bei dem Brikettieren bleibt das Kristallwasser und das Wasser, das zugesetzt werden muß, größtenteils im Brikett. Die Verdampfung erfordert im Elektroofen zusätzlichen Strom. Außerdem reagiert das Wasser mit Reduktionskohle und führt so zu einem erhöhten Kohleverbrauch. Die Sinterung des feinen oder erdigen Anteiles vom Rohstoff ist aus diesen Gründen vorzuziehen.

Wie bereits im Abschnitt aa) behandelt, kommt für den Haglundprozeß als Rohstoff nur Bauxit in Frage. Es kann aber im Gegensatz zu den nassen Aufschlußverfahren hier praktisch jede Bauxitart verarbeitet werden, gleichgültig in welcher Modifikation das Aluminiumoxyd in ihm vorliegt. Lediglich der Kieselsäure-Gehalt bedingt gewisse Einschränkungen bei der Verarbeitung. Die Kieselsäure setzt sich — wie oben unter aa) ausgeführt — mit dem Schwefel zu Monosulfid um, das flüchtig ist und somit zu empfindlichen Verlusten führt.

Neben gesintertem Bauxit wird dem Haglundofen noch Schwefeleisen und Koks zugeführt. An Stelle von stückigem Koks wurde mit gutem Erfolg z. T. auch Anthrazit verwandt.

Viel häufiger als Schwefeleisen (FeS) kommt Pyrit (FeS_2) in der Natur vor. Deshalb wurde in der Hauptsache auch Pyrit verarbeitet. Verwendet man diesen ohne weitere Vorbehandlung, so zeigt es sich, daß die Hälfte des Schwefelgehaltes im Pyrit durch Sublimation verlorengeht. Um diesen Schwefel nutzbar zu machen, wurden Briketts mit Eisenspänen hergestellt. Diese Briketts hatten etwa folgende Zusammensetzung:

50% Pyrit
30% Eisenspäne
20% Bauxit (0—3 mm).

Für die Briketts eignet sich nur feinkörniger Pyrit. Grobkörniger Pyrit mußte, da ein Zerkleinern sich nicht lohnte, direkt auf den Ofen aufgegeben werden.

cc) Gang und Apparatur des Verfahrens

Die Herstellung der Haglundschmelze soll an Hand eines Schemas (Abb. 36) näher erörtert werden. Der Bauxit wurde als grob- und feinkörniges Material angeliefert. Der grobe Bauxit ging durch einen Backenbrecher und dann zusammen mit dem feinkörnigen Bauxit durch Walzenbrecher auf eine Siebtrommel. Der Bauxit, der nicht durch die Siebtrommel fiel, lief nochmals durch einen Walzenbrecher. Von dem durchfallenden Material wurde das feine über ein Vibrationssieb geführt. Bauxit von 0—3 mm Korn wurde für die Brikettherstellung abgetrennt. Die größte Menge des Bauxits, 0—12 mm Korn, ging in einen Mischer, das gröbste von 12 bis 20 mm in einen besonderen Behälter. Der Bauxit von 0—12 mm wurde mit feinem Koks und eventuellem Retourgut gemischt und wanderte dann in die Sinterei.

Es waren sechs Sinterpfannen nach dem System von Almänna in Stockholm aufgestellt worden. Die Sinterpfannen wurden mit grobem Bauxit 12—20 mm als Bettmaterial beschickt und anschließend in der Hauptsache mit der Mischung von feinem Bauxit und trockenem Koks. Die Menge des Kokses betrug im allgemeinen etwa 9 kg auf 100 Rohbauxit. Um die Sinterpfannen zu zünden, wurde eine Zündschicht von Sägespänen und Koks auf die Sinterpfannen gegeben. Durch einen kräftigen Unterdruck wurde eine sehr gleichmäßige Sinterung des Materials erreicht. Die Anlage hat sich im ganzen bewährt. Es wurden bei der Projektierung auch andere Sinterverfahren in Erwägung gezogen, hauptsächlich die Dwight-Lloyd-Apparate; aber diese sind im allgemeinen für sehr viel größeren Durchsatz berechnet und kamen deshalb nicht in Betracht. Für diese kleinen Mengen war die Anlage der Almänna auch billiger als die Dwight-Lloyd-Apparate.

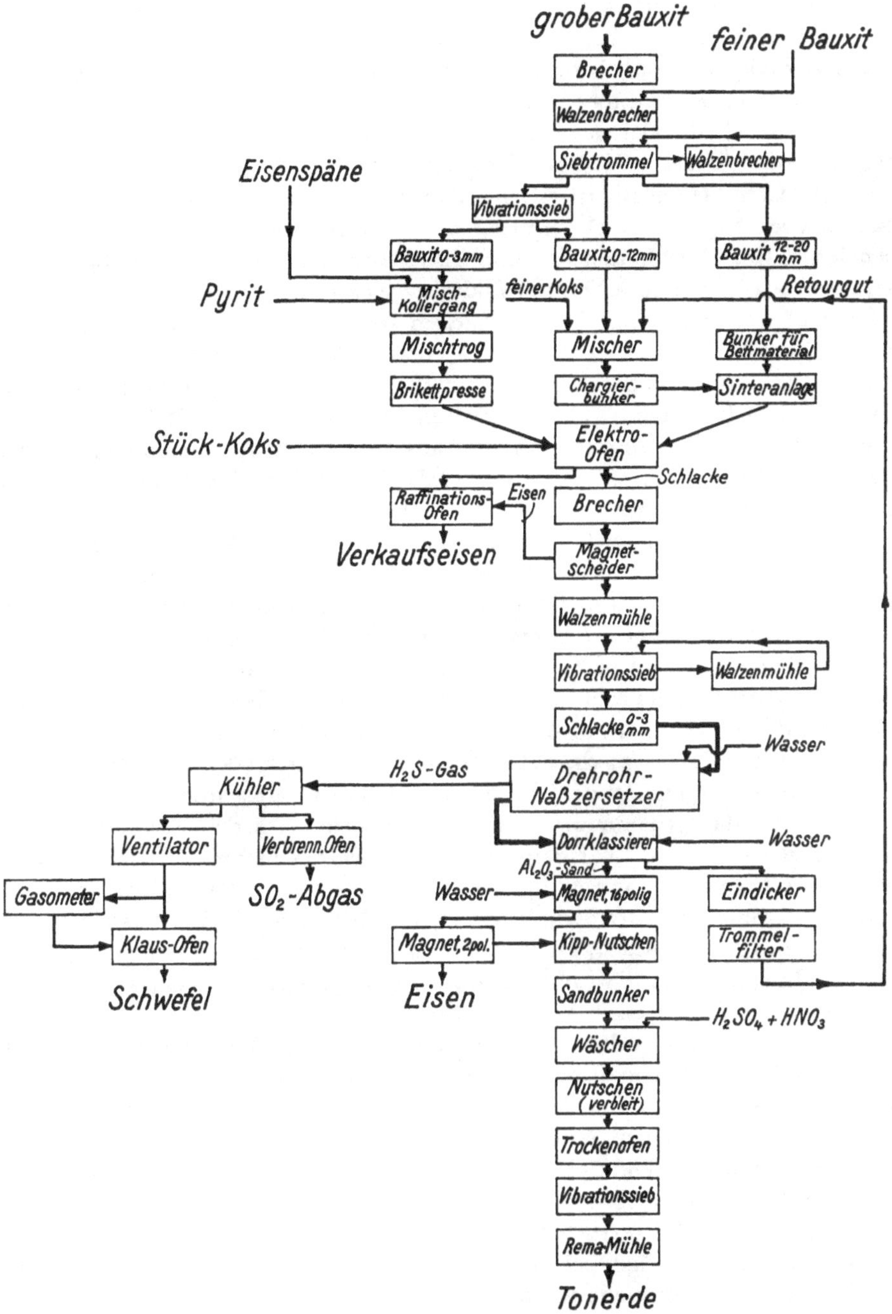

Abb. 36. Herstellung der Haglund-Schmelze und ihre Aufbereitung.

Es waren 4 Einphasen-Lichtbogenöfen mit je 2 Elektroden aufgestellt. Die Spannungsstufen waren 85, 95, 105 und 115 V. Die Kilowattzahl für jeden Ofen betrug 2000—2500. Die höchste Belastung betrug 25000 A. Diese relativ kleinen Öfen wurden gewählt, weil sonst befürchtet werden mußte, daß bei größeren Öfen hohe Verdampfungsverluste entstehen würden. Ob diese Befürchtung berechtigt war oder nicht, ist zweifelhaft. Bei gewissen Prozessen, z. B. bei der Siluminherstellung, wurde gefunden, daß die Verdampfung bei größeren Öfen sehr viel stärker ist als bei kleinen Öfen. Jedenfalls ist es zu bedauern, daß man damals nicht mit einem größeren Ofen einen Versuch gemacht hat. Elektrisch waren zwei Öfen in Scott geschaltet. Zwei Öfen hatten 750-mm-Elektroden, ein Ofen 800-mm-Elektroden. Im Jahre 1932 wurde ein Ofen mit Söderbergelektroden ausgerüstet.

Im Anfang traten einige Schwierigkeiten bei der Schmelzeherstellung auf. Sie bestanden zunächst darin, daß der Kohleboden des Ofens durch das Eisen aufgezehrt wurde. Durch höheren Zusatz von Kohle zur Mischung konnte man diesen Schwierigkeiten begegnen. Auf der anderen Seite kam es vor, daß zwischen den beiden Elektroden sich eine feste Kruste ansetzte, die den gemeinsamen Herd in zwei Teile teilte. Durch näheres Heranrücken der beiden Elektroden zueinander wurde auch diese Schwierigkeit behoben. Der lichte Abstand von Elektrode zu Elektrode betrug ursprünglich 1000 mm; er wurde auf ca. 800 mm reduziert. Die Innenmaße der Öfen betrugen 2100 × 3900 mm, die Tiefe 1500 mm. Auch die Seiten bestanden innen, wie die Böden, aus Kohleblöcken. Diese lagerten auf einer hoch tonerdehaltigen Schamotteausmauerung. Um diese und den Boden waren Blechmäntel gelegt, die durch starke Schienen gehalten wurden. Die stark abfallenden Abstichschnauzen für den Schmelzeabstich bestanden aus Gußeisen (Hämatit), die für Eisen aus Kohle, mit nur geringer Neigung.

Die Stromzuteilung war so, daß 6 Monate des Jahres 8000 kW und 6 Monate 3800 kW zur Verfügung standen. Im Sommer konnten infolgedessen vier Öfen laufen, im Winter dagegen nur zwei. Im Sommer belief sich der Verbrauch je Tag auf 100 t Rohbauxit, 9,2 t Koksgrus, 7,5 t Tonerdeschlamm (Rückgut), 20,8 t Pyrit, 12,5 t Eisenspäne und 20,8 t Stückkoks. Aus 1,167 t Bauxit erhielt man in der Regel 1 t Sintergut. Im Abschnitt ee) (S. 171) befindet sich eine Aufstellung über den Verbrauch für 1 t Al_2O_3. Diese Aufstellung stammt aus den ersten Jahren des Betriebes. In späterer Zeit wurde das Ausbringen verbessert. Leider sind aber aus dieser Zeit keine Zahlen mehr vorhanden.

Es wurde am Tage sechsmal abgestochen. Vor dem Abstich wurde der Ofen $^1/_2$—$^3/_4$ Stunde klar geschmolzen, d. h. es wurde kein neues Material mehr zugegeben und mit der Belastung des Ofens zurückgegangen. Die Öfen waren so eingerichtet, daß auf der einen Seite zwei Abstichlöcher für Schmelze in der Nähe der Elektroden waren, während sich auf der anderen Seite in der Mitte ein Abstichloch für Eisen befand. Dieses Abstichloch war unmittelbar über dem Boden angeordnet, während die Abstichlöcher der Schmelze höher angebracht waren. Das Eisen wurde nur zweimal am Tage abgestochen, und zwar im unmittelbaren Anschluß an einen Schmelzabstich. Die Abstiche wurden in üblicher Weise durch Brennen mit einer Hilfselektrode aus Graphit zum „Laufen" gebracht.

Es kam vor, daß der Ofen eine Tendenz zum Aufbauen dadurch zeigte, daß sich sehr schwer schmelzbare Krusten im Innern des Ofens ansetzten. Sie bestanden hauptsächlich aus Titankarbid. Durch Schmelzen mit Eisenoxyd konnte man die Krusten teilweise beseitigen. Mit Hilfe einer guten analytischen Kontrolle gelang es, das Entstehen solcher Krusten zu vermindern. Es wurde dafür gesorgt, daß möglichst wenig Karbid in der Korundschmelze enthalten war. Der Karbidgehalt wurde dadurch gefunden, daß das in Säure lösliche Aluminium einerseits und der Schwefelgehalt der Schmelze andererseits bestimmt wurde. Wenn erheblich mehr lösliche Tonerde gefunden wurde als der Formel Al_2S_3 entspricht, wurde mit der Zugabe von Koks zurückgegangen. Wenn andererseits das Al_2S_3 an sich sehr zurückging, wurde die Kokszugabe erhöht. Der Gehalt an Schwefel in der Korundschmelze wurde zwischen 5 und 7% gehalten. Es zeigte sich, daß bei der Verarbeitung von Schmelze mit weniger als 5% Schwefel der Gehalt an TiO_2 im fertigen Al_2O_3 sehr in die Höhe ging, wie die folgende Aufstellung zeigt:

Schwefelgehalt der Schmelze	TiO_2 im fertigen Al_2O_3
0,58%	0,85%
3,8 %	0,68%
4,9 %	0,31%
5,46%	0,09%
6,33%	0,12%
7,97%	0,09%

Der Verbrauch an festen Elektroden betrug etwa 18 kg je Tonne Schmelze, im Söderbergofen 6,35 kg Elektrodenmasse je 1000 kWh. Die Söderbergelektroden haben sich bei dem Prozeß sehr gut bewährt. Der einzige Grund, warum diese Elektroden nicht gleich eingebaut worden waren, obwohl sie auch schon bei dem Versuchsbetrieb angewandt wurden, war lediglich der, daß damals die Patentinhaberin abnorm hohe Lizenzen verlangte. Mit den gebrannten Elektroden entstanden manche Schwierigkeiten; besonders beim Übergang von einer Elektrode zur andern kam es oft vor, daß Teile abplatzten oder schlechter Kontakt zwischen den beiden Elektroden eintrat. Die Staubverluste im Ofenhaus waren sehr erheblich. Wie die beigefügte Aufstellung zeigt, betrugen sie 12% der eingeführten Tonerde; später gingen sie zwar auf etwa 10% zurück. Aber auch diese Staubverluste sind noch sehr hoch. Man hatte mit ihnen bei der Projektierung des Verfahrens nicht gerechnet.

Beim Bayerverfahren und bei anderen Prozessen zur Herstellung von Tonerde ist der Gehalt des Bauxits an Kieselsäure von ausschlaggebender Bedeutung. Man verliert notwendigerweise das 1,13-fache des im Bauxit vorhandenen SiO_2 an Al_2O_3. Bei den Kalkverfahren muß man auf 1 SiO_2 2 CaO zusetzen, d. h. auf 60 Kieselsäure 200 Kalziumkarbonat. In beiden Fällen bedeutet der Gehalt an Kieselsäure im Bauxit eine erhebliche Verteuerung des Verfahrens. Das Haglundverfahren zeichnet sich dadurch aus, daß die Kieselsäure im Bauxit keine so große Rolle spielt wie bei den obigen Verfahren. Es geht dadurch kein Al_2O_3 verloren, es wird nur etwas mehr Schwefeleisen gebraucht. Durch den hohen Staubverlust wird aber dieser Vorteil des Haglundverfahrens praktisch aufgehoben. Hinzu kommt noch, daß man auch dann, wenn man den Staub auffangen würde, wie es zeitweise beabsichtigt war, zu keinem sehr günstigen Resultat kommen würde. Denn noch mehr als die Tonerde verflüchtigt sich die Kieselsäure. Bei Bauxit mit etwa 4—5% SiO_2 fällt ein Staub an, der etwa 20% Kieselsäure enthält. Diesen zu verarbeiten ist natürlich nicht sehr vorteilhaft. Es wurden sogar noch höhere SiO_2-Gehalte im Staub gefunden.

Bei Wiederaufnahme dieser Arbeiten müßte man gerade auf diesen Punkt besonders achten. Wahrscheinlich ist, daß nicht das Al_2O_3, sondern das Al_2S_3 verdampft. Vielleicht könnte man dadurch eine erhebliche Verminderung der Staubverluste an Al_2O_3 herbeiführen, daß man zunächst den Bauxit mit wenig Schwefelkies schmilzt und die Hauptmenge erst zuletzt aufgibt, wenn fertig geschmolzen wird. Dieser Versuch ist in Maghera nicht mehr gemacht worden.

Die Aufbereitung der Aluminiumsulfidschmelze soll zunächst so beschrieben werden, wie sie ursprünglich eingerichtet und im Schema dargestellt worden ist (s. Abb. 36).

Wie schon erwähnt, wurde die Schmelze sechsmal am Tage von jedem Ofen abgestochen. Da ein Ofen etwa 15 bis höchstens 20 t Schmelze am Tage erbrachte, waren also je Abstich nicht ganz 3 t Schmelze unterzubringen. Diese wurden in etwa 7—10 Hängebahnwagen aufgefangen. Die Kübel der Hängebahnwagen waren aus hochfeuerfestem Gußeisen hergestellt und bestanden aus mehreren Teilen, damit Spannungen im Eisen vermieden wurden. Trotzdem glühten sie relativ schnell durch und zerrissen, so daß der Verschleiß an diesen Kübelwagen groß war. Die Schmelze kühlte in den Wagen ab und wurde dann durch Umkippen aus den Wagen entfernt. Anschließend kam sie auf ein bedecktes Schmelzelager, wo sie in der Regel 1—2 Tage liegenblieb. An dem Aussehen der Schmelze konnte man gut beurteilen, ob ihre Zusammensetzung die gewünschte war, oder ob gewisse Änderungen in der Aufgabe des Ofens nötig waren. Durch das Lagern wurde die Schmelze mürbe und ließ sich so besser zerkleinern. Die Brecher liefen gewöhnlich nur in der Tagschicht, so daß sich die Schmelze in der übrigen Zeit anhäufte. Es waren Backenbrecher, hinter denen ein Magnetscheider angeordnet war. Darauf ging die Schmelze durch eine Walzenmühle und über ein Vibrationssieb. Das das Vibrationssieb nicht passierende Gut lief nochmals über eine Walzenmühle. Die auf 0—3 mm zerkleinerte Schmelze wurde dann in einem Silo gesammelt. Sämtliche Apparate waren gut entstaubt. Die Schmelze wurde nun in einen Drehrohrnaßzersetzer gebracht. Dieser wurde mit Schmelze unter Zusatz von Wasser und etwas Dampf beschickt. Der Apparat ist von Krupp geliefert worden und hat sich im ganzen sehr gut bewährt. Die Abdichtung an den beiden Seiten des Drehrohrofens war von der Lieferfirma schon an früheren Apparaten für andere Zwecke ausprobiert worden. Er war absolut dicht, so daß mit dem in der Trommel auftretenden Schwefelwasserstoff keine Schwierigkeiten entstanden. Im Innern der Trommel befanden sich Schaufeln und Leitbleche, die die zersetzte Schmelze allmählich nach vorn brachten. Der entwickelte Schwefelwasserstoff wurde über einen Kühler geleitet. Beim Neuanstellen des Ofens wurde er zunächst in einer kleinen Brennkammer verbrannt; dann wurde umgestellt und der Schwefelwasserstoff in eine Clausofenanlage geschickt. Diese bestand aus einem Ventilator, einem Gasbehälter für Schwefelwasserstoff, dem eigentlichen Clausofen, einer Staubkammer für mitgerissenen Schwefel und einem Auffangvorherd für geschmolzenen Schwefel. Die Verbrennungsluft wurde mit Hilfe eines Jägergebläses dem Schwefelwasserstoff zugeführt. Der erhaltene Schwefel war sehr rein, über 99,9%, von reiner, gelber Farbe. Der Verbrennungsofen war wie üblich mit grobem Bauxit beschickt, der mehrere Jahre ohne Auswechslung wirksam blieb. Die Anlage hat stets zufriedenstellend gearbeitet.

Der aus dem Drehofen zusammen mit Wasser ausfließende Tonerdehydratschlamm gelangte durch ein Eintauchrohr in ein Rührwerk, das direkt unter dem Drehrohrnaßzersetzer stand. Dadurch wurde verhindert, daß der Schwefelwasserstoff in die folgende Apparatur eindringen konnte. Von dort ging der Schlamm in einen Dorrklassierer, wurde dabei in zwei Teile geteilt, in den sogenannten Al_2O_3-Sand (größtenteils aus Korund bestehend) und in den überfließenden Schlamm (zum großen Teil aus Hydrat bestehend). Der Schlamm wurde eingedickt, ging über ein kleines Imperialtrommelfilter, wurde etwas getrocknet und dann als Retourgut teilweise in der Brikettierung verwandt.

Die Hauptmasse (der Al_2O_3-Sand) lief über einen 10-poligen Magnetscheider. Das vom Magnetscheider zurückgehaltene Gut ging nochmals über einen 2-poligen Magnetscheider, es blieb dann an den Magneten fast nur Eisen hängen. Das eisenhaltige Material von beiden Magnetscheidern wurde auf Nutschen gesammelt und vom überflüssigen Wasser getrennt.

Der Sand wanderte darauf über einen Bunker in die sogenannten Säurewäscher, verbleite und ausgemauerte Rührgefäße, die mit einer Mischung von Schwefelsäure und Salpeteräure beschickt wurden. Durch diese Behandlung mit Säure wurden die Reste von $Al(OH)_3$, daneben auch Eisen- und Titanverbindungen weitgehend gelöst. Nachdem die Säure einige Stunden gewirkt hatte, wurde die Mischung in verbleite Nutschen abgelassen, dort ausgewaschen und die Tonerde in einen rotierenden kleinen Trockenofen gebracht, der mit Massut beheizt war. Die Tonerde lief nun über ein Vibrationssieb, auf dem geringe Verunreinigungen zurückgehalten wurden, in eine Remamühle, d. h. eine Ringwalzenmühle, in der die Tonerde auf eine größere Kornfeinheit gebracht wurde. Schließlich gelangte die Tonerde über einen Elevator auf ein Transportband mit Bandwaage und dann in das Vorratssilo. Von dort wurde sie in einem Spezialwagen zur Aluminiumhütte geschickt.

Im großen und ganzen wurde die Aufbereitung auch nach dem Einlaufen der Anlage in der beschriebenen Weise durchgeführt, doch ergaben sich im einzelnen Abweichungen. So fand man, daß im Hydratschlamm noch ziemlich viel Korund vorlag. Infolgedessen wurden Schüttelherde aufgestellt, wie sie seit langem in den Hüttenwerken üblich sind, um die Erze von dem tauben Gestein zu trennen. Man gewann auf den Schüttelherden aber nur 50% des im Schlamm enthaltenen Korunds. Später verzichtete man deshalb auf diese Einrichtung und half sich anders, wie unten ausgeführt.

Ein großer Nachteil war, daß der erhaltene Tonerdesand zu grob ausfiel; es gingen nur 25% durch das 10000-Maschensieb. Man mußte ihn sehr intensiv in der Remamühle mahlen, was viel Kraft beanspruchte und außerdem Anlaß gab zu neuer Verunreinigung mit Eisen. Von Januar 1933 ab wurden deshalb flache Schmelzkübel eingeführt, die gegenüber den bisher benutzten Kübeln sehr viel weniger Schmelze aufnehmen konnten, nämlich etwa nur die Hälfte, in denen sich aber die Schmelze sehr viel rascher abkühlte. Durch die raschere Abkühlung trat eine erhebliche Kornverfeinerung der Korundkristalle ein. Der Korundsand ging zu 41% durch das 10000-Maschensieb, 65% gingen durch das 4900-Sieb und 92% durch das 2100-Sieb. Man brauchte also einen viel geringeren Teil feinzumahlen; besonders das sogenannte Überkorn fiel praktisch weg.

Durch diese Arbeitsweise wurde aber die Trennung von Hydratschlamm und Tonerdesand in dem Dorrklassierer noch weniger vollständig. Man verzichtete schließlich auf den Dorrklassierer und die Schüttelherde und pumpte den dünnen Schlamm direkt in den Eindicker. Der eingedickte Schlamm ging nun über die Magnetscheider auf die Kippnutschen.

Bei dieser Arbeitsweise hatte man an sich einen größeren Verbrauch an Säure, weil sämtliches Tonerdehydrat von der Säure gelöst werden mußte. Um diesen zu vermindern, nahm man zwei, in einigen Fällen sogar drei Säurewaschungen vor, wobei man die erste Wäsche mit schon einmal gebrauchter Säure durchführte. — Die oben erwähnte Salpetersäure wurde zugegeben, um das Titansulfid zu oxydieren. Es wurden angewandt:

800 kg Schwefelsäure von 50° Bé und
24 kg Salpetersäure von 38%

auf 1000 kg Al_2O_3. Es wurde versucht, auch die Oxydation mit Natriumchlorat durchzuführen, doch zeigte sich, daß die Salpetersäure günstiger war.

Die Haglundtonerde unterscheidet sich physikalisch und chemisch von der Bayertonerde. Physikalisch besteht sie aus kleinen aus der Schmelze auskristallisierten festen Kristallen. Die gut geglühte Bayertonerde ist zwar nach dem röntgenographischen Bild auch Korund, aber da sie aus Tonerdehydrat entstanden ist, sind die einzelnen Teilchen gewissermaßen zerklüftet bzw. aufgelockert.

Beim Verarbeiten der Haglundtonerde zeigte sich, daß der Stromverbrauch je Kilogramm Aluminium etwa 1—2 kWh höher war als der bei der Bayertonerde. Dieses hängt damit zusammen, daß die aufgelockerte Bayertonerde eine zusammenhängende Deckschicht bildet und dadurch die Wärmestrahlung des Ofens in gewissem Grade verhindert, während die körnige Haglundtonerde nur eine ungenügende Schicht auf dem Bad bildet und die Wärmestrahlung fast ungehindert durchläßt. Bei zwei Öfen, die sonst unter ganz gleichen Bedingungen arbeiteten, wurden Messungen durchgeführt, von denen der eine mit Haglundtonerde und der andere mit Bayertonerde beschickt war. In gewissem Abstand über den Bädern wurde die Lufttemperatur gemessen und dabei festgestellt, daß die Temperaturen über dem „Haglund"-Ofen stets 10—20° höher lagen als die über dem „Bayer"-Ofen. Das spricht eindeutig für die größere Wärmeausstrahlung bei Haglundöfen, die ihrerseits wieder nur durch einen erhöhten Stromverbrauch ausgeglichen werden kann. Auch die Tatsache, daß die Spannung des Ofens sofort etwas zurückgeht, wenn man von Haglundtonerde auf Bayertonerde übergeht, spricht für obige Erklärung. Leider waren zu jener Zeit Öfen mit Söderbergelektroden in Italien nicht in Betrieb. Es ist sehr wahrscheinlich, daß bei diesen Öfen der höhere Stromverbrauch bei Anwendung von Haglundtonerde wegfallen würde, da die Abstrahlung bei diesen Öfen durch die große Söderberganode zum Teil verhindert wird.

Hinsichtlich der chemischen Zusammensetzung weist die Haglundtonerde weder einen Wasser- noch Na_2O-Gehalt auf im Gegensatz zur Bayertonerde. Die Elektrolyseöfen neigen infolgedessen weniger zum „Alkalisch"-Werden, d. h. man wird weniger Aluminiumfluorid als Aushilfsmittel zur Aufrechterhaltung der Badzusammensetzung brauchen. Auch die kleinen Verunreinigungen, wie Gallium und Zink, fallen bei der Haglundtonerde weg, dagegen besitzt die Tonerde einen nicht unerheblichen Gehalt an Titan, durchschnittlich 0,13% TiO_2. Die Verunreinigungen an $SiO_2 + Fe_2O_3$ sind zusammen meist nicht höher als 0,1%. Das Titan geht bei der Elektrolyse quantitativ in das Aluminium, dort ist es nicht immer ein Nachteil. Es bewirkt die sogenannte Kornverfeinerung des Aluminiums, die sowohl beim Guß als auch beim gepreßten Material vorteilhaft ist, und die man sonst durch Zusatz von Titan oder anderen Kornverfeinerungsmitteln oft künstlich herbeiführt. Aber für Leitfähigkeitszwecke ist ein Gehalt an Ti im Aluminium sehr schädlich. Der Gehalt von 0,1 % Ti setzt die Leitfähigkeit um etwa 10% herunter.

In normaler Al_2S_3-Schmelze ist der Gehalt an TiS_2 (als TiO_2 berechnet) 0,4—0,5%, der beim Zersetzen der Schmelze und Waschen mit Säure auf 0,13% heruntergeht, wie oben beschrieben. Der Gehalt an Ti steht offenbar im Gleichgewicht mit dem Gehalt des Ti im Eisen. Es wurde deshalb versucht, den Titangehalt dadurch herabzusetzen, daß man der Materialaufgabe für den Elektroofen noch Eisen hinzufügte. Bei einem längeren Versuch wurden 450 kg Eisen/t Tonerde dem Ofen direkt hinzugefügt, d. h. die im Ofen anfallende Eisenmenge wurde etwa verdoppelt. Man erhielt dadurch eine Tonerde mit 0,08% TiO_2. Dies war eine Verbesserung, aber immer noch keine genügende.

Die einzige Methode, um eine Tonerde zu gewinnen, aus der man damals Aluminium für elektrische Leitungen herstellen konnte, war die doppelte Schmelze[1]). Man erhält dann bei der Aufbereitung eine Tonerde, deren Gehalt an Ti unter 0,03% liegt. Diese sogenannte Raffinationsschmelze wurde von 1932 an mit einem Teil der Produktion regelmäßig hergestellt. Die doppelte Schmelze mit Zusätzen war natürlich teurer. Eine Aufstellung aus der ersten Zeit ist noch vorhanden, deren Verbrauch etwas höher liegt als in den späteren Jahren. Hiernach wurde im August 1932 etwa 6 Tage lang eine Raffinationsschmelze erzeugt und für 1 t raffinierte Schmelze gebraucht:

Normalschmelze	1150 kg
Spezialbrikett	96,4 kg
Grobpyrit	9,8 kg
Feinkoks	35,8 kg
Anthrazit	13,5 kg
Hammerschlag	106,7 kg
Gußabfälle	33,7 kg
Kohleelektroden	15,0 kg
Graphitelektroden	0,59 kg
Strom	2209,5 kWh

[1]) DRP. 541627 (1930) V.A.W. H. Ginsberg 548065 (1931).

Die Spezialbrikett für das Raffinationsschmelzen bestanden aus 55 Teilen Pyrit, 35 Teilen Hammerschlag und 10 Teilen Koks. Schon aus dem hohen Stromverbrauch sieht man, daß die Tonerde, die auf diesem Wege hergestellt wurde, sehr teuer kam (vgl. auch unter ee).

Durch ein vorzeitiges Ende der Betriebszeit wurden einige aussichtsreiche Versuche, die für die Fabrik Maghera angestellt worden waren, nicht mehr in die Praxis überführt. Sie sollen hier noch angedeutet werden.

Raffination von Eisen

Die Raffination des beim Haglundverfahren anfallenden Eisens war versuchsweise im Eisenhütten-Institut Düsseldorf durchgeführt worden und hatte befriedigende Resultate ergeben. Insbesondere war es gelungen, durch Durchblasen von Luft durch die Eisenschmelze unter Zugabe von Soda und Kalk den Aluminium- und Schwefelgehalt in dem Eisen bis auf unschädliche Spuren herunterzubringen. Titan blieb immer etwas in dem Eisen enthalten, doch war die Menge nicht so groß, daß sie — nach Ansicht der Eisenhüttenleute — noch schädlich sein konnte. Der hohe Siliziumgehalt des Haglundeisens blieb fast restlos erhalten, was sehr günstig ist.

Das Eingießen der flüssigen Schmelze in Wasser

Wie man Hochofenschlacke durch Wasser granulieren kann, so sollte auch die Schlacke aus dem Elektroofen der Haglund-Anlage granuliert werden. Es war daran gedacht worden, jeden Abstich in einem großen Kübel zu sammeln und langsam in ein geschlossenes Granulationsgefäß einfließen zu lassen. Schwierig war dabei, daß sich Schwefelwasserstoff entwickelt. Man hoffte aber, durch die Benutzung von Schutzgas (z. B. der Abgase des Clausofens) diese Schwierigkeit zu beheben. Wenn die Umstellung gelingt, hätte man verschiedene Vorteile. Die Tonerde, die dabei entsteht, entspricht in ihrer physikalischen Beschaffenheit weitgehend der der Bayer-Tonerde. Besonders sind die Kornfeinheiten etwa die gleichen (15% Rückstand auf dem 10000-Maschensieb). Das Mahlen der Schmelze entfällt und die Reinheit der Tonerde nimmt zu. Außerdem ging, wie Versuchsgranulationen gezeigt haben, auch der Gehalt an Ti sehr erheblich herunter, so daß vielleicht die Raffination mit doppelter Schmelzung wegfallen kann.

Nachteilig bei dem Verfahren war die schlechte Ausbeute an Tonerde, nicht über 75%! Dies lag in erster Linie daran, daß das Tonerdehydrat, das aus dem Al_2S_3 entsteht, nicht verwertet, sondern durch Schwefelsäure gelöst wurde und als unreine Aluminiumsulfatlösung ins Meer lief. Es wurde versucht, die Aluminiumsulfatlösung, die neben Tonerde noch Eisen-, Titan-, Kalk- und Magnesiaverbindungen enthielt, zu reinigen. Doch wurde dieses Verfahren als zu umständlich verlassen. Dagegen wurde eine Behandlung des sogenannten Tonerderohsandes mit schwefliger Säure, Abscheiden des herausgelösten Hydrates als eisenfreies hochbasisches Aluminiumsulfit und Umsetzen dieses zu reinem Aluminiumsulfit mit gutem Erfolg durchgeführt.

Durch diese Behandlung des Rohsandes wird der Verlust an Schwefelsäure in der Aufbereitung bis auf die Hälfte seiner bisherigen Menge reduziert. Da dieser Posten eine große Rolle in der Kalkulation der Tonerde spielt, ist diese Umstellung des Verfahrens besonders wichtig für die wirtschaftliche Weiterentwicklung des Prozesses. Man würde ungefähr halb so viel Aluminiumsulfat mit 15% Al_2O_3 erhalten, wie man Tonerde erzeugt.

dd) Die Nebenprodukte

Neben der Sulfidschmelze fällt Eisen an, und zwar aus Bauxit, aus Pyrit und aus Eisenspänen. Nehmen wir den Bauxitverbrauch von 2340 kg/t Tonerde an, wie er im April 1931 aufgezeichnet ist, so kommen zu diesen nach der auf S. 172 angegebenen Aufstellung 434 kg Pyrit und 151 kg Eisenspäne. Dies ergibt:

2340 kg Bauxit	mit 15,4% Fe =	362 kg Fe
434 kg Pyrit	mit 42,0% Fe =	182 kg Fe
151 kg Eisenspäne	mit 92,0% Fe =	139 kg Fe
	zusammen:	683 kg Fe

Diese Zahlen werden bei verbessertem Ausbringen geringer. Aber immerhin muß man rechnen, daß auf 1 t Tonerde 500 kg Fe anfallen. Das Eisen wurde mit einer Temperatur von ca. 1700° C mit Hilfe einer eisernen Hilfselektrode aus dem Ofen abgestochen, in einem ausgemauerten Tiegel gesammelt und dann vergossen oder raffiniert. Der Tiegel befand sich auf einem fahrbaren Schwenkkran.

Bei der Kalkulation hatte man angenommen, daß man aus dem Erlös dieses Eisens etwa ein Viertel der Kosten für die Tonerde decken könnte. Es war die zweite Enttäuschung, die das Verfahren brachte, daß das Eisen zunächst unverkäuflich war, und zwar lag es an seiner Zusammensetzung:

3—4% C	2—4 % Ti
3—4% Al	0,6% S
4—6% Si	0,1—0,2% P

Dieses Eisen in Italien zu verkaufen, erwies sich als unmöglich, obwohl Italien ein Land mit wenig Eisenerzen ist. Es wurde schließlich nach Deutschland verschifft. Einige Bestandteile im Eisen schreckten die italienischen Verbraucher ab: das Aluminium, weil es teilweise oxydiert wird und so eine Zähflüssigkeit des Eisens hervorruft, der hohe Schwefelgehalt und schließlich der hohe Ti-Gehalt. Immerhin haben die deutschen Hütten das Produkt im Hochofen mit verarbeitet.

ee) Verbrauch, Personalbedarf, Kosten

Für 1 t Al_2O_3 wurden benötigt (April 1931):

	kg	%
1. Bauxit (trocken)	2340	
2. Sintergut	2160	
3. Bauxit/Sintergut	1167	
4. Al_2O_3 im Schlamm des Sintergutes (Rückgut)	47	
5. Al_2O_3 im Sintergut und in den Briketts	1433	
6. Das gesamte verarbeitete Al_2O_3 im Ofenhaus	1480	100

	kg	%
7. Ausbringen an Al_2O_3 im Ofenhaus	1265	86
8. Verlust an Al_2O_3 im Eisen	36	2
9. Staubverluste im Ofenhaus	178	12
10. Korundausbringen im Ofenhaus	1139	77
11. Erzeugung von Normalsand	1116	75
12. Erzeugung von Schüttelsand	49	3
13. Korund im Normalsand	1039	70
14. Korund im Schüttelsand	45	3
15. 13 + 14 Gesamtkorund	1084	73
16. Korundverlust in der Zersetzerei	55	4
17. Tonerdeverlust in der Wäscherei und Mahlanlage	87	6
18. Ausbringen an Tonerde aus Bauxit + Schlamm + Koksasche	997	67
19. Ausbringen an Tonerde auf Bauxit + Koksasche bezogen		70
20. Ausbringen an Tonerde auf Bauxit bezogen		71

Die Verbrauchszahlen je Tonne Schmelze liegen in einer Zusammenstellung vom September 1934 vor. Danach sind

	September	Oktober
Sinter	1634 t	1556 t
Normalbrikett	405 t	461 t
Pyrit	142,7 t	142 t
Koks (Stückgröße 10—20 mm)	187,3 t	190 t
Anthrazit	95,4 t	103 t
Strom	3637,9 kWh	3712 kWh

verbraucht worden. In den Normalbriketts waren 50% Pyrit enthalten, so daß im ganzen also im September 345,2 t Pyrit verbraucht worden sind; daneben noch 121,5 t Eisenspäne und 81 t Bauxit (im Brikett). Dabei betrug in diesem Monat das Schwefelausbringen 35,4% des eingebrachten Schwefels. Dieses niedrige Ausbringen erklärt sich daraus, daß relativ viel Pyrit verwendet wurde, der nicht brikettiert war. Der Stromverbrauch kann als normal angesehen werden.

Eine andere Aufstellung zeigt folgende Verbrauchszahlen für 1 t Tonerde:

Bauxit	2372	kg
Pyrit	415	kg
Eisenspäne	152	kg
Koks	469	kg
Elektroden	27,6	kg
Graphit-Elektroden	1,8	kg
Schwefelsäure	291,0	kg
Salpetersäure	24	kg
Öl	16	kg
Strom	4980	kWh

Nach einer Berechnung aus dem September 1932 wird mit einem 80%igen Ausbringen von Tonerde aus Schmelze gerechnet. Danach würden die obengenannten Zahlen für 1 t Tonerde im September und Oktober 1934 sein:

	September	Oktober
Sinter	2040 t	1940 t
Normalbrikett	507 t	577 t
Pyrit	178 t	177 t
Koks (nur für Schmelze)	234 t	237 t
Anthrazit	119 t	129 t
Strom	4540 t	4640 t

Im Jahre 1933 ging durch Verbesserungen im Betrieb das Ausbringen um einige Prozente in die Höhe, so daß der Stromverbrauch je Tonne Tonerde zwischen 4000 und 4500 lag.

Die Gestehungskosten verteilten sich im Februar 1933 wie folgt:

45% Rohstoffe
27% Strom
25% Betriebskosten (außer Strom)
3% Werksunkosten.

Die Stromkosten setzen sich zusammen aus:

2,8% Trafoverlust
5 % Kraftstrom
1 % Lichtstrom
91,2% Ofenstrom.

Die Rohstoffkosten setzen sich zusammen aus:

35,9% Bauxit
17,8% Schwefelsäure
16,6% Koks
12,9% Pyrit
8,0% Elektroden
3,9% Salpetersäure
3,8% Dampf
0,9% Öl.

Die Betriebskosten (außer Strom) zerfallen in:

50% Reparatur
28% Löhne
8% Hilfsmaterialien
5% Gehälter
5% Umänderungen
2% Wasser
2% Verschiedenes.

Bei den Werksunkosten fallen

40% auf Laboratorium
23% auf Hofbetrieb
12% auf soziale Versicherungen
11% auf Magazin
8% auf Spedition
6% auf Warenversicherung.

Die Reparaturen gingen später weiter zurück.

b) Das Korund-Verfahren

Das Korundverfahren wurde von der Alcoa in Amerika entwickelt und ausgeführt[1]). Die Anfänge dieses Verfahrens stammen von Ch. M. Hall[2]). Hall hat vorgeschlagen, in zwei Etappen zu arbeiten, die Charge in einem Ofen vorzuerhitzen und dann in einem zweiten sie reduzierend niederzuschmelzen[3]).

Um eine leichtere Löslichkeit der auf diesem Wege erzeugten korundartigen Tonerde für die Elektrolyse zu erhalten, muß die Tonerde fein gemahlen werden (1100 Maschen pro qcm)[4]).

Die Schwierigkeit, diese Tonerde in Lösung zu bringen, hat man auch dadurch zu umgehen versucht, daß man die Korundschmelze verblasen hat, wobei ein Teil des restlichen Eisens verflüchtigt wird (Alcoa)[5]).

Auch die Säurewäsche soll zur weiteren Reinigung des Korundes angewandt sein. Soviel wir wissen, ist das Hallverfahren schon vor dem letzten Krieg wieder verlassen worden. Eigene Erfahrungen der Verfasser liegen nicht vor. Es sei auf die kurze Beschreibung von F. C. Frary[1]) verwiesen.

7. Zusammenfassende Beurteilung der Bauxit-Aufschluß-Verfahren

Die Verarbeitung von kieselsäurereichen Bauxiten hat man nach dem zweiten Weltkrieg in den USA. aufgegeben. Der Aufschluß der Bauxite mit Alkali bei 1200° C kommt als selbständiges Verfahren nicht mehr in Betracht, wie in den vorhergehenden Kapiteln dargelegt. So kommen zum Vergleich nur das Bayerverfahren mit seinen verschiedenen Varianten und die Aufschlußverfahren von Bauxit mit Kalk. Denn das Haglund- und das Hallverfahren kommen auch nicht mehr in Frage.

Prinzipiell ist das Bayerverfahren dadurch im Vorteil, daß beim Aufschluß nur Temperaturen von 170—180° C bzw. wenig über 200° C angewandt werden.

Günstig bei den Kalkaufschlüssen ist, daß ein gewisser Gehalt des Bauxits an Kieselsäure sogar erwünscht ist, daß die Kieselsäure hier keine Verluste an Tonerde und Alkali verursacht, und dadurch die Verluste an Alkali beim Kalkver-

---

[1]) F. C. Frary. Research in the Aluminium-Industry, J. E. Chem. 31, 101 und M. J. 54, 191 (1939).
[2]) Ch. M. Hall (A. P. 677207/9 [1900], DRP. 135553 [1900]).
[3]) A. P. 706553 (1901). D. R. P. 143901 (1902).
[4]) F. C. Frary, A. P. 1534031 (1924).
[5]) Alcoa E. P. 248360 (1926) u. a.

fahren gering sind. Hinzu kommt, daß die Naßaufbereitung der Kalkschlacken ohne höhere Erhitzung der Laugen und ohne deren Eindampfung erfolgt. Schließlich ist noch zu erwähnen, daß das Eisen des Bauxits bei der Herstellung der Kalkschlacke im Elektroofen oder im Hochofen direkt als brauchbares Metall anfällt. Beim Kalkaufschluß im Drehofen liegen die Verhältnisse ungünstiger, auch schon deshalb, weil er, wie alle Drehofenprozesse, größeren Brennstoffverbrauch hat als der Schachtofenprozeß.

Seit mehr als zwanzig Jahren wird in Norwegen der Kalkaufschluß des Bauxits im Elektroofen durchgeführt. Es ist damit bewiesen, daß der Kalkaufschluß unter den dortigen Verhältnissen konkurrenzfähig ist. Im Hinblick auf die Wahl des Standortes ist der ausschlaggebendste Faktor beim Elektroofenverfahren (Pedersenverfahren) der Stromverbrauch.

Um festzustellen, bis zu welchem Strompreis das Pedersen-Verfahren noch mit dem Bayer-Verfahren konkurrieren kann, soll folgende Überlegung angestellt werden.

Vor dem letzten Krieg waren die Verarbeitungskosten des Bauxits nach dem Bayer-Verfahren etwas mehr als 50,— Mark je Tonne Al_2O_3 im Hydrat, die nach dem Pedersen-Verfahren etwa die Hälfte[1]). Da man bei diesem Verfahren je kg Al_2O_3 etwa 4 kWh braucht, so dürfte der Strom nicht mehr als 0,6—0,7 Pfennig je kWh kosten. In Norwegen lag der Preis noch unter dieser Zahl, in Deutschland und den meisten anderen europäischen Ländern lag er darüber. Auch heute wird der Strompreis in den meisten Ländern für das Pedersen-Verfahren zu hoch sein. Hinzu kommt, daß bei dem fast überall herrschenden Strommangel man sich scheuen wird, ein Verfahren mit hohem Stromverbrauch zu wählen, wenn es nicht unbedingt nötig ist.

Es bleibt noch der Bauxitaufschluß mit Kalk im Hochofen. Leider liegen bei diesem Prozeß keine langjährigen Erfahrungen vor. Die Russen haben am Dnjepr nach diesem Verfahren gearbeitet. Außerdem ist während des letzten Krieges eine Zeitlang ein Hochofen bei Stettin, der sonst auf Schmelzzement lief, auf die Herstellung von Kalkschlacke für die Tonerdefabrikation umgestellt worden — vgl. oben S. 147. — Die Schlacke wurde dann, wie bereits erwähnt, in Norwegen verarbeitet. Jedenfalls hat dieser Versuch bewiesen, daß keine prinzipiellen Schwierigkeiten bei dieser Arbeitsweise bestehen. Betriebsdaten für einen Vergleich mit dem Bayerverfahren sind leider nicht vorhanden. Doch erscheint das Weiterarbeiten auf diesem Gebiet aussichtsreich.

Auch die Benutzung des Drehofens ist, wenn auch weniger günstig, vielleicht doch noch vertretbar, zumal wenn es gelingt, auf Eisen-„Luppen“ zu arbeiten.

Die allerjüngsten Entwicklungen im Rahmen des klassischen Bayer-Verfahrens, auf die verschiedentlich hingewiesen wurde, lassen eine entsprechend verbesserte Variante dieses Prozesses heute noch als konkurrenzlos erscheinen.

[1]) ohne Stromkosten!

B. Die Aufschlußverfahren für Tonerdesilikate

I. Die Rohstoffe

1. Tone (und Kaoline)

a) Allgemeines

Die wichtigsten Rohstoffe dieser Gruppe von Verfahren sind die Tone und Kaoline, die mehr oder weniger reich an Kaolinit sind ($Al_2O_3 \cdot 2\,SiO_2 \cdot 2\,H_2O$). Ihre geologische Entstehung ist ähnlich der bei den Bauxiten. Es sind sedimentär abgelagerte Verwitterungsprodukte, in der Hauptsache von Eruptivgesteinen. Der Verwitterungsvorgang ist hier jedoch infolge der nördlichen klimatischen Verhältnisse nicht so weit gegangen wie beim Bauxit. Während man früher annahm, daß die Kaoline einen auf Grund natürlicher Schlämmungsvorgänge besonderen Reinheitsgrad gegenüber den Tonen darstellen, die durch Sand und Eisenverbindungen verunreinigt sind, im übrigen aber den gleichen Ursprung haben, führten genauere Untersuchungen dazu, daß diese Auffassung nicht richtig ist. Es gibt zwar Tone, die recht hohe Gehalte an Kaolinit aufweisen, im allgemeinen aber enthalten die Tone neben geringeren Mengen an Kaolinit Tonerdesilikagele, deren Grundform der sogenannte Prokaolin ist ($Al_2O_3 \cdot 2\,SiO_2$), meist mit reichlichem Hydratwassergehalt. Aus den Silikagelen bildete sich unter Druck bei höherer Temperatur teilweise Kaolinit.

Das mitteleuropäische Gebiet, also auch Deutschland, ist besonders reich an Tonen. Ein sehr umfangreiches Vorkommen sehr hochwertiger Tone liegt in Sachsen, im Gebiet der Mulde von Kolditz bis Wurzen, östlich der Mulde bei Kamenz und Mügeln, ferner in der Gegend von Meißen und schließlich östlich von Kamenz bei Tonberg, Kaminau und Guttau. Es handelt sich hier entweder um Pechstein- oder Granitkaoline bzw. -Tone.

Andere Tonvorkommen sind im nördlichen Bayern, in der Nähe von Schwandorf, ferner in der Nähe vom Westerwald, als Schieferton am Rhein und westlich des Niederrheins an der holländischen Grenze anzutreffen. Über besonders hochwertige Kaoline verfügt auch das Sudetengebiet.

b) Bestandteile und physikalische Eigenschaften; ihre Bedeutung für die Verarbeitung

Es wurde bereits erwähnt, daß der Verwitterungsvorgang bei den Tonen und Kaolinen nicht so weit gegangen ist wie bei den im ersten Abschnitt behandelten Bauxiten. Das Aluminium liegt hier noch gebunden an Kieselsäure, in der Hauptsache als Kaolinit beim Kaolin bzw. Silikahydrogel beim Ton vor. Die Kaoline sind besonders weitgehend geschlämmt und in Einzelfällen nahezu reiner Kaolinit. Die Kaoline finden hauptsächlich für die keramische Industrie Verwendung.

Für die Tonerdegewinnung sind besonders die Tone von Interesse. Neben der Tonerde enthalten sie: gebundene Kieselsäure, freie Kieselsäure als Quarz, mehr oder weniger hydratisches, seltener oxydisches Eisen, Titan als Rutil, etwas Kalk, Alkali und wenig Schwefel als Pyrit oder Sulfat. Ebenso wie bei den Bauxiten enthält auch dieses Mineralgemenge vom Muttergestein her neben seinen Hauptbestandteilen in Spuren noch eine große Zahl von Verunreinigungen wie Verbindungen des Chroms, Vanadins, Zinks usw.

Während die Aufbereitung von Bauxit für die Tonerdegewinnung die Abtrennung der Eisenverbindungen als unlöslichen Bestandteil in der ersten Arbeitsstufe zur Aufgabe hat, muß bei der Aufbereitung der Tone zunächst die Kieselsäure aus dem Prozeß entfernt werden. Dies geschieht im allgemeinen auf saurem Wege.

Gute Tone enthalten 35—40% Al_2O_3 und etwa 50% SiO_2. Bauxit mit einem Al-Gehalt von etwa 30% muß, verglichen mit Eisenerzen, schon als armes Erz bezeichnet werden. Hiergegen sind die Tone also äußerst geringwertig, und es ist klar, daß es sich kaum lohnen wird, Rohstoffe dieser Art zu verarbeiten, die noch wesentlich geringere Tonerdegehalte aufweisen.

Die Trennung von der Kieselsäure auf saurem Wege bereitet im großen und ganzen keine besondere Schwierigkeit. Verglichen mit der aus Bauxit auf alkalischem Wege gewonnenen Tonerde liegt der Kieselsäuregehalt in der aus Silikaten gewonnenen Tonerde oft etwa 2—3mal so hoch, wenn man nicht ganz besondere Arbeitsgänge anwendet, auf die aber im Hinblick auf die Kosten meist verzichtet werden muß.

Je niedriger der Gehalt an Eisenverbindungen ist, um so günstiger ist der Rohstoff. Die Abscheidung des Eisens erfordert meist einen besonderen Arbeitsgang. Der Fe_2O_3-Gehalt der aus Ton auf saurem Wege gewonnenen Tonerde liegt etwa in der gleichen Größenordnung wie bei den Bauxittonerden.

Die Verbindungen des Titans, Chroms und Vanadins werden beim sauren Aufschluß teilweise angegriffen und verunreinigen je nach der Art der Säure und des angewandten Verfahrens die Tonerde.

Die Alkali- und Schwefelverbindungen stören im allgemeinen nicht. Sie bringen aber gewisse Verluste an Aufschlußsäure.

Die Tone der obengenannten Lagerstätten zeigen beim Säureaufschluß fast durchweg ein gleiches Verhalten. So große Mannigfaltigkeiten wie sie die Bauxite verschiedener Herkunft zeigen, findet man bei Tonen nicht. Dies ist verständlich, weil die aufzuschließende Tonerdeverbindung nach der thermischen Vorbehandlung in allen Fällen praktisch die gleiche ist.

Tabelle 60 zeigt die Analyse eines Tones, der für die Tonerdegewinnung gut brauchbar ist.

Tabelle 60

Durchschnittsanalyse eines Guttauer Tones

Glühverlust	13,0 %
SiO_2	45 %
Al_2O_3	34 %
Fe_2O_3	2,6 %
TiO_2	2,4 %
CaO	0,08%

2. Aschen

a) Allgemeines

Kurz vor und während des letzten Krieges hat man sich sowohl in Frankreich als auch in Deutschland mit der Aufbereitung von Aschen auf Tonerde beschäftigt und auch praktisch in kleinerem und größerem Maßstabe durchgeführt. Es handelt sich hier um Aschenrückstände aus Kesselhäusern, die Braun- oder Steinkohle verarbeiten oder um die sogenannten Waschberge, die beim Auswaschen der Rohkohle anfallen. Durchweg sind es tonige Bestandteile, die geologisch bedingt oder beim Verbrennen der Kohle hohen Temperaturen unterworfen und dabei totgebrannt sind. Infolgedessen sind sie durch Säure nicht mehr angreifbar, sondern müssen thermisch aufbereitet werden. Als Zuschlag und Aufschlußmittel wird gewöhnlich Kalk zugegeben.

b) Bestandteile und ihre physikalischen Eigenschaften; ihre Bedeutung für die Verarbeitung

Die Zusammensetzung der Aschen entspricht etwa der der Tone. Der Tonerdegehalt liegt bei Aschen, die hier von Interesse sind, bei 20—30%.

Tabelle 61

Analyse der Kesselaschen

SiO_2	36,83%	44,23%
Al_2O_3	20,79%	24,90%
Fe_2O_3	12,61%	15,10%
TiO_2	0,60%	0,72%
CaO	3,25%	3,85%
MgO	1,85%	2,15%
SO_3	1,20%	1,42%
Trockenverlust	19,50%	8,00%

Die Kesselaschen sind staubig, pulverig, die Waschberge mehr oder weniger schlammig. Aus den bereits erwähnten Gründen kann die Aufschließbarkeit durch eine Vorbehandlung nicht mehr beeinflußt werden. Diese Rohstoffe werden daher gleich, wie bei der Zementindustrie üblich, mit dem Aufschlußmittel zu einem Brei angerührt und so dem Aufschlußofen zugeführt. Der anfallende Sinter wird alkalisch aufbereitet. Infolgedessen zeichnen sich die hieraus gewonnenen Tonerden durch sehr niedrige Eisengehalte aus. Von den Nebenbestandteilen machte nur die Kieselsäure Schwierigkeit bei der Abtrennung. Doch können derartige Schwierigkeiten jetzt als überwunden angesehen werden.

3. Labradorit (und Andalusit, Nephelin, Leucit)

a) Allgemeines

Zu den Tonerdesilikaten, die für die Tonerdegewinnung ein gewisses Interesse erlangt haben, gehören noch Leucit, Nephelin, Andalusit und Labradorit.

Nephelin, ein Na-K-Tonerde-Silikat mit 34% Al_2O_3, kommt auf der Halbinsel Kola vor und wird als Nebenprodukt bei der Aufbereitung von Apatit gewonnen.

Leucit, ein Kali-Tonerdesilikat mit etwa 24% Al_2O_3 und etwa. 20% K_2O, wird in Italien in den Basalten und Laven der Vulkane gefunden.

Andalusit, ein Tonerdesilikat mit 63% Al_2O_3, wird in reinem, aber sehr begrenztem Umfange in Schweden gefunden.

Alle drei Mineralien sind in kleinerem oder größerem technischen Maßstabe auf Tonerde verarbeitet worden bzw. werden auch heute noch verarbeitet. Am bemerkenswertesten ist wohl die heutige Andalusitaufbereitung in Schweden. Eigene Erfahrungen mit diesen Rohstoffen liegen nicht vor, wohl aber mit Labradorit.

Labradorit findet man in größeren Mengen in Mittel- und Südnorwegen, und zwar im inneren Sognefjord bis südlich gegen den Hardangerfjord, in der Umgebung von Egersund und schließlich auch in der Umgebung von Lillehammer. Es handelt sich hier um große Eruptivmassive, die aus schmelzflüssigem Magma entstanden sind.

b) Bestandteile und ihre physikalischen Eigenschaften; ihre Bedeutung für die Verarbeitung

Mineralisch gehört der Labradorit zur Gruppe der Feldspate, und zwar zu deren Gruppe der Plagioklase. Der Labradorit ist ein Kalk-Natron-Feldspat, also ein Gemisch von Anorthit ($CaAl_2Si_2O_8$) und Albit ($NaAlSi_3O_8$). Je nach dem Vorkommen bewegt sich der SiO_2-Gehalt im Labradorit zwischen 46 und 52%, der Al_2O_3-Gehalt zwischen 22 und 30%; außerdem sind vorhanden 6—8% CaO, 5—7% Na_2O, 0,5—2% K_2O und ferner in kleineren Mengen Verunreinigungen an Oxyden des Eisens, Titans, Magnesiums und Mangans, sowie Schwefel und nur selten Phosphor. Die Art und Größe dieser Beimengungen beeinflußt wesentlich die Farbe des Labradorits, die von rein weiß (Sognefjord) über grau bis hellbraun (Egersund) nach rötlich, grün und violett variieren kann.

Tabelle 62

Labradoritanalyse

SiO_2 . . .	51,0%
Al_2O_3 . . .	27,0%
CaO . . .	7,0%
Na_2O . . .	6,0%
K_2O . . .	0,8%
TiO_2 . . .	2,0%
MgO+MnO	1,2%
S	0,1%

Die äußere Struktur des Labradorits ist normalkörnig bis grobkörnig. Das spezifische Gewicht beträgt im Mittel 2,828. In jedem Fall muß der Labradorit vor der Aufbereitung gebrochen werden. Feinmahlung ist weder für den sauren Prozeß noch für den thermischen Elektroofenprozeß erforderlich. Je nach Anwendung des Aufschlußverfahrens spielen die obengenannten Verunreinigungen eine größere oder kleinere Rolle.

II. Die Verfahren

1. Aufschluß mit Säuren

a) Die chemischen Grundlagen der Verfahren

Die Silikate lassen sich nicht direkt mit Soda oder Natronlauge aufschließen, weil dabei das in Wasser unlösliche Natrium-Aluminium-Silikat entsteht. Nur wenn man mit sehr viel Kalk den Ton oder ein anderes Aluminiumsilikat erhitzt, kann man die Tonerde in einer löslichen Form erhalten, wie im nächsten Kapitel auseinandergesetzt ist. Will man das nicht, so muß man das Aluminiumsilikat mit einer Säure aufschließen. Das bringt gegenüber dem alkalischen Aufschluß folgenden sehr schwerwiegenden Nachteil mit sich. Beim alkalischen Aufschluß erhält man als Zwischenprodukt das Tonerdehydrat mit ca. 65% Al_2O_3, aus dem man nur noch das Wasser zu entfernen braucht. Beim Aufschluß mit Säuren erhält man ein Aluminiumsalz mit einem erheblich niedrigeren Gehalt an Aluminium, wie die folgende Tabelle zeigt (Tab. 63). Dazu kommt, daß man aus diesen Aluminiumsalzen den Säureanteil entfernen und die Säure möglichst quantitativ wiedergewinnen muß, während beim alkalischen Aufschluß nur Wasser entfernt werden muß. Schließlich verursacht der niedrige Gehalt an Al_2O_3 im Rohmaterial gegenüber dem Bauxit und ferner die erforderliche Säurebeständigkeit der Apparatur nochmals zusätzliche Kosten. Deshalb ist es wenig wahrscheinlich, daß man ein Verfahren findet, das wirtschaftlich mit dem alkalischen Aufschluß konkurrieren kann. Am günstigsten liegen die Verhältnisse noch, wenn man die Tonerde sozusagen als Nebenprodukt erhält. Will man z. B. Ammonsalpeter als Düngemittel herstellen, so kann man die benötigte Salpetersäure zunächst dazu benutzen, Labradorit oder Ton aufzuschließen. Aus der entstandenen Aluminiumnitratlösung kann man das Tonerdehydrat mittels Ammoniak ausfällen. Man erhält dann Ammonitratlösung und Tonerdehydrat. Wie man sieht, fallen dann die oben erwähnten Mehrkosten des sauren Aufschlusses gegenüber dem alkalischen großenteils weg. Insbesondere entfällt die Rückgewinnung der Aufschlußsäure, was beim Aufschluß mit Salpetersäure viel ausmacht. Der Nachteil ist der, daß man bei einem kombinierten Verfahren vom Absatz eines zweiten Produktes abhängig ist.

Tabelle 63

Übersicht über den Tonerdeanteil in verschiedenen Aluminiumverbindungen

	Auf 100 g Al_2O_3 müssen entfernt werden aus	Gesamt
$Al(OH)_3$	53 Teile H_2O	53 Teile
$AlCl_3 + 6H_2O$	212 Teile H_2O + 209 Teile Cl_2	421 Teile
$Al_2(SO_4)_3 + 18H_2O$	318 Teile H_2O + 235 Teile SO_3	553 Teile
$NH_4Al(SO_4)_2 + 12H_2O$	424 Teile H_2O + 364 Teile SO_3 + $(NH_4)_2SO_4$	788 Teile
$Al(NO_3)_3 + 9H_2O$	318 Teile H_2O + 105 Teile N_2O_5	423 Teile
$Al(SO_3)OH + 5H_2O$	195 Teile H_2O + 125 Teile SO_2	320 Teile

Die vorstehende Tabelle zeigt, daß beim Aufschluß mit Säuren sechs- bis vierzehnmal soviel Substanz aus dem Zwischenprodukt entfernt werden muß als beim alkalischen Verfahren.

Es kann sich im folgenden nicht darum handeln, auch nur annähernd alle Aufschlußvorschläge zu erwähnen oder gar zu beschreiben. Es soll nur auf einige charakteristische Verfahren näher eingegangen werden, besonders auf solche Verfahren, die in größeren Anlagen ausprobiert sind. Die Verfasser sind sich klar, daß dies nicht ohne eine gewisse Subjektivität bei der Auswahl der Verfahren geschehen kann.

In den Tonen Mitteldeutschlands liegt ein molares Verhältnis zwischen Al_2O_3 und SiO_2 vor, das dem Kaolinit ($Al_2O_3 \cdot 2\,SiO_2 \cdot 2\,H_2O$) entspricht. Der Aufschluß dieses Kaolinits mit Säuren ist insofern besonders interessant, als dem Säureaufschluß eine Kalzination des Kaolinits vorausgehen muß. Beim Kalzinieren geht der Kaolinit in den wasserfreien, sogenannten Metakaolin über. Dieser ist bis etwa 900° beständig. Erst bei noch höheren Temperaturen findet ein Zerfall in die Komponenten Al_2O_3 und SiO_2 statt. Diesem Zerfall wurde früher vielfach die gute Aufschließbarkeit des kalzinierten Produktes zugeschrieben. Das ist nicht zutreffend, wie die Abb. 37 zeigt.

Beim Kalzinieren des Kaolinits sind folgende Aufspaltungen nach den bisherigen Untersuchungen sehr wahrscheinlich:

1. $Al_2O_3 \cdot 2\,SiO_2 \cdot 2\,H_2O \longrightarrow Al_2O_3 \cdot 2\,SiO_2 + 2\,H_2O$
   (endotherm bei 450—600° C ⟶ Metakaolin)
2. $Al_2O_3 \cdot 2\,SiO_2 \longrightarrow Al_2O_3 + 2\,SiO_2$
   (exotherm bei 900 — 1050° C ⟶ γ-Oxyd)
3. $3\gamma\text{-}Al_2O_3 + 6\,SiO_2 \longrightarrow 3\,Al_2O_3 \cdot 2\,SiO_2 + 4\,SiO_2$
   (exotherm 1200° C ⟶ Mullit)

Wie aus dem Verlauf der Temperaturaufschlußkurve (Abb. 37) hervorgeht, muß für den Säureaufschluß möglichst der erste Vorgang erfaßt werden. Die besten Ausbeuten werden nach einer thermischen Vorbehandlung zwischen 600 und 800° erzielt. Dies gilt für all die starken und mittelstarken Säuren, die bisher für den Aufschluß technische Anwendung gefunden haben.

Durch Röntgenaufnahmen ist festgestellt, daß geglühte deutsche Tone die folgenden Bestandteile enthalten: Kaolinit ($Al_2O_3 \cdot 2\,SiO_2 \cdot 2\,H_2O$), Bentonit ($Al_2O_3 \cdot 4\,SiO_2 \cdot H_2O$), Sarospatit (glimmerartiger Ton = Illit). Sillimanit, α-, β- und γ-Tonerde wurden nicht nachgewiesen. γ-Al_2O_3 bildet sich erst, wenn man Ton mehr als 10 Stunden lang zwischen 800 und 900° glüht. Auf Grund der vorstehenden Reaktionsformeln sollte man erwarten, daß Kaolinit im geglühten Ton nicht mehr nachweisbar ist. Glüht man Ton aber vorsichtig, so daß man etwa 750° nicht überschreitet; und setzt man nicht zu lange den Ton der Glühtemperatur aus, so ist wohl der

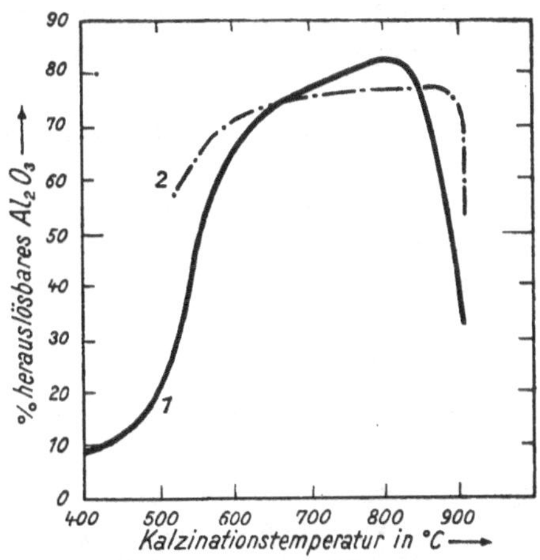

Abb. 37. Aufschließbarkeit von Guttauer Ton in Abhängigkeit von der Kalzinationstemperatur unter Betriebsverhältnissen

Kurve 1 unter Betriebsverhältnissen
Kurve 2 im Labor. aufgenommen

Hauptteil des Kaolinits gemäß der obigen Gleichung zerfallen. Es ist aber immer noch soviel Kaolinit da, daß er durch das Röntgenbild nachweisbar ist.

Um die Aufschlußfähigkeit dieser Tonkomponenten zu untersuchen, hat man sie im reinen Zustand kalziniert und danach den Aufschlußbedingungen unterworfen. Hierbei zeigte sich, daß reiner Kaolinit gegen kleine Schwankungen der Glühtemperatur nicht so empfindlich ist, während Bentonit und Sarospatit schlecht aufschließbar sind und bei Temperaturen über 800° an Aufschlußfähigkeit schnell abnehmen. Im Temperaturgebiet von etwa 800° wurden folgende Aufschluß-Werte gefunden:

Kaolinit	90%
Bentonit	45%
Sarospatit	30%

Für die Kalzination formt man die Tonmasse vor der thermischen Behandlung praktischerweise zu Schnitzeln oder besonderen Formlingen und brennt diese in einem Etagen- oder Drehofen. Es hat sich gezeigt, daß es nicht einfach ist, die Tonformlinge durch und durch auf eine gleichmäßige Temperatur zu bringen, und daß die äußeren Schichten leicht überbrannt werden, oder auch daß sie infolge des Alkaligehaltes oberflächlich lasieren, so daß — wenn man keine Zerkleinerung vornimmt — die Säure nur schwer die inneren Teile angreifen kann.

Eine Vorkalzination des Tones ist also in jedem Fall erforderlich, gleichgültig welche Säure man für den Aufschluß anwendet. Dies beruht auf der chemischen Beständigkeit des Kaolinits. Angenommen hierbei ist, daß man die Auslaugung bei niedrigen Temperaturen durchführt, was aus technischen und wirtschaftlichen Gründen zweckmäßig ist.

Die chemischen Vorgänge sind — soweit sie den reinen Aufschluß betreffen — bei Anwendung der verschiedenen Säuren die gleichen. In jedem Fall wird in der Hauptsache (s. o.) der Metakaolin von der betreffenden Säure angegriffen. Es bildet sich das entsprechende Tonerdesalz unter Zurücklassung von Kieselsäure. Insofern sind die sauren Aufschlußverfahren denjenigen mit Kalk überlegen. Die großen Mengen an Kieselsäure bleiben von vornherein zurück und können aus dem Prozeß bereits im ersten Arbeitsgang ausgeschieden werden. Ungünstig ist für die sauren Aufschlußverfahren, daß auch das Eisen mit in Lösung geht. In der Art der Abscheidung des gelösten Eisens unterscheiden sich die Verfahren grundsätzlich. Diese Verhältnisse sollen unter den betreffenden Verfahren selbst behandelt werden.

Verglichen mit den alkalischen Verfahren bereiten beim Säureaufschluß auch die Verunreinigungen an Titan-, Chrom- und Vanadinverbindungen erhöhte Schwierigkeiten, weil auch diese von der Säure im allgemeinen oft recht stark angegriffen werden. Bekanntlich setzen die Metalle Titan, Chrom und Vanadin die Leitfähigkeit des Aluminiums so stark herab, daß die Tonerde nur höchstens je Tausendstel Prozente von diesen Metallen enthalten darf. Bei einigen der Aufschlußverfahren dieser Gruppe ist man daher dazu übergegangen, nur eine Rohtonerde herzustellen, die dann noch einer alkalischen Umlösung im Rahmen des Bayerverfahrens unterworfen wird.

b) Die Anforderungen der Verfahren an Roh- und Hilfsstoffe

Die Anforderungen, die man an die Rohstoffe stellen muß, sind zunächst gute Aufschließbarkeit in Säuren, was z. B. bei der Verwendung von Kohlenaschen nicht der Fall ist. Ferner soll das Aufschlußmaterial, z. B. der Ton, möglichst wenig aufschließbare Eisenoxyde, Alkalien oder Erdalkalien enthalten. Denn diese verursachen einen Verlust an Säure und müssen von Zeit zu Zeit entfernt werden. Beim Eisen kommt noch hinzu, daß es mit der Tonerde leicht zusammen ausfällt und man dies durch mehr oder weniger komplizierte Operationen verhindern muß.

Die physikalische Beschaffenheit der für die Tonerdegewinnung in Frage kommenden tonerdesilikathaltigen Rohstoffe ist sehr unterschiedlich. Die Tone sind erdig, die Kesselaschen staubig, Labradorit und verwandte Stoffe steinig.

Besondere Anforderungen stellen die sauren Aufschlußverfahren an die äußere Beschaffenheit des Rohstoffes im großen und ganzen nicht. Sie sind in dieser Beziehung wesentlich unempfindlicher als die alkalischen Aufschlußverfahren. Der Ton muß sowieso geformt und kalziniert werden. Etwas mehr oder weniger Feuchtigkeitsgehalt spielt hierbei keine Rolle. Die Kesselaschen, die für den Säureaufschluß wie erwähnt ausscheiden, können direkt verwendet werden, die Gesteinsarten müssen in jedem Fall erst zerkleinert werden.

c) Gang und Apparatur der Verfahren

Im Nachfolgenden sollen nur die sauren Aufschlußverfahren besprochen werden, die eine gewisse technische Bedeutung erlangt haben. Es handelt sich hier um Aufschlüsse mit Salzsäure, Schwefelsäure, Salpetersäure und schwefliger Säure. Es sind auch schwache organische Säuren zum Aufschluß vorgeschlagen worden, die aber so hohe Temperaturen und Drucke erfordern, daß dadurch allerlei Nebenerscheinungen auftreten, wie Zersetzungen, apparative Schwierigkeiten usw., die derartige Verfahren nicht reizvoll erscheinen lassen.

Der Gang der einzelnen Verfahren ist am übersichtlichsten aus dem jeden Prozeß beigefügten Schema über den Arbeitsgang zu entnehmen. In den einzelnen Abschnitten soll textmäßig in der Hauptsache auf die besonderen Eigenheiten des betreffenden Verfahrens hingewiesen und einige Angaben zur Apparaturfrage gemacht werden. Hierbei haben wir uns teils an die Darstellung einer früheren Arbeit gehalten[1]).

aa) Aufschluß mit Salzsäure

Eine 50—80° warme Salzsäure mittlerer Konzentration ist ein recht wirksames Aufschlußmittel für kalzinierten Ton. Es wird nach etwa 15—20 Minuten ein Aufschluß von annähernd 90% der im Ton vorhandenen Tonerde erzielt. Die Reaktionswärme ist positiv, so daß die Temperatur der Lösung bis zum Siedepunkt ansteigen kann. Dieser Teil des Prozesses verlangt wie alle Säureaufschlüsse säurefestes Behältermaterial, am besten mit Stein ausgekleidete Gefäße, ist aber sonst ohne besondere Schwierigkeiten durchzuführen. Die Kieselsäure wird praktisch vollkommen ausgeschieden, Titanverbindungen werden nur wenig gelöst. In der Lösung befinden sich Aluminium und Eisen als Chloride. Ihre Trennung kann entweder durch Fällung mit Ammoniak und anschließende Behandlung mit Natronlauge erfolgen, oder

---

[1]) H. Ginsberg, Aluminium-Archiv, Bd. 39 (1941).

auch dadurch, daß man das Gemisch beider Chloride abscheidet und thermisch zersetzt. Die dabei anfallenden Oxyde werden dann durch eine Behandlung mit Natronlauge voneinander getrennt. Eine dritte Trennungsmethode beruht auf der verschiedenen Löslichkeit des Aluminium- und Eisenchlorids in konzentrierter Salzsäure. In dieser wird Aluminiumchlorid ausgesalzen, während Eisenchlorid in Lösung bleibt. Schließlich kann man auch durch Eindampfen der salzsauren Lösung zunächst Aluminiumchlorid abscheiden und dieses durch Auswaschen mit Salzsäure von dem noch anhaftenden Eisenchlorid befreien. Das auf einem dieser Wege gewonnene Aluminiumchlorid wird dann in Wasserdampfatmosphäre thermisch in Tonerde und Salzsäure gespalten (Abb. 38). Die beiden zuletzt erwähnten Verfahren sind am einfachsten, aber die Verluste an Salzsäure sind hoch, weil man beim Entfernen des $FeCl_3$ aus dem Betrieb zwangsweise $AlCl_3$ und HCl verliert. Deshalb haben die I.G. Farben[1]) und Hixson[2]) vorgeschlagen, das Eisen(III)-Chlorid mit organischen Lösungsmitteln auszuschütteln.

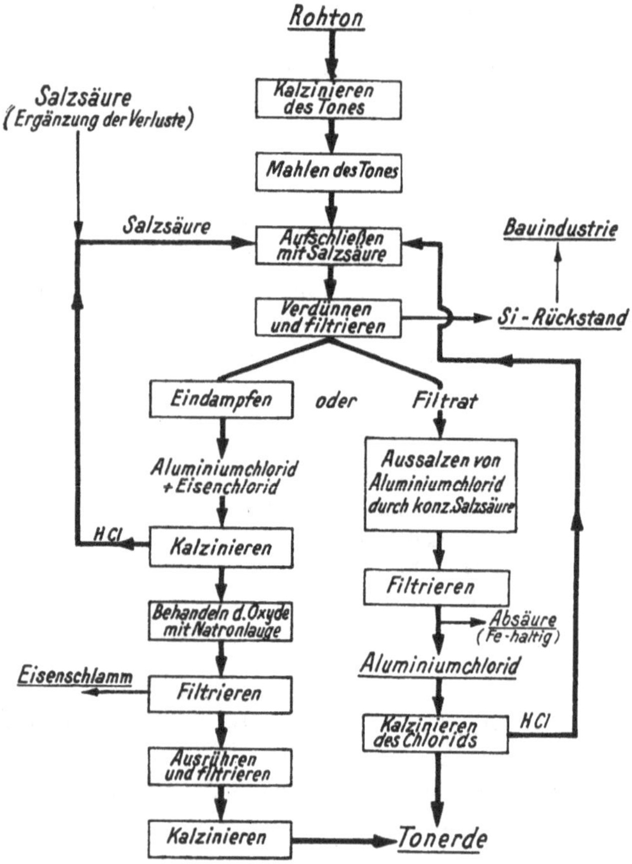

Abb. 38. Salzsäure-Aufschluß

Auf einen Vorteil des Aufschlusses mit Salzsäure wurde schon hingewiesen. Dies betraf den eigentlichen Aufschluß. Auch die Filtrationen in salzsauren Lösungen sind recht einfach. Schleimige, schwer filtrierbare Rückstände, wie sie vielfach bei den anderen Prozessen Schwierigkeiten bereiteten, lassen sich hier leicht vermeiden. Auch die thermische Zersetzung des Chlorids ist insofern günstig, als sie bei verhältnismäßig niedriger Temperatur durchführbar ist (300—350° C) und die Salzsäuregase leicht absorbierbar sind. Irgendwelche weiteren Zersetzungen treten nicht auf. Das bei der er-

1) DRP. 520928.

2) A. P. 2249761.

wähnten Temperatur erhaltene Produkt muß dann zwar noch auf etwa 1000—1100° erhitzt und hinterher gekollert werden, um für die Elektrolyse brauchbar zu sein.

Ein grundsätzlicher Nachteil dieses Verfahrens ist jedoch, daß die Salzsäuregase sehr aggressiv sind, so daß die Baustoffrage für die Apparaturen, namentlich für die Kalzinationsapparatur, außerordentlich schwierig zu lösen ist.

Heute kann man sich die Erfahrungen bei der Holzverzuckerung nach Bergius zunutze machen. Die früheren Materialschwierigkeiten sind durch die Entwicklung der neuen Kunststoffe, wie Igelit u. a. m. überwunden. Außerdem hat die Gummierung von Eisen weitere Fortschritte gemacht.

Größere Anlagen sind in den zwanziger Jahren von Blanc in Italien und der I.G. Farben in Deutschland (Bitterfeld) und in den dreißiger Jahren von Hixson in den Vereinigten Staaten errichtet.

Keine dieser Anlagen ist noch in Betrieb.

bb) Aufschluß mit Schwefelsäure

Bekannt ist, daß Aluminiumsulfatfabriken, ausgehend von eisenarmen Tonen, den Schwefelsäureaufschluß für die Herstellung von Aluminiumsulfat für die Papier- und Textilindustrie benutzen. Es sind immer wieder Vorschläge gemacht worden, im Rahmen dieses Produktionsganges auch Tonerde zu erzeugen. Die Schwierigkeiten, die diesem Wege entgegenstehen, beruhen in der Hauptsache wieder auf der Abtrennung der letzten Spuren an Eisen-, Titan-, Chrom- und Vanadinverbindungen und der Spaltung des Sulfates. Die Haupttrennung wird durch langes Rühren in Gegenwart von überschüssigem Ton erreicht. Die letzten Spuren der Verunreinigungen lassen sich durch eine besonders geführte Vakuumkristallisation entfernen.

Der Druckaufschluß von kalziniertem Ton mit Schwefelsäure führte bei einigen Versuchen zu den Resultaten der Tabelle 64.

Tabelle 64

Druckaufschluß bei verschiedenen Temperaturen

H_2SO_4/Al_2O_3		2 atü 130° C	3 atü 135° C	5 atü 160° C	10 atü 180° C	20 atü 205° C
2	1	65%	70%	58%	53%	39%
3	1	88%	93%	83%	77%	71%
4,5	1	—	—	—	—	77%
5	1	—	—	—	—	99%

Man erkennt, daß die günstigsten Bedingungen bei etwa 3 atü und 135° C liegen. Bei einem Verhältnis von Säure zu Al_2O_3 im Ton wie 3 : 1 wurde eine Ausbeute von 93% erreicht. Mit steigender Temperatur geht die Ausbeute offensichtlich unter dem Einfluß beginnender Hydrolyse zurück. Es ist nicht besonders verwunderlich, daß bei starkem Säureüberschuß schließlich doch noch ein vollständiger Aufschluß erzwungen wird.

Hat man auf dem einen oder anderen Wege reines Aluminiumsulfat hergestellt, so muß dieses kalziniert werden. Hierzu ist eine verhältnismäßig hohe Temperatur, etwa 1100—1300°, erforderlich. Diese Kalzination ist nicht einfach. Es bilden sich leicht sehr schwer zersetzbare basische Sulfate. Endlich ist die wirtschaftliche Rückgewinnung und Verarbeitbarkeit der SO_2/SO_3-Gase schwierig.

Nach einem italienischen Patent[1]) bekommt man ein hochreines $Al_2(SO_4)_3$, wenn man die Sulfatlösung im Vakuum eindampft und auskristallisieren läßt, wobei die Kristallisation durch Zugabe frischer Lösung unterbrochen wird. Die Produkte dieses Verfahrens wurden von uns untersucht und dabei tatsächlich sehr reines Aluminiumsulfat festgestellt.

Beim Aluminiumsulfat beginnt die Zersetzung erst bei Temperaturen von 700° C an, so daß das zunächst freiwerdende SO_3 sich größtenteils weiter zersetzt, etwa nach der Gleichung

$$Al_2(SO_4)_3 \cdot 18H_2O \longrightarrow Al_2O_3 + 2SO_2 + SO_3 + O_2 + 18H_2O \text{ (dampfförmig)}$$

Es ist also eine Schwefelsäurefabrik im Anschluß an den Kalzinierofen aufzubauen. Um einigermaßen konzentrierte Schwefelsäure zu erhalten, muß man am besten in zwei Etappen die Erhitzung vornehmen. Da das $Al_2(SO_4)_3 \cdot 18H_2O$ bei höherer Temperatur im eigenen Kristallwasser schmilzt und sich beim Erhitzen merkwürdig aufbläht, wird der Wärmebedarf sehr erhöht. Dieser ist theoretisch schon sehr beträchtlich, nämlich nach den oben mitgeteilten Zahlen 4500 kcal je kg Al_2O_3, das sind drei Kubikmeter Generatorgas.

Eine großtechnische Anwendung hat auch dieses Verfahren bisher noch nicht erlangt.

Die Schwierigkeiten bei der thermischen Zersetzung des Aluminium-Sulfates machen es verständlich, wenn man nach anderen Wegen Umschau hielt, von denen hier nur einige genannt werden sollen.

cc) Aufschluß mit Bisulfat

Eines der schwefelsauren Aufschlußverfahren, das sehr gut untersucht ist, ist dasjenige, welches Ammonbisulfat als Aufschlußmittel für Ton verwendet. Es ist unter dem Namen „Aloton"-Verfahren von Max Buchner entwickelt worden.

Der kalzinierte Ton wird im Gang dieses Verfahrens mit Ammonbisulfat im Autoklaven aufgeschlossen und das Aufschlußgut vom Rückstand, der in der Hauptsache aus Kieselsäure besteht, durch Filtration getrennt. Die Aufschlußlösung, welche die Hauptmenge der Tonerde, etwa die Hälfte des Eisenoxyds, ein Drittel des im Ton vorliegenden Titanoxyds, ferner kleinere Mengen von den übrigen Bestandteilen des Ausgangsstoffes enthält, wird mit Ammonsulfat konzentriert, wobei sich Kieselsäure ausscheidet, die abfiltriert wird. Aus dieser abfiltrierten Lauge wird durch Abkühlen Alaun auskristallisiert. Der Alaun wird nochmals umkristallisiert und durch Eintragen des so gereinigten Alauns in konzentrierte Ammoniaklösung Tonerde abgeschieden, die schließlich abfiltriert und kalziniert wird. Die Alaun-Mutterlösungen werden vereinigt, durch Einblasen von Luft und Zugeben von Ammoniak vom Eisen befreit und aus diesen wieder das Aufschlußmittel und das Fällreagens, Ammonsulfat bzw. Ammonbisulfat und Ammoniak, zurückgewonnen.

[1]) Patent Nr. 389875 H. Kretschmar.

Dieser Prozeß ist also wie alle derartigen Verfahren weitgehendst zu einem Kreisprozeß gestaltet (Abb. 39). Es werden etwa 80% der im Ton enthaltenen Tonerde in Lösung gebracht. Diese Ausbeutegrenze ist charakteristisch für dieses und auch die nächsten zu besprechenden sauren Aufschlußverfahren. Darauf soll noch zurückgekommen werden.

Wie aus der vorstehenden kurzen Skizzierung des Verfahrens hervorgeht, ist die Kieselsäureabtrennung nicht so weitgehend wie bei den folgenden Verfahren. Durch Zugabe von Ammonsulfat zur sauren Aufschlußlösung wird aber eine vollständigere Abtrennung der Kieselsäure nachträglich erreicht. Eine weitere Befreiung von verunreinigenden Bestandteilen erfolgt durch die Abscheidung des Alauns und dessen nochmalige Umkristallisation. In diesem Salz sind zwar nur rund 11% Aluminiumoxyd enthalten. Dieses ist technisch gesehen hiernach ein verhältnismäßig geringwertiges Zwischenprodukt. Der Weg über den Alaun hat aber den Vorteil, daß man einerseits die erwähnte Abtrennung von den Verunreinigungen glatt durchführen kann, andererseits gute Filtrationseigenschaften gegeben sind.

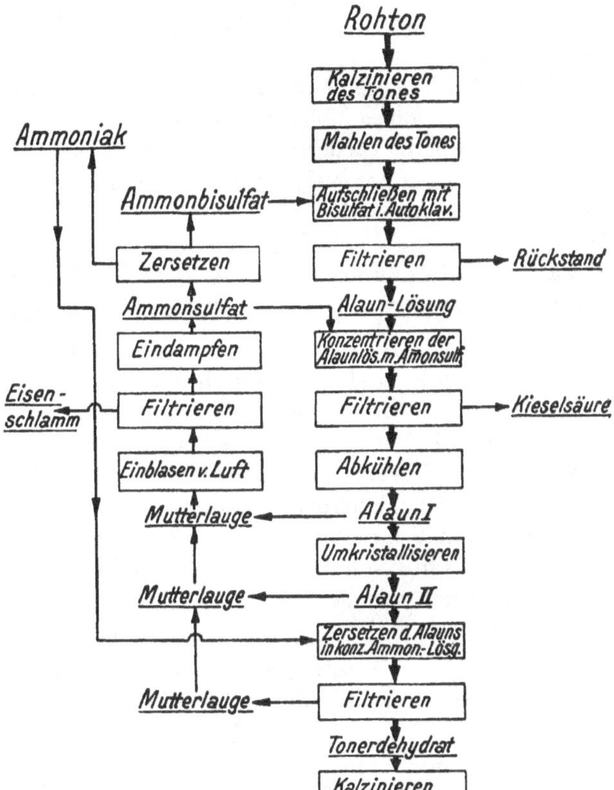

Abb. 39. Ammonsulfat-Aufschluß.

Interessant ist die Zerlegung des Alauns durch Eintragen in konzentrierte Ammoniaklösung. Erfolgt dies in der richtigen Weise, so scheidet sich ein Aluminiumhydrat ab, das in seiner Struktur dem Alaun weitgehend isomorph ist. Diese Erscheinung ist im Hinblick auf die damit gegebenen günstigen Abscheidungs- und Filtrationseigenschaften eine wesentliche Stütze des Verfahrens. Ähnlichen Beobachtungen werden wir bei den noch zu besprechenden Verfahren begegenen.

Besonders zu erwähnen ist auch die Eisenabscheidung aus den Alaun-Mutterlösungen. Eine einfache Ammoniakfällung in verdünnter Lösung führt zu schleimigen, schwer filtrierbaren und vor allen Dingen schlecht auswaschfähigen Schlämmen. Durch Einleitung von Luft und Ammoniak in die noch unverdünnten Mutterlösungen fällt zunächst, wie die Untersuchungen gezeigt haben, ein $^2/_3$ basisches Eisensulfat

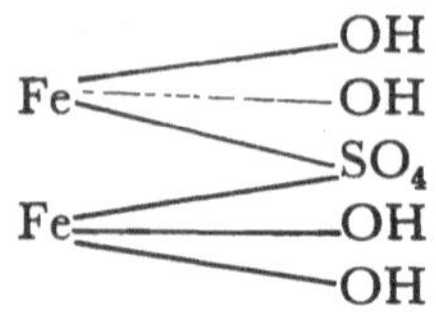

aus. Dieses bildet sich allmählich in ein normales Hydrat um, welches gut filtrierbar ist, weil es ein kleines Volumen aufweist.

Dies ist ebenfalls wieder eine Nutzanwendung der Tatsache, daß derartige Hydrogele, wenn sie unter geeigneten Bedingungen unmittelbar aus kristallinen Salzen gewonnen werden, die Neigung haben, deren Struktur im eigentlichen gitterlosen Zustand beizubehalten.

Für die Zerlegung des Alauns läßt sich die folgende Gleichung aufstellen:

$$Al_2(SO_4)_3 \cdot (NH_4)_2SO_4 \cdot 24H_2O + 6NH_3 = Al_2O_3 \cdot 3H_2O + 4(NH_4)_2SO_4 + xH_2O.$$

Die bisher erwähnten Arbeitsgänge sind hiernach verhältnismäßig einfach und sicher durchzuführen. Die Hauptschwierigkeit bei dem Verfahren, soweit es den chemischen Ablauf betrifft, liegt bei der Rückgewinnung des Ammoniaks. Ammonsulfat läßt sich bei etwa 380° in Bisulfat unter Abgabe von Ammoniak umsetzen. Dieser Teil des Verfahrens wurde daher bei der Ausarbeitung von uns einer besonders sorgfältigen Überprüfung unterworfen. Hierbei stellte sich enttäuschenderweise heraus, daß sich das Ammonsulfat selbst bei sorgfältigster Arbeitsführung nicht verlustfrei in Bisulfat umwandeln läßt. Die folgende Tabelle gibt hierzu einige Versuchsresultate wieder:

Tabelle 65
Umsetzung von Ammonsulfat zu Bisulfat
(bei trockenem Erhitzen in einer Kali-Natron-Salpeter-Schmelze)

Nr. Lfd.	Angewandte Substanzmenge*)	Umgesetzt in Bisulfat %	Arbeitstemperatur ansteigend °C	Ausbeute an Ammoniak %
a) Unter normalem Druck im Luftstrom:				
1	66,00	68,8	390	99,0
2	66,01	69,1	395	99,0
3	66,00	73,8	390	98,9
4	66,00	54,3	375	99,2
5	66,00	70,9	400	98,8
b) Unter vermindertem Druck:				
6	66,00	59,3	315	98,9
7	66,01	38,2	310	99,3
8	66,00	65,8	330	99,1
c) Im Kohlensäurestrom:				
9	66,00	83,0	400	98,9
10	66,01	91,0	405	99,0

*) Bezüglich NH_3-Gehalt 99,5%ig.

Hiernach geht rund 1% Ammoniak bei einer 90%igen Umsetzung in Bisulfat verloren. Als Zersetzungsprodukte konnten einwandfrei Schwefeldioxyd, Schwefel-Stickstoff und Stickoxydul festgestellt werden. Die Umsetzung zu Stickoxydul ist nach folgenden Reaktionsgleichungen möglich:

1. $2\,NH_4HSO_4 \rightarrow N_2O + S + SO_2 + 5\,H_2O$ oder
2. $4\,NH_4HSO_4 \rightarrow N_2O + 4\,SO_2 + 2\,NH_3 + 7\,H_2O$.

Bei dem verhältnismäßig großen Umlauf an Ammoniak je Einheit erzeugter Tonerdemengen ist schon ein Verlust von 1% im Hinblick auf die Wirtschaftlichkeit des Verfahrens nicht mehr tragbar.

Die im Gange des Verfahrens einzudampfenden Wassermengen sind bei diesem Prozeß beachtlich. Ursprünglich waren auf 1 t erzeugter Tonerde 34 cbm Wasser zu verdampfen. Diese Menge konnte später bei der Weiterentwicklung des Prozesses auf 25 cbm ermäßigt werden. Verglichen mit den anderen Verfahren ist diese Wassermenge immer noch enorm hoch. Da auch im übrigen das Alotonverfahren recht schwerfällig ist, wurde es von Buchner selbst wieder verlassen. Er wandte sich später dem Salpetersäureaufschluß zu. Doch ist der Aufschluß mit Ammonbisulfat im zweiten Weltkrieg in Salem USA. in einer Anlage, die mit modernen Apparaten ausgerüstet war, betriebstechnisch durchgeführt worden. Eine Beschreibung dieser Anlage befindet sich in der Literatur[1]).

Neben dem vorstehenden erwähnten Verfahren sind noch eine große Anzahl anderer Prozesse bekannt geworden, die ebenfalls Schwefelsäure als Aufschlußmittel für Ton und tonartige Stoffe verwenden.

Besonders günstig ist der Schwefelsäureaufschluß für die Verarbeitung von Alunit, dessen Zusammensetzung theoretisch $K_2SO_4 \cdot Al_2(SO_4)_3 \cdot 4\,Al(OH)_3$ ist. Es wurden Fabrikanlagen auf Alunitgrundlage in Mandschuoko, in den Vereinigten Staaten und in Rußland gebaut. Die Fabrik in USA. sollte 45 t Al_2O_3 je Tag herstellen. Sie wurde von der Kalunitgesellschaft in Salt Lake City, Utah errichtet. Es existieren von dieser Gesellschaft eine große Reihe Patente, von denen hier nur zwei angeführt werden sollen[2]). Z. Zt. in Betrieb ist unseres Wissens nur die Fabrik in Rußland im östlichen Kaukasus.

Die Gewinnung der Tonerde erfolgt z. B. in der Weise, daß der Alunit mit Schwefelsäure aufgeschlossen und zur Lösung K_2SO_4 zugegeben wird, das in einer früheren Operation gewonnen war. Man läßt Kalialaun auskristallisieren und zersetzt ihn durch Erhitzen auf 800° C. Die entstehenden SO_2-Gase werden zu H_2SO_4 oxydiert, der Rückstand mit heißem Wasser behandelt und das K_2SO_4 dadurch gelöst. Die zurückbleibende Tonerde wird noch hoch geglüht, dabei wasser- und schwefelfrei gemacht und in α-Al_2O_3 verwandelt.

Statt dieser, wie schon erwähnt, teuren Zersetzungsweise des Alauns hat die Kalunitgesellschaft in Philadelphia, die sich schon vor dem Kriege mit dem Problem beschäftigt hat, folgendes Verfahren angegeben:

Die Alaunlösung wird auf 185—200° C erhitzt. Es scheidet sich dann ein basisches Salz von der Formel

$$K_2SO_4 \cdot 3\,Al_2O_3 \cdot 4\,SO_3 \cdot 9\,H_2O$$

ab. In der Lösung verbleiben und brauchen deshalb nicht mit auf die hohe Zersetzungstemperatur für Kalialaun erhitzt zu werden: 55% des Schwefelsäurebestand-

[1]) Chem. Metallurgical Engineering 1945, Dezemberheft.

[2]) DRP. 620171 mit amerikanischer Priorität DRP. 641300.

teils vom Aluminiumsulfat, 67% von dem des Kaliumsulfates und 87,5% des Wassers. Wenn K_2SO_4 der Lösung zugefügt wird, so ist die Ausfällung des Al-Salzes nahezu quantitativ.

Für Norwegen, das nur über wenige brauchbare Tonvorkommen verfügt, ist der Labradorit, der in riesigen Mengen ansteht, ein interessanter, tonerdehaltiger Rohstoff. Bei der Besprechung der Rohstoffe wurde eine Analyse mitgeteilt. Aus ihr geht hervor, daß der Labradorit bezüglich seiner chemischen Zusammensetzung den Tonen etwa gleichwertig ist. Nachteilig ist, daß der Labradorit als Stein vorkommt und infolgedessen die Tonerde nicht wie bei den Tonen bereits von der Natur in Hydrogele umgewandelt und damit gewissermaßen voraufgeschlossen ist. Man hat auch die Aufschließbarkeit von Labradorit mit Schwefelsäure untersucht. Optimale Aufschlußbedingungen wurden erreicht bei feinzerkleinertem Labradorit durch Einwirkung von 33%iger Schwefelsäure, unter Anwendung eines 10%igen Säureüberschusses, bei 100° etwa 1 Stunde lang. Hierbei wurde eine Ausbeute von 75% erreicht. Ähnlich wie beim Salpetersäureaufschluß zeigt der Labradorit von Probe zu Probe ein sehr unterschiedliches Verhalten. Dem Aussehen und der Analyse nach nahezu identische Proben differieren um 10% Ausbeute. Schmilzt man diese Proben und schreckt sie ab, d. h. bringt man sie auf diese Weise auf einheitliche Strukturverhältnisse, so werden die Ausbeuten gleich hoch. In einigen Fällen lagen sie sogar noch wesentlich höher als die vorerwähnte Normalausbeute, nämlich bei 87%. Tempert man Labradorit 40 Stunden und mehr bei 1000°, so geht die Säurelöslichkeit zurück. Sie betrug nur noch 66% bei einer so behandelten Probe. Eine derartige zusätzliche Behandlung dürfte aber für die Praxis nicht in Frage kommen. Man wird sicher gut säurelösliche Partien des Gesteins auswählen und sich mit einer Ausbeute von etwa 75—80% begnügen. (Vgl. hierzu den Salpetersäureaufschluß des Labradorits.)

dd) Der salpetersaure Aufschluß

1. Nuvalon-Verfahren

Bei Behandlung des Aloton-Verfahrens wurde schon darauf hingewiesen, daß der Aufschluß des Tones mittels Ammonbisulfat von dem Erfinder selbst aus den besprochenen Gründen verlassen worden ist und er sich dem Aufschluß mittels Salpetersäure zuwandte. So wurde von M. Buchner das Nuvalon-Verfahren entwickelt und von uns im Lautawerk technisch durchgeprüft. Der Gang dieses Verfahrens ist kurz folgender:

Das kalzinierte Aufschlußgut wird mit Salpetersäure (300 g/Liter) im Autoklaven aus V_2A-Stahl unter Rühren bei einem Druck von 6—8 atü und einer Temperatur von etwa 150° C 6 Stunden lang behandelt. Zur Herstellung von 1 t Aluminiumoxyd sollen 4—4½ t Ton und 12,3 t Salpetersäure (300 g/Liter) erforderlich sein. Nach Beendigung des Aufschlusses wird die Lösung mit dem Ungelösten zusammen in Klärbehälter aus V_2A-Metall abgezogen, nachdem die Temperatur im Autoklaven durch Abblasen des Überdruckes und Abkühlen mit Wasser auf 50° erniedrigt wurde. In den Klärbottichen bleibt das Aufschlußgut 12 - 14 Stunden. Während dieser Zeit tritt eine Klärung ein, und es wird die Beendigung der Eisenfällung erreicht. Anschließend wird filtiert und der Rückstand gründlich ausgewaschen.

Aufschlußlösung und Waschwasser werden bis auf ein spezifisches Gewicht von 1,42—1,45 eingedampft. Die eingedampfte Lösung läßt man in V_2A-Wannen unter Rühren auskristallisieren. Die ausgeschiedenen Aluminiumnitratkristalle werden abgeschleudert. Bei der ersten Kristallisation scheiden sich etwa 70% des Nitrates aus, Die Mutterlauge dieser ersten Kristallisation geht in die Eindampferei zurück. Das ausgeschiedene Aluminiumnitrat wird mit Salpetersäure abgedeckt, kurz nachgewaschen und auf einer Schleuder trocken geschleudert.

Bei 70^0 wird nunmehr das Aluminiumnitrat zum Schmelzen gebracht und die Schmelze etappenweise auf 140 erhitzt. Dies erfolgt unter normalem Druck oder zweckmäßiger unter Unterdruck. Bei dieser Behandlungsweise verliert das Aluminiumnitrat bereits die Hälfte der Salpetersäure. Es hinterbleibt ein basisches Nitrat, welches nur die Hälfte an Wasser enthält. Dieses basische Nitrat läßt sich dann in einer Drehtrommel, die ebenfalls wieder aus V_2A-Metall sein muß, bei etwa 400^0 unter Überleiten von Dampf in 92%iges Aluminiumoxyd unter Abdestillieren der restlichen Salpetersäure umsetzen (Abb. 40).

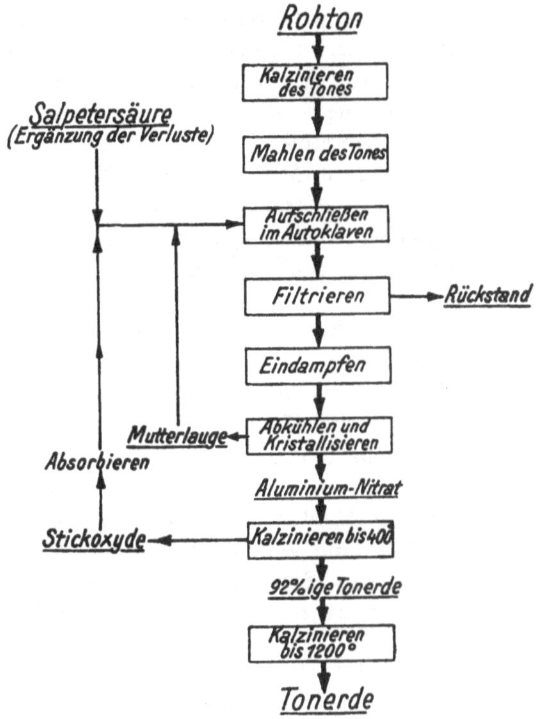

Abb. 40. Salpetersäure-Aufschluß.

Die Salpetersäure ist auch schon früher von anderer Seite zur Extraktion von tonerdehaltigen Stoffen verwendet worden, ohne daß diese Verfahren einen technischen, fabrikatorischen und wirtschaftlichen Erfolg gehabt haben. Dies ist darauf zurückzuführen, daß es den betreffenden Bearbeitern nicht gelungen ist, eine glatte Eisentrennung durchzuführen. Auch scheinen sie an einer zu verlustreichen Zersetzung des Nitrats gescheitert zu sein. Die Verluste an Salpetersäure müssen naturgemäß unbedingt vermieden oder so niedrig wie möglich gehalten werden, weil die Salpetersäure auch heute noch ein verhältnismäßig teures Aufschlußmittel darstellt.

Im Gange des Nuvalon-Verfahrens wird eine Eisen- und Titanabscheidung dadurch erreicht, daß der Ton beim Aufschluß im Überschuß zur Anwendung gelangt. Man arbeitet also bewußt auf basische Salze (vgl. S. 185 — Der reine Schwefelsäureaufschluß!). Infolgedessen braucht man zum Aufschluß nur etwa 85% der theoretisch für die Bildung des Nitrates erforderlichen Säure. Diese Maßnahmen aber genügen nicht allein, um das Problem einer glatten Eisentrennung zu lösen. Es findet noch eine sogenannte Selbstreinigung der Aufschlußlösungen statt, wenn sie, eine Zeitlang bei bestimmter Temperatur in Klärbehältern belassen werden. Schließlich kann man noch restliches Eisen durch Abdecken des Nitrates mit konzentrierter Salpetersäure entfernen.

Die thermische Zerlegung des Aluminiumnitrates wird dadurch erleichtert, daß das Nitrat schon im eigenen Kristallwasser bei 70° unter Abgabe von 50% der Salpetersäure schmilzt. Aber auch diese Zersetzung verläuft, wie genaue Untersuchungen von uns ergeben haben, nicht annähernd quantitativ, es gehen noch etwa 1—2% als Nitrosegase dem Prozeß verloren, wobei berücksichtigt ist, daß der Prozeß so geführt wird, daß der größte Teil des Stickoxyds — NO — Gelegenheit hat, sich mit Luftsauerstoff wieder zu oxydieren. Dieser Verlust spielt im Hinblick auf die Wirtschaftlichkeit des Verfahrens keine unbedeutende Rolle. Ein weiterer Verlust entsteht durch die Bindung der Salpetersäure an den Rückstand. Hier kann man mit etwa 1% der umlaufenden Salpetersäure rechnen. Ein Nachteil des Verfahrens ist ferner, daß sich in der Mutterlauge Nitrate anreichern, die nicht verloren gegeben werden dürfen. Sie müssen also in einem Nebenprozeß aufbereitet werden. — Ein diesbezüglicher Vorschlag geht dahin, nebenbei Ammonnitrate zu erzeugen. Dies hat aber wieder den Nachteil, daß das eine Erzeugnis vom Absatz des anderen abhängig ist.

Die Verwendung von V_2A-Stahl als Behälterbaustoff bereitet heute technisch und konstruktiv nicht mehr die geringsten Schwierigkeiten, belastet wohl das Verfahren im Hinblick auf die Kosten für die Investitionen.

Der Strombedarf beim Aufschluß mit Salpetersäure liegt etwa so hoch, wie bei den alkalischen Verfahren. Buchner rechnete bei der Verarbeitung von Ton mit 450—500 kWh/t Al_2O_3. Der Dampfbedarf wurde von ihm für den Aufschluß mit 2,9 t, für das Eindampfen mit 5,1 t, also insgesamt mit 8 t je t Tonerde angegeben. Für eine 20000-t-Anlage würde eine Belegschaft von etwa 118 Mann, d. h. also auf die 1000 t/Jahr rd. 6 Mann erforderlich sein, ein Bedarf an Arbeitskräften, wie er auch etwa vom Bayerverfahren beansprucht wird.

2. Blanc-Verfahren

Mit dem Salpetersäureaufachluß hat sich auch G. A. Blanc ausführlich beschäftigt und diesen auf das für italienische Verhältnisse günstige Leuzitvorkommen angewandt. Die Summenformel für reinen Leuzit ist: $K_2O \cdot Na_2O \cdot 2\,Al_2O_3 \cdot 8\,SiO_2$; er enthält also rund 24% Al_2O_3 neben 57% SiO_2. Blanc hatte vorher Aufschlußversuche des Leuzits mit Salzsäure durchgeführt. Die dabei gewonnenen Erfahrungen wurden von ihm teils für den Salpetersäureaufschluß übernommen. Bemerkenswert ist, daß Blanc, wie erwähnt, das Mineral nicht fein vermahlen, sondern in körniger Beschaffenheit zur Anwendung bringt und dieses stufenweise auslaugt. Die Durchlässigkeit der Aufschlußmasse bleibt unter diesen Verhältnissen auch bis zum Ende der Auslaugung erhalten. Auf diese Weise erreicht Blanc ohne Filtration praktisch kieselsäurefreie Lösungen, was er auch auf besondere Adsorptionseigenschaften des Kieselsäurerückstandes zurückführt. — Ein derartiger Effekt wurde zwar von uns nicht beobachtet!

Blanc nutzt bei seinem Verfahren die Wärmeentwicklung aus, die während des Aufschlusses ausgelöst wird. Er bekommt zum Schluß eine 70° heiße Lösung, die Aluminiumnitrat, Kaliumnitrat und wenig Eisennitrat enthält. Diese Lösung wird der Abkühlung überlassen. Es kristallisiert Aluminiumnitrat aus, während die übrigen Nitrate in Lösung bleiben. Über die Löslichkeitsverhältnisse der genannten Nitrate in Abhängigkeit von der Salpetersäurekonzentration gibt das beigefügte Diagramm der Abbildung 41 Aufschluß, welches mit den Angaben von Blanc gut übereinstimmt.

Es erfolgt im Gange dieses Verfahrens eine schrittweise Trennung der Nitrate des Aluminiums und Kaliums, und zwar wird diese in der Praxis dadurch erreicht, daß man den Aufschluß des Leucits zunächst mit der geringsten Menge an Salpetersäure und an Wasser ansetzt, welche hinreicht, um die gesamte Menge des Aluminiumkaliumnitrates in der Hitze in Lösung zu halten. Nunmehr wird der heißen Lösung sofort nach ihrer Abtrennung vom Rückstand die geringste Menge Salpetersäure zugesetzt, die nötig ist, um bei Abkühlung das Kaliumnitrat vollständig in Lösung zu halten, während das Aluminiumnitrat unter diesen Bedingungen unter Bindung eines Teiles des vorhandenen Wassers auskristallisiert. Die wesentlichen Merkmale des Blanc-Verfahrens sind also die kontinuierliche Auslaugung des körnigen Rohstoffes und die fraktionierte Kristallisation der Nitrate. Im übrigen unterscheidet sich das Verfahren nicht wesentlich von den anderen bekannten Salpetersäureaufschlußverfahren. Es ist dort am Platze, wo neben einem Tonerdebedarf eine Verwendung für Kalisalze besteht. In Italien, wo dies im allgemeinen zutrifft, hat sich jedoch die Leucitaufbereitung bis heute großtechnisch noch nicht durchzusetzen vermocht (Abb. 41).

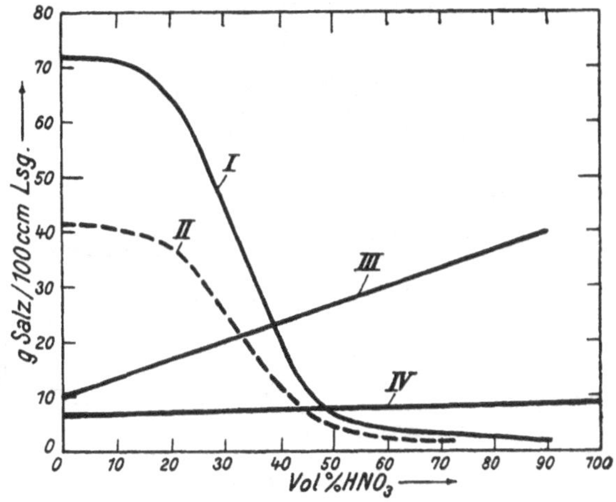

Abb. 41. Löslichkeit von $Al(NO_3)_3 \cdot 9H_2O$(I) $Al(NO_3)_3$ (II), KNO_3(III) und $Fe(NO_3)_3$ $9H_2O$(IV) in HNO_3 verschiedener Konzentration bei 15° C.

Während des letzten Weltkrieges hat man in Norwegen eine Tonerdeanlage errichtet, in der der Labradorit mit Salpetersäure aufbereitet werden sollte. Die Anlage ist nicht mehr in Betrieb gekommen. Das Verfahren beruht auf Untersuchungen der Norsk-Hydro, Norwegen und der I. G. Farben. Die Vorbereitungen für die Errichtung der Anlage und vor allem die Voruntersuchungen für den Prozeß selbst waren soweit vorgeschritten, daß der Arbeitsgang des Verfahrens von Interesse ist. Er ist aus dem Arbeitsschema der Abb. 42 zu entnehmen.

Wie bereits beim Nuvalon-Verfahren erwähnt, ist die Salpetersäure für einen derartigen minderwertigen Rohstoff aus wirtschaftlichen Gründen kein besonders geeignetes Aufschlußmittel. Bei der Anlage in Norwegen war insofern eine besonders günstige Situation gegeben, als die Tonerdefabrik in Kompensation mit der Salpeterfabrik arbeiten sollte. Andererseits war aber auch dadurch die Jahreskapazität auf 10—20000 t Tonerde beschränkt.

Die Salpetersäurelöslichkeit des Labradorits ist recht unterschiedlich. Für diesen Prozeß konnten nur die Partien des Gesteins ausgewählt werden, die eine besonders gute Salpetersäurelöslichkeit hatten. Von den 28—30% Al_2O_3 im Labradorit sind nur 22—25% löslich. Auf 1 t Tonerde braucht man daher ungefähr 4,5 t Labradorit. Auch hier sollte nach dem Blancschen Vorgehen aufgeschlossen, d. h. 0,3 bis 2 mm körniges Gut in einem Turme kontinuierlich ausgelaugt werden.

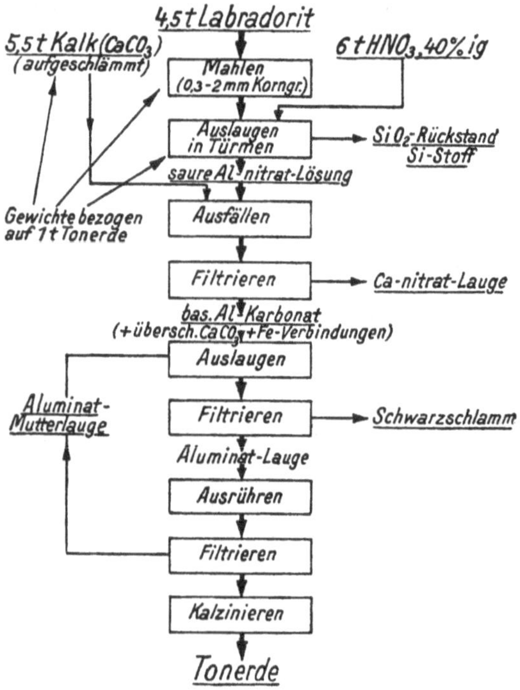

Abb. 42. Aufschluß von Labradorit mit Salpetersäure in Türmen.

ee) Aufschluß mit schwefliger Säure

Der Aufschluß mit schwefliger Säure, der vielfach versucht worden ist, hat erst technische Bedeutung erlangt nach Auffinden eines definierten, einbasischen Aluminiumsulfits, das auch als zweibasisches Bisulfat aufgefaßt werden kann (vgl. die Formel weiter unten). Die Darstellung dieses Salzes im Gange des Verfahrens ermöglichte erst eine glatte Kieselsäuretonerde - Trennung. Das Salz ist kristallin, daher gut filtrierbar.

Die schweflige Säure hat allgemein den Vorteil, daß sie billig ist, daß sich aus ihr Salze herstellen lassen, die gut spaltbar sind und daß die schwefligsauren Gase sich leicht nahezu quantitativ absorbieren lassen.

Die chemischen Vorgänge sind hier in großen Zügen die gleichen wie bei den vorbeschriebenen Verfahren. Aus dem kalzinierten Ton werden Aluminium und Eisen herausgelöst, Kieselsäure bleibt in der Hauptsache zurück und wird abgetrennt. Leider gehen auch bei diesem Prozeß Titan, Vanadin und Chrom so weit mit in Lösung, daß sie die Qualität des Endproduktes ernstlich gefährden. Im weiteren Gange des Verfahrens wird die klare Aluminiumeisensulfitlösung erhitzt; SO_2 entweicht gasförmig. Gleichzeitig fällt ein ziemlich eisenfreies, hochbasisches Aluminiumsalz aus. Dieses wird nochmal umgelöst, um restliche Kieselsäure abzuscheiden, die Lösung filtriert und jetzt ein einbasisches Salz ausgerührt. Es wird unter weiterer Rückgewinnung von schwefliger Säure und Gewinnung reiner Tonerde kalziniert. Dies ist in großen Zügen das Prinzip des Verfahrens.

Da die verhältnismäßig schwache schweflige Säure unter normalen Temperaturverhältnissen eine lange Aufschlußzeit erfordert, wendet man auch hier wieder erhöhte Temperaturen und — da die schweflige Säure leicht flüchtig ist — entsprechende Drücke an.

Die Abb. 43[1]) zeigt, wie allein durch Temperatursteigerung die Aufschlußgeschwindigkeit erhöht werden kann. Gleichzeitig aber zeigen die Kurvenverläufe, daß bei Temperaturen über 60° bereits Zersetzungen der in Lösung befindlichen Sulfite auftreten. Bei niedrigprozentigen SO_2-Lösungen kann eine Reaktionsbeschleunigung durch Temperatursteigerung nur dann erreicht werden, wenn man nicht mehr als etwa 10 g Al_2O_3/l in Lösung bringen will. Will man etwa 20 g Al_2O_3/l erreichen, so darf man eben nicht über eine Temperatur von 60° hinausgehen und muß sich mit einer langsameren Reaktion begnügen. Diese Verhältnisse, entweder niedere Konzentration oder sehr lange Reaktionszeiten in Kauf nehmen zu müssen, sind für technische Zwecke unerwünscht.

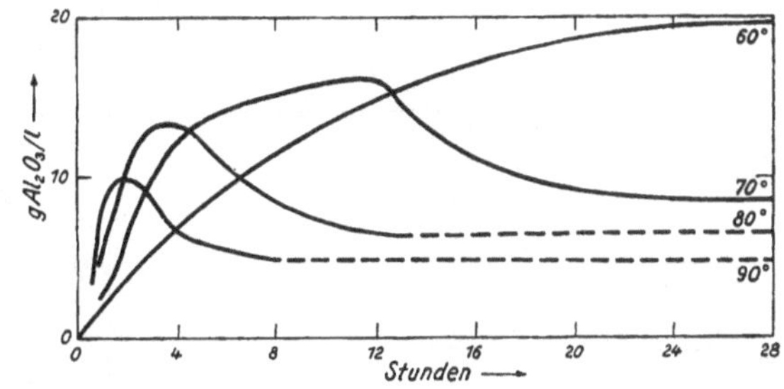

Abb. 43. Aufschluß von Kaolin bei verschiedenen Temperaturen (SO_2-Konz.: 100 g/l).

Wählt man höhere Temperaturen, z. B. 70° und wendet gleichzeitig Druck an, z. B. 8 atü, so kann man mit 20%iger Säure arbeiten und bekommt über 30 g Al_2O_3/l gelöst. Konzentrationen dieser Höhe müssen unbedingt angewandt werden, weil man anderenfalls nicht genügend kieselsäurefreie Tonerde gewinnen kann. Die Abhängigkeit des SiO_2-Gehaltes der Aufschlußsäure vom Al_2O_3-Gehalt ist aus dem Kurvenverlauf der Abb. 44 zu entnehmen. — Für den technischen Aufschluß ergibt sich zweckmäßig eine Arbeitstemperatur von 50—60°, 20%ige Säure und ein Druck von 8 atü.

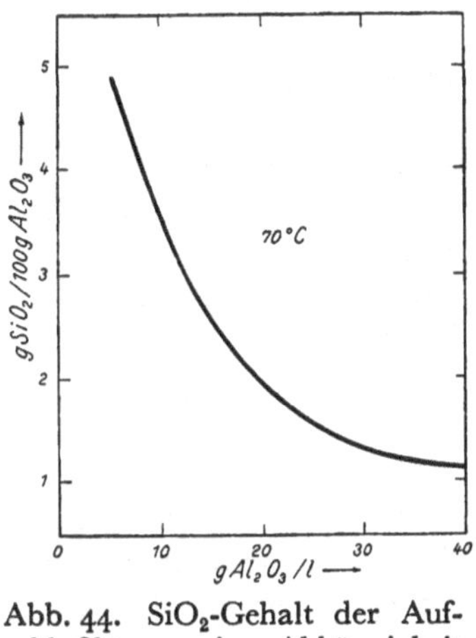

Abb. 44. SiO_2-Gehalt der Aufschlußlösung in Abhängigkeit von ihrem Al_2O_3-Gehalt.

Die basischen Aluminiumsulfite, die aus Aluminiumsulfitlösungen beim Erhitzen bis 100° unter Abgabe von SO_2 ausfallen, entsprechen keinem genauen stöchiometrischen Verhältnis. Sie enthalten je Mol Al_2O_3 0,2—1 Mol SO_2. Niederschläge dieser Art enthalten nach dem Abnutschen nur etwa 10—12% Al_2O_3. Sie setzen sich schnell ab, können also gut eingedickt werden und sind auch filtrierbar. Eisenfrei sind die basischen Sulfite nur, wenn man sie unter Luftabschluß abfiltrieren kann. Die beim Aufschluß mit in Lösung gegangene Kieselsäure fällt restlos mit dem hochbasischen Salz aus.

Scheidet man ein Salz unter Aufrechterhaltung des SO_2-Gehaltes aus der Aufschlußlösung ab, und zwar derart, daß während der Fällung etwa 2 Mol SO_2 je

[1]) Entnommen aus internen Berichten von E. Wiedbrauck † und K. Büche. Beide Verfasser gaben die ersten Anregungen zum Verfahren und nahmen an der Weiterentwicklung regen Anteil.

Mol Al_2O_3 vorhanden sind, so fällt ein kristallines, sehr gut filtrierbares einbasisches Sulfit aus. Seine Zusammensetzung ist z. B.:

31,85% Al_2O_3
40,00% SO_2
28,15% H_2O.

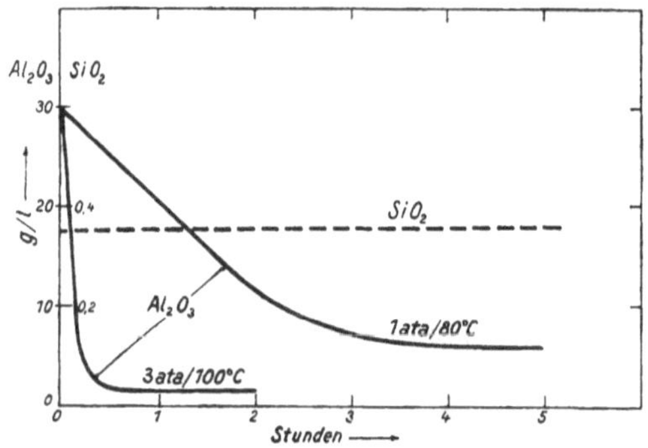

Abb. 45. Verlauf der Ausfällung von einbasichem Aluminium-Sulfit.

Dieses Salz ist erstmalig 1932 von E. Wiedbrauck † und K. Büche dargestellt und definiert worden.

Beim Abscheiden unter Atmosphärendruck lassen sich die vorgenannten Fällbedingungen oberhalb etwa 60—80° nicht mehr einhalten. Aber unter SO_2-Druck kann einbasisches Sulfit auch bei höheren Temperaturen abgeschieden werden. Man kann dann auf Temperaturen bis zu 110° gehen. Der Verlauf der Ausfällung geht aus Abb. 45 hervor.

Bei der Abscheidung des einbasischen Salzes wird auch eine gewisse Eisenabtrennung erzielt. Sie ist nicht so vollständig wie beim hochbasischen Salz, jedoch soweit, daß man bei der Weiterentwicklung des Verfahrens auf die Vorabscheidung und Umlösung des hochbasischen Salzes verzichtet hat (s. Abb. 46 und 48).

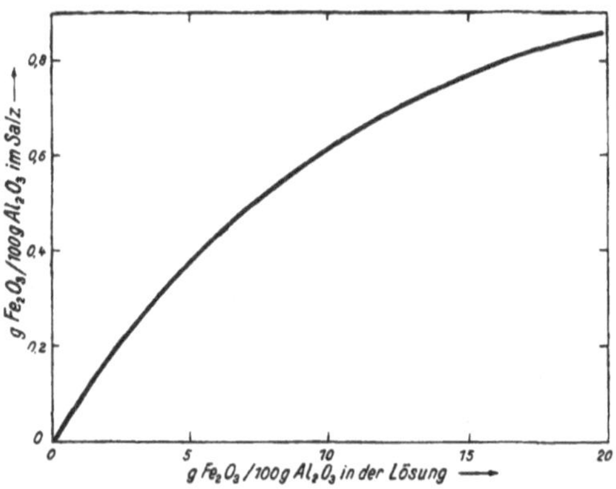

Abb. 46. Fe-Gehalt des einbasischen Aluminium-Sulfits in Abhängigkeit vom Fe-Gehalt der Aufschlußlösung (30 g Al_2O_3/l).

Die thermische Spaltung des einbasischen Sulfits läßt sich bei ziemlich niedriger Temperatur durchführen. Bei etwa 500—600° lassen sich die Sulfite weitgehend von SO_2 und H_2O befreien ohne dabei zu sintern oder zu schmelzen. Das Produkt — rohe Tonerde — enthält etwa 80—90% Al_2O_3, 3—6% S als SO_2 und SO_3 und außerdem restliches Wasser.

Man hat später bei der Durcharbeitung und Entwicklung des Verfahrens gefunden, daß das einbasische Sulfit auch hydrothermal zerlegt werden kann, und zwar in wäßriger Aufschlämmung bei 110—160° unter 4—6 atü. So erhält man interessanterweise ein körniges Hydrat mit etwa 30% Al_2O_3. Diese Möglichkeit hat dem Verfahren bei seiner Anwendung im technischen Maßstab besonders vorwärts geholfen.

Leider ist es nicht gelungen, die Verunreinigungen — wie P_2O_5, TiO_2, Cr_2O_3 und V_2O_5 — im Gange des Verfahrens selbst abzutrennen. Um eine Anreicherung dieser Verunreinigungen zu vermeiden, wird ein Teil der im Kreislauf zirkulierenden Säure ausgeschieden und abgestoßen. Bei diesem Auskochen wird SO_2 und restliche Tonerde gewonnen. Die Nebenbestandteile werden mit der Lösung aus dem Prozeß entfernt. Aber diese Maßnahme allein ist noch nicht ausreichend. Die Tonerde enthält nämlich dann immer noch etwa 0,1—0,5% Fe_2O_3, 0,02—0,03% SiO_2, 0,03—0,1% TiO_2, Cr_2O_3, V_2O_5. Diese Angaben beziehen sich auf Tonerde, die aus Ton gewonnen wurde. Tonerde aus Kaolin ist reiner, aber dieser kommt — wie erwähnt — als Rohstoff weniger in Frage.

Die einzige Lösung, um bezüglich der Qualität nach diesem Verfahren zu einer konkurrenzfähigen Tonerde zu kommen, ist ein nochmaliges Lösen des nach hydrothermaler Spaltung gewonnenen Tonerdehydrates. Gerade dieses ist infolge seiner Strukturverhältnisse (siehe weiter unten) außerordentlich reaktionsfähig, es löst sich spielend in Natronlauge und kann dann nach Bayer als hochreine Tonerde ausgerührt werden.

Der ausgelaugte, säurefrei gewaschene Kieselsäurerückstand, der in der Anlage, die im Lautawerk während des Krieges für eine Kapazität von 8000 t erstellt war, anfiel, fand bisher keine Verwendung. Auf 1 t Tonerde fielen rund 3 t Rückstand an. Dieser Rückstand zeigt eine bemerkenswerte Aktivität, so daß er als Ersatz für Bleicherden, als Zuschlag für Zement, zu hydraulischen Kalken oder auch ganz allgemein als Absorptionsmittel Verwendung finden könnte.

Über den Arbeitsgang im einzelnen und die Stadien der Entwicklung des Verfahrens wird folgende Übersicht gegeben:

> Ton wird bei etwa 800° kalziniert, gemahlen und im Rührautoklaven bei 50—60° unter etwa 6 atü Druck mit einer schwefligen Säure von etwa 200 g SO_2/l aufgeschlossen. Nach dem Aufschluß wird abgekühlt, entspannt und die Aufschlußlösung filtriert. Der dabei anfallende kieselsäurereiche Rückstand wird gut ausgewaschen und für Sonderverwendungszwecke gelagert. Die Aufschlußlösung, die etwa 20—40 g Al_2O_3/l enthält, wird durch Einleitung von Dampf zerlegt, wobei SO_2-Gas entweicht, und hochbasisches Aluminiumsulfit ausgeschieden wird. Letzteres wird filtriert und wieder in schwefliger Säure umgelöst. Aus dieser Lösung wird nunmehr unter bestimmten Temperatur- und SO_2-Verhältnissen einbasisches Sulfit ausgefällt. Dies ist eine wohldefinierte Verbindung, die der chemischen Formel $1\,Al_2O_3 \cdot 2\,SO_2 \cdot 5\,H_2O$ entspricht; sie kann aufgefaßt werden:
>
> 1. als einbasisches Sulfit $\mathrm{Al}\begin{matrix}\diagup OH \\ \diagdown\!\!\diagdown SO_3\end{matrix} + 2\,H_2O$
>
> oder
>
> 2. als zweibasisches Bisulfit $\mathrm{Al}\begin{matrix}\diagup OH \\ \overline{\quad} \\ \diagdown OH\end{matrix} HSO_3 + 1\,H_2O.$
>
> Das einbasische Sulfit weist mehr oder weniger kristalline Beschaffenheit auf, läßt sich also verhältnismäßig gut filtrieren. Es wird nunmehr einer thermi-

schen Spaltung unterworfen, bei der zunächst vorwiegend Wasser, dann die gesamte schweflige Säure ausgetrieben wird. Zurück bleibt ein etwa 82%iges Aluminiumoxyd, das 3—6% S, in der Hauptsache gebunden als Sulfat, und restliches Hydratwasser enthält. Dieses Aluminiumoxyd muß anschließend noch bei höherer Temperatur fertig kalziniert werden.

Der ursprüngliche Plan des Verfahrens umfaßte also die folgenden Arbeitsgänge:

1. Kalzinieren des Tones.
2. Mahlen des Tones.
3. Aufschließen im Autoklaven.
4. Filtrieren und Abscheiden des Rückstandes.
5. Dampffällung des hochbasischen Salzes.
6. Filtrieren des hochbasischen Salzes.
7. Umlösen des hochbasischen Salzes und Filtrieren restlicher Kieselsäure.
8. Ausrühren des einbasischen Salzes.
9. Eindicken und Filtrieren des einbasischen Salzes.
10. Kalzinieren des einbasischen Salzes.

Der Aufschluß erfuhr im Gange unserer Entwicklungsarbeiten dadurch eine wesentliche Vereinfachung, daß man zur kontinuierlichen Auslaugung stückigen Tones überging. Der Ton wird hierzu vor dem Kalzinieren zu Formlingen gepreßt und die kalzinierten Preßlinge auf eine bestimmte Stückgröße gebrochen. Dieses Gut wird in Türme[1]) eingefüllt, die von unten nach oben von Aufschlußsäure durchströmt werden; 4—6 Türme sind hierzu hintereinander geschaltet. Diese Arbeitsweise hat sich außerordentlich günstig auf die Entwicklung des Verfahrens ausgewirkt, weil dadurch die unangenehme Rückstandsfiltration in Fortfall gekommen ist.

Nach diesem Verfahren gelangt man zu einer Tonerde, die bezüglich ihrer Verunreinigungen an Kieselsäure und Eisenoxyd den geforderten Qualitätsansprüchen genügt. Außer den genannten Verunreinigungen enthält die Tonerde, wie erwähnt, aber auch noch Verunreinigungen an Titan-, Chrom- und Vanadinoxyd. Im Hinblick darauf, daß eine Tonerde mit derartigen Verunreinigungen nicht für den speziellen Verwendungszweck des Leitaluminiums verarbeitet werden kann, mußte nach einem Weg gesucht werden, der zu einem hochwertigeren Produkt führt. Dieser war mit der Umlösung des sogenannten Vorkalzinats, dem Endprodukt der thermischen Spaltung des einbasischen Salzes, in Natronlauge gefunden. Das bei diesem Prozeß erhaltene Aluminiumoxyd ist nämlich außerordentlich reaktionsfähig und unterscheidet sich dadurch grundsätzlich von den Oxyden, die nach den anderen bekannten Verfahren gewonnen werden. Es löst sich auffallend leicht in der Natronlauge, wie sie im Gange des Bayerverfahrens angewandt wird, und zwar schon ohne Zuführung von Wärme. In der Praxis beschleunigt man zwar den Prozeß dadurch daß man auf etwa 60—80^0 vorgewärmte Laugen nimmt, deren Temperatur dann

[1]) Inhalt ca 30 m^3;

durch die Reaktionswärme auf etwa 90⁰ kommt. Die Abtrennung der verunreinigenden Bestandteile des Titans, Chroms und Vanadins beim Umlösen in Lauge wird erleichtert, wenn gleichzeitig Eisenhydroxyd mit ausgefällt wird. Hieraus folgt zwangsläufigerweise, daß man die Eisentrennung, die durch den oben erwähnten Arbeitsgang der Ausfällung des hochbasischen Salzes erreicht wird, fallen läßt. Dadurch wird das ursprüngliche Verfahren gekürzt und im ganzen gesehen, einschließlich der Umlösung in Lauge nicht weniger umständlich als der ursprüngliche Plan vorsah.

Das unter Berücksichtigung der Umlösung geänderte Verfahren umfaßt nunmehr folgende Arbeitsgänge (Arbeitsschema der Abb. 47):

1. Kalzinieren des Tones.
2. Aufschließen des kalzinierten Tones.
3. Ausrühren des einbasischen Salzes aus der Aufschlußlösung.
4. Eindicken und Filtrieren des einbasischen Salzes.
5. Thermische Spaltung des einbasischen Salzes.
6. Lösen des Vorkalzinates in Lauge.
7. Ausrühren und Filtrieren des Hydrates wie im Gange des Bayerverfahrens.
8. Kalzinieren des Hydrates.

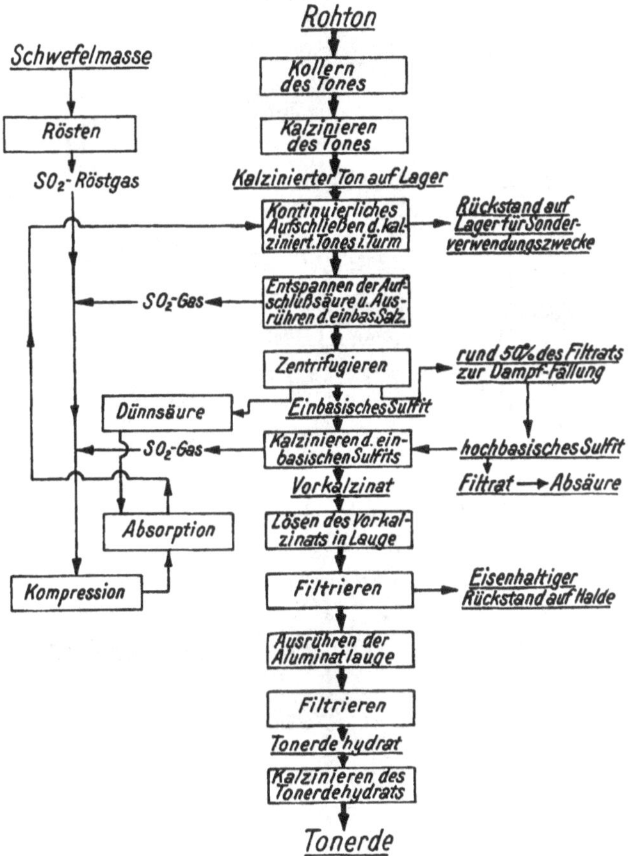

Abb. 47. Arbeitsgänge zum ST-Verfahren (Turmverfahren mit Umlösen in Lauge).

Aber auch hier ist das Verfahren in seiner Entwicklung noch nicht stehengeblieben. Unsere Untersuchungen haben gezeigt, daß das einbasische Sulfit auch auf nassem Wege glatt zu spalten ist. Erhitzt man das einbasische Sulfit unter kontinuierlichem Abblasenlassen schrittweise auf etwa 160⁰ und 4—5 atü, so wird sämtliches SO_2, welches ursprünglich im Salz gebunden war, abgegeben und es hinterbleibt ein Hydrat, welches interessanterweise die kristalline Struktur des Ausgangsproduktes nahezu beibehalten hat. Das Hydrat läßt sich infolgedessen ebenso gut wie das einbasische Sulfit filtrieren, es enthält 30—34% Al_2O_3, 70—65% Wasser und — was besonders wichtig ist — es löst sich ebenso gut wie das oben erwähnte Vorkalzinat in Lauge. Damit wird die teure und technisch nicht einfach zu meisternde trockene thermische Spaltung des einbasischen Salzes überflüssig. Die SO_2-Gase, die im Prozeß anfallen und zurückgewonnen werden müssen, sind jetzt einheitl. 100%ig, während bei der bisherigen Arbeitsweise mehr oder weniger verdünnte Kalzinationsgase absorbiert werden mußten.

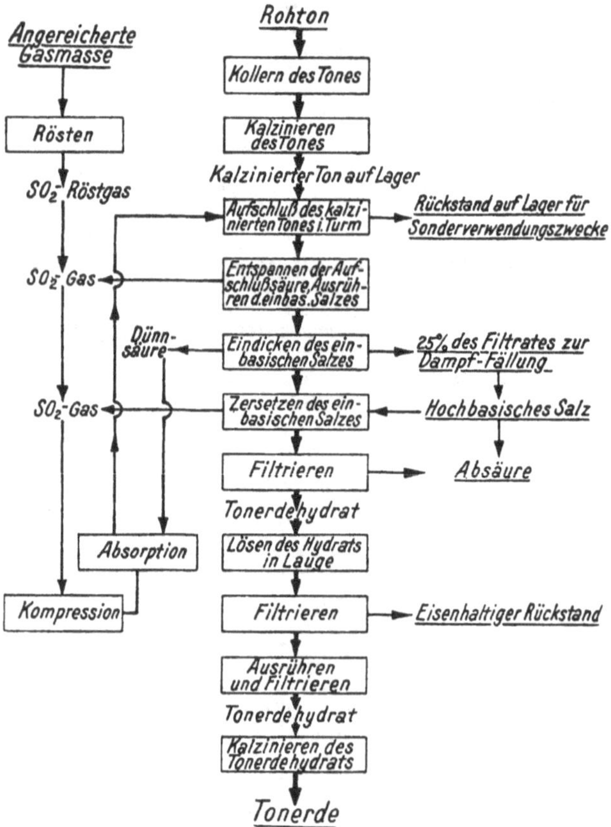

Abb. 48. Arbeitsgänge zum ST-Verfahren (verkürzte Arbeitsweise).

Die Arbeitsgänge unter Berücksichtigung der bisher geschilderten Entwicklung des Verfahrens sind nunmehr (Arbeitsschema der Abb. 48):

1. Kalzinieren des Tones.
2. Aufschließen des Tones.
3. Ausrühren und Eindicken des einbasischen Salzes.
4. Naßzersetzen des einbasischen Salzes und Filtrieren des Hydrates.
5. Umlösen des Hydrates in Lauge.
6. Ausrühren des Tonerdehydrates nach Bayer und Filtrieren.
7. Kalzinieren des Tonerdehydrates.

Ein Abschluß im Gange der Entwicklung des Verfahrens wird erst erreicht sein, wenn es gelungen ist, das Schwefligsäureaufschlußverfahren von der alkalischen Umlösung unabhängig zu machen.

Ein Weg wurde in einer chlorierenden Kalzination des ST-Hydrates oberhalb 900° C gefunden. Die bisher vorliegenden Ergebnisse hierzu sind ermutigend[1]). Die angeführte Lösung dürfte heute nicht mehr schwierig sein.

[1]) Im chlorierten ST-Hydtat waren noch enthalten: 0,1% SiO_2; 0,01% Fe_2O_3; 0,02% TiO_2; 0,006% Cr_2O_3; 0,001% V_2O_5, frei von den Verbindungen der Elemente Na, Cu, Zn, Mn und Ga.

Unter Berücksichtigung dieser neuesten Entwicklung des Verfahrens würde sich die Anzahl der Arbeitsgänge weiter reduzieren lassen:

1. Kalzinieren des Tones.
2. Aufschließen des Tones.
3. Ausrühren und Eindicken des einbasischen Salzes.
4. Naßzersetzen des einbasischen Salzes und Filtrieren des Hydrates.
5. Chlorierendes Kalzinieren des Hydrates.

Unter den durchgeprüften sauren Aufschlußverfahren ist dem Schwefligsäureaufschlußverfahren der Vorzug gegeben, weil die schweflige Säure im Vergleich mit den anderen genannten Säuren verhältnismäßig billig ist — wir gewannen sie seinerzeit aus Gasmassen — und weil sie sich leicht unzersetzt austreiben und wiedergewinnen läßt. Eine nicht unbedeutende Stütze des Verfahrens ist das wohldefinierte einbasische Salz bzw. das aus ihm gewonnene Hydrat mit den erwähnten günstigen Eigenschaften.

d) Verbrauch, Personalbedarf, Kosten beim Aufschluß mit schwefliger Säure

Im laufenden Betrieb ist man im wesentlichen zu folgenden Ergebnissen gekommen:

Bei dem Verbrauch an Rohstoff ist die Löslichkeit der Tonerde von ausschlaggebender Bedeutung. Bei einer mittleren Löslichkeit von 75% kann mit einer Löseausbeute von 90% gerechnet werden. Nach den bisherigen Erfahrungen liegt diese zwischen 72 und 80%. Weiter muß der Staubverlust berücksichtigt werden. Bei Aufgabe von grubenfeuchtem Ton auf den Drehofen betrug der Staubverlust etwa 5% vom kalzinierten Gut.

Der Gasverbrauch (Heizwert 1400 WE) betrug 580 cbm je Tonne kalziniertes Gut.

Die Konzentration der Aufschlußsäure betrug 200 g SO_2/l. Diese Konzentration hat sich als ganz besonders günstig erwiesen. Sie nimmt bei der Laugung 40 g Al_2O_3/l auf, und zwar bei einer Tempertaur von 40—60° und einem Druck von 9 atü, abfallend auf etwa 6,5 atü. Der Dampfverbrauch zum Anheizen betrug etwa 1,5 t je Stunde.

Ausgerührt wurde — wie erwähnt — in drei Stufen:

1. Stufe	3 atü	100° C	ein:	200 g	SO_2/l,	40 g Al_2O_3/l
			aus:	50 „	„	7 „ „
2. Stufe	1,2 atü	100° C	ein:	50 „	„	7 „ „
			aus:	25 „	„	4 „ „
3. Stufe	0,2 atü	95° C	ein:	25 „	„	4 „ „
			aus:	18 „	„	3 „ „

Der Dampfverbrauch für die drei Ausrührstufen beträgt bei guter Wärmewirtschaft nur 0,1—0,2 t je Tonne Tonerde, da der Dampf hintereinander durch die drei Stufen geleitet wird.

Zusammenfassend kann mit den folgenden Verbrauchszahlen je Tonne Tonerde gerechnet werden

Rohton	6800—6200 kg
Schweflige Säure	800— 600 kg
Kalk	150— 75 kg
Soda	220— 160 kg
Gas (1400 WE)	2700—2300 m^3
Dampf	16— 10 t
Strom	600— 500 kWh
Wasser	60— 70 m^3.

Die vorstehenden Zahlen basieren auf Erfahrungen, die im Betrieb mit der letzten Entwicklungsstufe des Verfahrens während des zweiten Weltkrieges gemacht worden sind. Zu einer früheren Zeit ist die folgende „Zielkalkulation“[1]), aufgestellt worden:

Rohstoffe:					
5,7 t Ton	à Mk	3,—	= Mk	17,10	
0,4 t SO_2	„ „	40,—	= „	16,—	
0,1 t Kalk	„ „	10,—	= „	1,—	Mk 34,10
Energie und Löhne:					
4500 cbm Gas	à Mk.	0,55	= Mk.	24,80	
6 t Dampf	„ „	2,50	= „	15,—	
400 kWh	„ „	0,02	= „	8,—	
Löhne	à „	1,—	= „	24,—	
Gehälter			= „	1,60	Mk 73,40
Allgemeines:					
Reparaturen			= Mk.	16,—	
Hilfsmaterial			= „	8,—	
Abschreibungen (12 Mio)			= „	80,—	Mk. 104,—
					Mk. 211,50

Die vorstehende Aufstellung geht nicht ins einzelne, gibt aber doch einen recht guten Anhaltspunkt für die Beurteilung des Verfahrens. Der Verbrauch an schwefliger Säure ist wesentlich niedriger eingesetzt als die Erfahrungen ergeben haben (vgl. die oben angeführten Verbrauchszahlen). In diesem Punkt hat die praktische Anwendung des Verfahrens enttäuscht. Es ist bis dahin nicht gelungen, den Verbrauch an schwefliger Säure so zu verringern wie es anfangs wünschenswert erschien. Die Unterschiede zwischen den erreichten Verbrauchszahlen und den Angaben der Kalkulation bezüglich Gas und Dampf beruhen auf der Abwandlung des Verfahrens. Ursprünglich rechnete man — wie in der Beschreibung ausgeführt — mit einer thermischen Zersetzung des einbasischen Sulfits, die Gas erforderte. Die weitere Entwicklung des Prozesses führte dann zur hydrothermalen Spaltung, die Gas einspart, aber dafür erhöhten Dampfverbrauch bedingt.

[1]) Mk.-Basis 1939.

2. Die Aufschlußverfahren für Tonerdesilikate mit Kalk

a) Die chemischen Grundlagen der Verfahren

Prinzipiell besteht kein wesentlicher Unterschied zwischen der Erzeugung von Kalziumaluminat aus Bauxit oder aus Aluminiumsilikaten. Darauf wurde bereits hingewiesen. Die chemischen Grundlagen, die im Kapitel über Aufschluß des Bauxits mit Kalk behandelt wurden, gelten auch hier. Es ist hier praktisch gleichgültig, ob die Kieselsäure im Rohstoff frei oder an Tonerde gebunden vorliegt. In jedem Fall müssen verhältnismäßig hohe Temperaturen zum Aufschluß bzw. zur Umsetzung zu Kalziumaluminat und Dikalziumsilikat angewendet werden.

Bei den Rohstoffen für die im nachfolgenden behandelten Verfahren handelt es sich zwar um solche, die wesentlich mehr Kieselsäure enthalten als man sie in den normalen Bauxiten antrifft. Bauxite mit hohen Kieselsäuregehalten, die etwa 15% und mehr SiO_2 enthalten, sei es, daß die Kieselsäure frei oder als Silikat gebunden vorliegt, gehören mit zu den Rohstoffen dieser Gruppe von Aufschlußverfahren.

Ebenso wie beim Bauxitaufschluß kann man auch hier Schmelz- und Sinterverfahren unterscheiden. Bei den Schmelzverfahren wird gewöhnlich das Eisen ausreduziert und mit ihm ein kleinerer oder größerer Anteil der anderen Begleitstoffe wie Silizium und Titan. Die Schlacke fällt flüssig an. Bei den Sinterprozessen werden die Eisenverbindungen ganz oder nur teilweise reduziert, die Schlacke ist nur zähflüssig oder gesintert. Der Kalkzuschlag muß im weitgehenden Maße auch auf die Verbindungen der Begleitelemente abgestimmt werden. Praktischerweise arbeitet man leicht reduzierend, so daß die Eisenoxyde in FeO umgewandelt und so als Schlackenkomponente Berücksichtigung finden. Untersuchungen haben ergeben, daß sich die Kieselsäure mit dem Eisenoxydul gemäß $2\,FeO \cdot SiO_2$ verbindet. FeO vertritt hier also CaO. Der Kalkzuschlag kann infolgedessen ermäßigt werden. Offensichtlich bildet die Komponente $2\,FeO \cdot SiO_2$ eine Doppelverbindung mit dem Dikalziumsilikat. Diese Doppelverbindung hat einen Schmelzpunkt zwischen 1200 und 1300°, während Dikalziumsilikat bei etwa 2200° schmilzt. Es war zu befürchten, daß stark FeO-haltige Schlacken keine Umwandlung des Dikalziumsilikates zeigen, also nicht zerfallen bzw. zerrieseln, weil eben freies Dikalziumsilikat nicht oder nicht genügend vorliegt. Die Praxis hat aber ergeben, daß sowohl derartig zusammengesetzte Schlacken als auch Sinterprodukte zerrieseln. Auf Grund dieser Tatsache ist anzunehmen, daß bei etwa 1000° die vorerwähnte Doppelverbindung zerfällt und das dabei freigewordene Dikalziumsilikat auf Grund seiner Umwandlung wirksam werden kann.

Bezüglich der Aufbereitung haben die kieselsäurereichen Schlacken gezeigt, daß in ihnen ein Kalküberschuß über das Monoaluminat vorliegen muß, der wesentlich größer ist als bei den kieselsäurearmen Schlacken mit nur maximal etwa 8% SiO_2. Bei den kieselsäurereichen Schlacken muß das Mol-Verhältnis rd. $2\,CaO$ auf $1\,Al_2O_3$ betragen.

b) Die Anforderungen an Roh- und Hilfsstoffe

Bezüglich Beschaffenheit der Rohstoffe stellt der Kalkaufschluß unter den verschiedenen Verhältnissen keine besonderen Anforderungen. Arbeitet man im Elektroofen oder Hochofen, ist stückiges, möglichst staubfreies Material wünschenswert. Auf dem Sinterband und im Drehofen arbeitet man mit feinem Aufgabegut. Feuchte

Rohstoffe erfordern naturgemäß einen erhöhten Energieaufwand. Arbeitet man aber wie bei der Zementherstellung, so stört die Feuchtigkeit nicht.

Rohstoffe dieser Art, die weniger als 20% gewinnbares Al_2O_3 enthalten, sind im allgemeinen nicht mehr wirtschaftlich aufbereitbar.

Der zugeschlagene Kalkstein braucht nicht von größter Reinheit zu sein. Zwar ist es wünschenswert, mit dem Kalkstein nicht noch wesentliche Mengen an Begleitstoffen einzuführen, die ja nur wiederum einen erhöhten CaO-Gehalt in der Charge erfordern.

Sofern man nicht elektrische Energie anwendet, können für die Aufheizung, in jedem Falle aber für die Reduktion, abgesehen vom Hochofenprozeß, minderwertige Energiestoffe Verwendung finden.

c) Die Herstellung des Kalziumaluminates

Auch bezüglich der Herstellung des Kalziumaluminates kann im wesentlichen auf den Abschnitt „Aufschluß des Bauxites mit Kalk" verwiesen werden. Beim Aufschluß der tonerdesilikathaltigen Rohstoffe sind die Arbeitsweisen, die die Begleitstoffe ganz oder teilweise bis zum Metall reduzieren, von untergeordneter Bedeutung. In den meisten Fällen ist es aus wirtschaftlichen Gründen zweckmäßig, nur bis zur Sintertemperatur zu gehen. Natürlich bedeutet das, daß man die Begleitstoffe mit durch den ganzen Aufbereitungsprozeß schleppt, anstelle sie im ersten Arbeitsgang auszuscheiden.

aa) im Elektroofen

Der Elektroofen bietet für die Herstellung von Kalziumaluminatschlacken aus tonerdesilikathaltigen Rohstoffen keine besonderen Vorteile. Infolge des hohen Kieselsäuregehaltes muß man mit einem entsprechend hohen Gehalt an Dikalziumsilikat und damit mit einer gewissen Zähflüssigkeit der Schlacke rechnen. Da im allgemeinen der Eisengehalt der Rohstoffe so niedrig ist, daß sie auch nicht einmal mehr als minderwertiges Eisenerz anzusprechen sind, ist der erforderliche Zuschlag an Reduktionsmitteln so niedrig, daß die Leitfähigkeit der Charge ungenügend ist. Der Stromverbrauch, bezogen auf die Einheit der aus der Schlacke gewonnenen Tonerde steigt enorm an. Ein derartiger Prozeß kommt also nur unter ganz bestimmten Voraussetzungen in Frage. Der Strom muß sehr billig sein, der Rohstoff Schlackenbestandteile enthalten, die eine gewisse Schmelztemperaturerniedrigung gewährleisten, die elektrische Leitfähigkeit der Chargenmischung und die allgemeine Wirtschaftlichkeit des Prozesses müssen durch gleichzeitige Verarbeitung von Eisenerz zu verbessern sein. Wenn diese Voraussetzungen gegeben sind, kann die Erschmelzung einer Kalziumaluminatschlacke aus Tonerdesilikaten in Frage kommen. Sie ist im großtechnischen Versuchsmaßstab in Norwegen mit Labradorit durchgeführt worden. Hierbei hat sich gezeigt, daß reine Labradoritschlacken zu erschmelzen sind, wenn man mit gebranntem Kalk arbeitet. Da Stückkalk jedoch relativ teuer ist, sintert man die Aufgabemischung vorher. Hierdurch wird man weitgehend unabhängig von der Kalksteinqualität. Man kann Kalksteinfeingut verwenden und auch etwas billiges Eisenerz, Eisenschlich und Koksfeingut zuschlagen. Zweckmäßigerweise wird der Schlichzusatz so gewählt, daß neben einer gewünschten Eisenproduktion ein genügend fester Sinter erhalten wird.

Bei der Vorsinterung der Rohstoffe wird der Kraftverbrauch für das Schmelzen um etwa 40% verringert. Der Kraftverbrauch für das Schmelzen von Labradorit und gebranntem Kalk beträgt ungefähr 900 kWh je t Schlacke. Hierzu kommt für jedes kg produzierte Eisen etwa 1 kWh je t Schlacke. Für das Schmelzen ohne Vorsinterung muß man mit einem Energieaufwand von etwa 1450 kWh je t Schlacke rechnen.

Beim Vorsintern kann man gleichzeitig etwa 600 kg Roheisen je t Schlacke produzieren. Diese Roheisenproduktion, wenn sie auf dem Markt gut abzusetzen ist, rechtfertigt ohne weiteres die Anschaffung einer Sinteranlage und führt auch zu einer beträchtlichen Preisverringerung für die Erzeugung von Tonerde. Das Eisen ist von guter Qualität, die basische Schlacke gibt die Gewähr einer praktisch vollständigen Entschwefelung.

Es ist naheliegend, an Stelle von Eisenerz Bauxit zu verwenden und damit den Tonerdegehalt der Charge zu erhöhen. Versuche in dieser Richtung haben gezeigt, daß recht günstige Ofenverhältnisse gegeben sind, wenn man $^2/_3$ Bauxit und $^1/_3$ Labradorit verwendet (vgl. Tabellen 55—59).

In Schweden ist der Elektroofenprozeß auf Andalusit mit etwa 60% Al_2O_3 und 30% SiO_2 angewendet worden. Dieser Rohstoff ist wegen seines hohen Tonerdegehaltes besonders geeignet. Sein Vorkommen ist aber praktisch auf Schweden beschränkt und auch hier seine Mächtigkeit recht begrenzt. Andalusit wurde auch in Norwegen versuchsweise im großen geschmolzen.

Der Hochofen kommt für das Schmelzen von Kalziumaluminat aus Tonerdesilikaten wegen des ungünstigen Schlackenfaktors kaum in Frage. In Rußland sind Versuche mit hochkieselsäurehaltigen Bauxiten, 10—20% SiO_2, durchgeführt worden. Auch in Deutschland hat man Bauxite verschiedener Qualität im Hochofen versuchsweise niedergeschmolzen (siehe unter „Aufschluß des Bauxits mit Kalk", S. 147).

bb) im Schachtofen

Eine recht erfolgreiche Anwendung für die Erzeugung von Kalziumaluminatschlacken hat der Wassermantel-Schachtofen von der Firma Klöckner Humboldt-Deutz AG., Köln, gefunden. Es wurde eine Arbeitsweise entwickelt, die sich besonders für kieselsäurereiche Bauxite eignet. In schwach reduzierender Atmosphäre wurden die Eisenoxyde in Eisenoxydul überführt. Über ihre Bedeutung als Schlackenkomponente für diesen und auch die vorbeschriebenen Prozesse wurde bereits berichtet.

Der Wassermantelofen hat gegenüber dem Drehofen oder auch dem Hochofen den Vorteil einer größeren Leistung je Kubikmeter Ofenraum. Dies ist auf die günstigen Schlacken- und Arbeitsverhältnisse zurückzuführen. Es kann stückiges Gut aufgegeben werden. Es ist auch möglich, den Schachtofen unter Einsatz billiger Brennstoffe gleichzeitig als Gaserzeuger zu benutzen. Im Prinzip jedoch bietet der Schachtofen keine Vorteile, die nicht auch mit den anderen Einrichtungen bei zweckentsprechender Chargierung und Führung erreicht werden könnten.

Charakteristisch für das Humboldtverfahren ist die Laugung der Kalziumaluminatschlacke. Bei dem hohen Kieselsäuregehalt kann nicht mehr eine reine Sodalösung angewandt werden. An Stelle dieser ist eine Mischung von Sodalösung und Natriumbikarbonatlösung gewählt worden. Es wird bei 40^0 gelaugt und eine Tonerdekonzentration von 20—30 g/l erreicht. Die Löseausbeute beträgt bis zu 90%.

cc) im Drehofen

Für den Drehofen kommen Schmelzsinterverfahren und reine Sinterverfahren in Frage. Erstere entsprechen dem bekannten Rennprozeß. Hierbei fällt die Schlacke zähflüssig an, das Eisen in Form von sogenannten Luppen, vorausgesetzt natürlich, daß man eisenoxydhaltige Rohstoffe verwendet. Dieser Prozeß wurde versuchsweise mit einigem Erfolg bei kieselsäurereichen Bauxiten angewandt (siehe diesen). Für andere Rohstoffe der hier behandelten Art kommt nur ein Sinterprozeß in Frage.

Nach Séailles werden silikathaltige Rohstoffe, vorwiegend Kesselaschen und das Material der sogenannten Waschberge, mit etwa 25—40% Al_2O_3 bei 40—50% SiO_2 im Drehofen auf Kalziumaluminat nach dem Zementverfahren verarbeitet. Das Kalziumaluminat, das dabei entsteht, wird mit sehr verdünnter Sodalauge ausgelaugt, so daß eine Lauge mit nur 1—2 g Al_2O_3/l anfällt. Der als Rückstand anfallende Schlamm wird als solcher in den eigentlichen Zementbetrieb gegeben.

Dieser Prozeß ist von der Firma Dyckerhoff-Zementwerke weiter entwickelt worden, und zwar namentlich im Hinblick auf den Laugeprozeß. Das sogenannte Séailles-Dyckerhoff-Verfahren hat die Konzentration der Laugen in seinem letzten Entwicklungsstadium auf etwa 4 g Al_2O_3/l erhöhen können.

Eine Erhöhung der Sodakonzentration beim Laugen bringt naturgenäß eine Erhöhung der gelösten Tonerde mit sich. Gerade auf diesem Gebiet sind umfangreiche Versuche durchgeführt worden. Die I.G.-Farbenindustrie-Aktiengesellschaft, Leverkusen, hat versucht, die Konzentration auf etwa 80 g Al_2O_3/l zu bringen. Unter derartigen Konzentrationsverhältnissen ist ein direktes Ausrühren bzw. Fällen der Tonerde im Hinblick auf die Verunreinigungen an Kieselsäure nicht mehr möglich. Es muß ein besonderer Arbeitsgang zwischengeschaltet werden. Mit Erfolg ist die Entkieselung durch aktive Magnesia angewandt worden.

Die gleiche Firma hat an Stelle von Kalkstein versucht, Gips zu verwenden. Das Aufgabegut setzte sich zusammen aus etwa 30% Ton, 65% Anhydrit und 5% Kohlenstoff. Die Sintertemperatur betrug 1000—1400^0 C. Die SO_2-CO_2-Gase wurden auf Schwefelsäure aufbereitet.

Dieser Prozeß ist dann noch variiert worden, indem der Ton zunächst mit 40%iger Schwefelsäure bei etwa 100^0 C behandelt wurde. Nach dem Absetzen des Ungelösten wurde dekantiert. Rohes Aluminiumsulfat wurde aus der dekantierten Lösung durch Kristallisation gewonnen und dieses unter Zuschlag von Anhydrit, Kohlenstoff und Ton im Drehofen aufgeschlossen. Der Vorteil dieser Arbeitsweise lag darin, daß Kalk eingespart wurde und eine höhere SO_2-Konzentration in den Abgasen für die Schwefelsäuregewinnung ausgenutzt werden konnte.

Diese drei untersuchten Arbeitsgänge sind nur im Versuchsbetrieb durchgeführt worden. In Frankreich, in der Nähe von Paris, arbeitete nach dem Séaillesverfahren ebenfalls ein Versuchsbetrieb, den wir Gelegenheit hatten ausführlich zu besichtigen.

Das Séailles-Dyckerhoff-Verfahren hat vor und während des zweiten Weltkrieges in Rüdersdorf bei Berlin und Stramberg in Oberschlesien praktische Anwendung gefunden. Die Anlagen hatten je eine Kapazität von etwa 10000 t Tonerde je Jahr. Den Arbeitsgang verdeutlicht das Schema der Abb. 50.

Zum Schluß sei noch auf einige Drehofensinterversuche hingewiesen, die von uns mit Labradorit durchgeführt worden sind. Der feingemahlene Möller bestand aus 32,5% Labradorit und 67,5% Kalkstein. Das Rohgut wurde innig gemischt, angefeuchtet und in kleinen Kugeln von etwa 5—15 mm der Sinterung unterworfen. Oberhalb 1335° sinterten die kleinen Formlinge zu größeren Klumpen zusammen. Diese Versuche ergaben, daß eine Sinterung von einer halben Stunde bei etwa 1350° ausreichend ist. Das Sintergut wurde im Ofen langsam abgekühlt. Es zerfiel weitgehend zu Staub.

Die Aufbereitung wurde mit einer Sodalauge von etwa 23 g/l und 2 g NaOH/l durchgeführt. Nach dreistündiger Extraktion bei etwa 40° C und einem Laugeüberschuß, berechnet auf den Tonerdegehalt der Probe, waren nach einer halben Stunde maximal etwa 85% gelöst. Um zu entscheiden, ob diese Ausbeute einen Maximalwert darstellt, wurde der extrahierte und abgetrennte Schlamm nochmals mit neuer, frischer Lauge behandelt. Die Ausbeute stieg um etwa 5%. Die im Gegenstromverfahren gewonnene Lauge hatte einen SiO_2-Gehalt von 0,09%, bezogen auf den Al_2O_3-Gehalt.

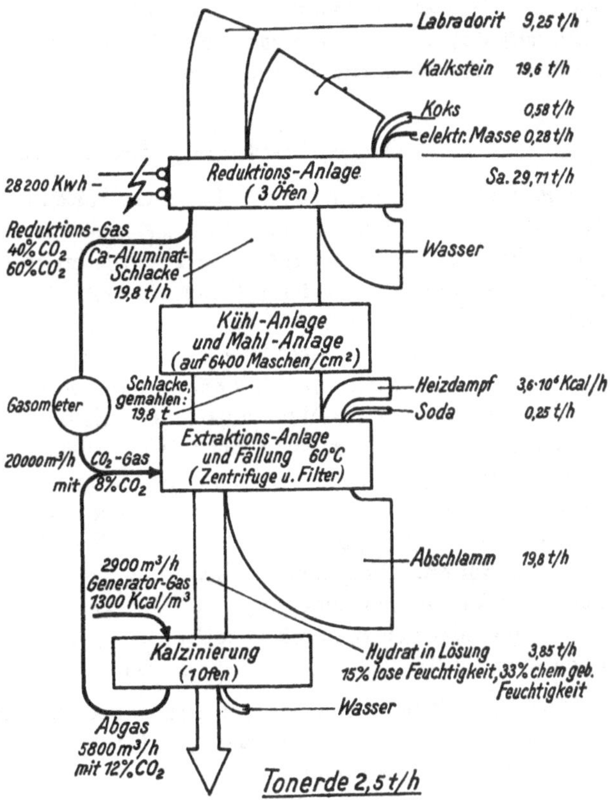

Abb. 49. Betriebs-Schema für 20000 t/Jahr Tonerde-Erzeugung auf der Basis von Labradorit (Pedersen-Verfahren).

dd) Auf dem Sinterband oder auf der Sinterpfanne

Für das Sinterband kommt nur der reine Sinteraufschluß in Frage. Großtechnische Versuche wurden mit kieselsäurereichem Bauxit, mit Labradorit und mit Mischungen von Labradorit und Bauxit durchgeführt. Die Ergebnisse entsprachen bestenfalls denen der Drehofenprozesse. Jedoch zeigte sich, was sehr verständlich ist, daß die Reaktion im Material auf dem Sinterband sehr unterschiedlich verläuft, je nach den örtlichen Temperaturverhältnissen. Wie bereits erwähnt, wird das Sinterband oder auch die Sinterpfanne im Rahmen dieser Verfahren nur eine Hilfseinrichtung sein. Für den endgültigen Aufschluß muß man schon eine zuverlässigere Apparatur verwenden, zuverlässig im Hinblick auf gleichmäßige Durchmischung und Erhitzung. Wenn hier Sinterband und Sinterpfanne gleich gewertet wurden, so gilt das nur für die gewöhnliche Sinterpfanneneinrichtung, wie sie als Vorbereitungsanlage angewandt wird. Versuche mit speziell konstruierten Sinterapparaten gaben einigermaßen befriedigende Resultate, sind aber bisher großtechnisch nicht angewandt worden.

d) Die Aufbereitung des Kalziumaluminates

Die Aufbereitung der aus den Tonerdesilikaten bzw. kieselsäurereichen Bauxiten gewonnenen Aluminatschlacke stellt nur insofern eine besondere Aufgabe, als es schwieriger ist, eine kieselsäurearme Tonerde zu erzeugen. Es wurde schon darauf hingewiesen, daß in besonderen Fällen ein besonderer Arbeitsgang zur Abscheidung der Kieselsäure eingeschaltet werden muß. Das bedeutet natürlich eine stärkere Belastung sowohl in betrieblicher als auch in wirtschaftlicher Beziehung. Hinzu kommt, daß man es bei den tonerdesilikathaltigen Rohstoffen mit wesentlich minderwertigeren Ausgangsprodukten zu tun hat, als bei der Aufbereitung von normalen Bauxiten. Deshalb hat man immer wieder versucht, das Verfahren dadurch wirtschaftlicher zu gestalten, daß man die Laugenkonzentration wesentlich erhöht. Séailles arbeitet — wie erwähnt — mit äußerst dünnen Laugen, um einigermaßen kieselsäurearme Tonerden zu bekommen. Alle Versuche, die Konzentration zu erhöhen, führten dazu, den Aufbereitungsprozeß durch weitere Arbeitsgänge zu belasten oder eine schlechtere Qualität der Tonerde in Kauf zu nehmen. In einigen Fällen hat man sich dadurch geholfen, die Tonerde in Lauge noch einmal umzulösen bzw. in den Bayerprozeß einzuführen.

Die beim Pedersenverfahren beschriebene Aufbereitung ist unter diesen Gesichtspunkten in ihren Grundzügen auch für die Sinterprodukte und kieselsäurereichen Schlacken anwendbar.

Schlacken mit etwa 15% SiO_2 und 25% Al_2O_3 geben im besten Fall Ausbeuten von über 90%. Schlacken mit Kieselsäuregehalten um 10% herum zeigen häufig schlechtere Ausbeuteergebnisse. Der Grund hierfür ist noch nicht genügend geklärt. Vermutlich ist der Zerfall der Schlacken bei den hohen Kieselsäuregehalten bedeutend weitergehend und darauf auch die bessere Laugbarkeit zurückzuführen. In diesem Zusammenhange darf auch nicht übersehen werden, daß ein gewisser Teil der Kieselsäure an FeO gebunden ist und damit den Gehalt an Dikalziumsilikat, der für die Zerrieselung der Schlacken nötig ist, herabsetzt. Aus diesem Grunde ist es verständlich, daß die untere Grenze für den SiO_2-Gehalt, die bei den FeO-armen Schlacken zwischen 4 und 6% liegt, hier einen höheren Grenzwert aufweist.

Es wurde bereits erwähnt, daß bei den kieselsäurereichen Schlacken der für die Bindung der Tonerde zur Verfügung stehende Kalk im Hinblick auf eine gute

Extrahierbarkeit reichlicher vorhanden sein muß als bei den kieselsäurearmen Schlacken, die aus Bauxit erschmolzen wurden. Dort beträgt das Mol-Verhältnis etwa 1,2 CaO je 1 Al_2O_3; hier 1,8—2,0 CaO je 1 Al_2O_3.

Von den unter „Bauxitverfahren" beschriebenen Aufbereitungen weicht die Aufbereitung der kieselsäurereichen Schlacken nur unwesentlich ab. Unterschiedlich ist lediglich die Zufuhr der Kohlensäure und die Konzentration an Tonerde und Kieselsäure bei den nach der Schlammextraktion erhaltenen Laugen. Auch die Zeiten der Vor- und Nachextraktion müssen etwas variiert werden.

Der höhere Kalkgehalt bei den kieselsäurereichen Schlacken macht sich bei der Laugung durch die Kaustifizierung eines größeren Teiles des Sodagehaltes der Lauge bemerkbar. Infolgedessen muß zur Ausfällung eine wesentlich größere Menge an Kohlensäure zugeführt werden.

Es wurde erwähnt, daß versucht worden ist, die Kohlensäure in Form von Bikarbonatlösungen dem Prozeß zuzuführen, und zwar sowohl zwecks Durchführung der Extraktion als auch zwecks Ausfällung der Tonerde. Die Bikarbonatlösung wird in diesem Fall aus den Mutterlaugen gewonnen, indem man diese über Rieseltürme führt und Kohlensäuregas dort mit ihnen in Berührung bringt.

Diese Arbeitsweise ist im allgemeinen einfacher und billiger als wenn man eine direkte Carbonisierung der Laugen vornimmt.

Beim Ausfällen der Tonerde aus den Aluminatlaugen bleiben im allgemeinen $^1/_2$—$1^1/_2$ g Tonerde in Lösung. Diese werden bei Herstellung der Bikarbonatlauge ausgefällt und suspendiert mitgeführt. Es hat sch gezeigt, daß diese Tonerde bei der Extraktion nicht als Verlust in den Schlamm gerät, sondern wieder aufgelöst wird.

Während bei der Laugung nach dem Pedersenverfahren beim Nachextrahieren des Schlammes nur etwa $2^1/_2$ g Tonerde/l gelöst werden, hat sich bei den kieselsäurereichen Schlacken an dieser Stelle eine wesentlich stärkere Tonerdeaufnahme, etwa 10 g/l, als richtig gezeigt. Dies hat den Vorteil, daß in dieser ersten Laugungsstufe auf die Tonerde bezogen nicht soviel Kieselsäure in Lösung geht. Bei der Schlackenextraktion braucht dann nur noch die Endkonzentration von etwa 14 g/l erreicht zu werden. Die hierbei gleichzeitig abzuscheidenden Kieselsäuremengen sind unter dieser Abwandlung der Schlackenlaugung geringer als bei der Pedersenlaugung. Der Schlackenüberschuß kann größer gehalten werden, was wiederum die Kieselsäureabscheidung effektiver werden läßt. Natürlich bleibt bei dieser Arbeitsweise ein größerer Tonerdegehalt im Schlamm für die Nachlaugung, was aber unter diesen Verhältnissen, die also denen beim Pedersenverfahren annähernd umgekehrt sind, nur günstig ist.

Zusammenfassend sind die Vorteile dieser „umgekehrten" Arbeitsweise eine kürzere Reaktionszeit, wirksamere Einkieselung. Ein Nachteil dagegen, ist die nicht so weitgehende Endauslaugung des Schlammes, also ein gewisser Ausbeuteverlust.

Die Ausfällung der Tonerde kann genau so vorgenommen werden wie beim Pedersenverfahren. Die Anwendung von Bikarbonatlaugen verkürzt die Ausfällzeit. In diesem Fall ist die Fällung nach etwa 30 Minuten beendet. Die Tonerde ist körnig, und wenn nicht vollkommen ausgefällt wird, nicht so hoch im Alkaligehalt.

e) Verbrauch, Personalbedarf, Kosten

Im vorhergehenden wurde darauf hingewiesen, daß von den in diesem Kapite behandelten Verfahren bisher technische Verwertung nur der Séailles-Dyckerhoff-Prozeß erlangt hat. Die Vorschläge zur Aufbereitung derartiger armer Rohstoffe,

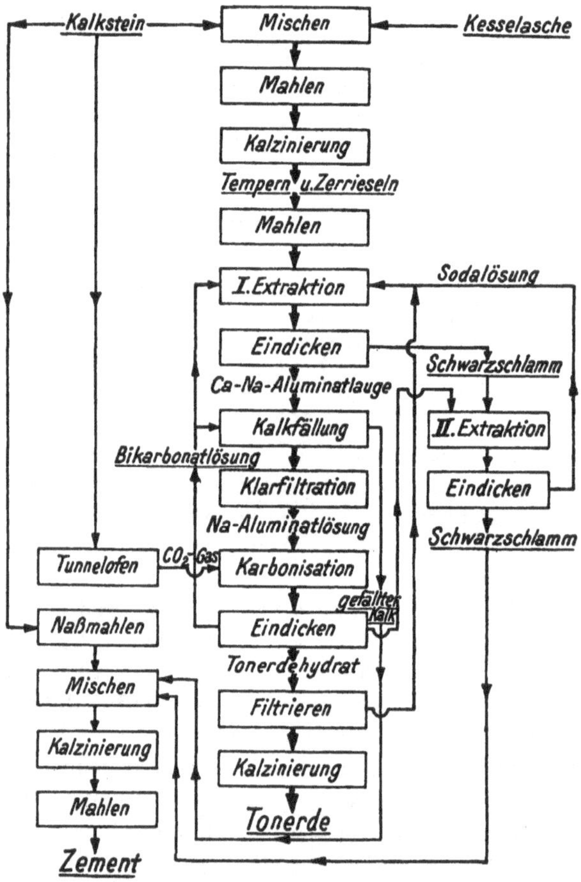

Abb. 50. Arbeitsschema zur Aufbereitung von Kesselasche.

die seitens der I.G. gemacht wurden, sind dem Séailles-Dyckerhoff-Verfahren sehr ähnlich. Sie sind großtechnisch auch so weit ausprobiert, daß man sie mit dem erstgenannten Prozeß durchaus vergleichen kann. Die übrigen erwähnten Verfahren sind aus dem Versuchsstadium bisher nicht herausgekommen. Es seien deshalb im folgenden das I.G.- und das Dyckerhoffverfahren bezüglich der Schätzung der Selbstkosten einmal vergleichend einander gegenübergestellt, zumal es immer wieder interessiert, ob auf dieser Basis Zukunftsaussichten für die Tonerdeerzeugung liegen.

Tabelle 66

Geschätzte Selbstkosten für die Aufbereitung von Kesselasche mit etwa 30% Al_2O_3 nach dem I.G.- und nach dem Dyckerhoff-Verfahren
Jahresleistung 60000 t Al_2O_3, 600000 t Zement
350 Arbeitstage

	Mengen[1]) je t Tonerde		Einheitspreis-Basis 1939	Kosten je Tonne Al_2O_3		Summe	
	I.G.	Dy		I.G.	Dy.	I.G.	Dy.
A. Rohstoffe:							
Kalkstein	12,0	12,0	2,50	30,00	30,00		
Asche (ohne Glühverl.)	6,0	6,0	2,00	12,00	12,00	42,00	42,00
B. Energien							
Strom f. Zementfabrik	666	666	0,013	8,67	8,67		
Strom f. Tonerdefabrik	800	1200	0,013	10,40	15,60		
Kohle für Aufschluß .	1,8	1,8	10,00	18,00	18,00		
Kohle f. Zementbrenn.	2,0	2,0	10,00	20,00	20,00		
Kohle TE[2]) Kalzinierung	0,292	0,292	9,00	2,63	2,63		
Kohle für Schlammtrocknung	0,012	—	9,00	0,11	—	59,81	64,90
C. Materialien							
Filtertuch	0,35	0,7	4,0/2,0	1,40	1,40		
MgO	0,045	—	180,00	8,10	—		
Soda	0,04	0,03	90,00	3,60	2,70		
Werkzeug (Zement) .	10% d. Löhne	—	—	2,17	2,17		
Geräte (Tonerde) . .	10% d. Löhne	—	—	1,67	2,28	16,94	8,55
D. Löhne u. Gehälter							
Zement (Löhne) . . .	17,33	17,33	1,25	21,70	21,70		
Zement (Gehälter) . .	4,33	4,33	1,25	5,42	5,42		
TE (Löhne)	13,33	18,22	1,25	16,67	22,78		
TE (Gehälter)	3,33	4,56	1,25	4,17	5,70	47,96	54,60
E. Reparaturen . . .							
Zement				10,00	10,00		
Tonerde				11,67	14,00	21,67	24,00
F. Verwaltung, Labor, Steuern usw.							
Zement				13,02	13,02		
Tonerde				10,00	13,67	23,02	26,69
G. Kapitalkosten							
Zement	500,00	500,00	0,08	40,00	40,00		
Tonerde	416,67	500,00	0,08	33,33	40,00	73,33	80,00
				Summe: A—G		284,73	301,74
H. Gutschrift:							
Für Zement	10,0	10,0	19,00	190,00	190,00	190,00	190,00
				Tonerdeselbstkosten:		94,73	111,74

1) Angaben je in t, KWh, m³ bzw. Mark.
2) TE ist die Kurz-Bezeichnung für Tonerde.
3) Mark-Basis 1939.

Beide Verfahren unterscheiden sich kostenmäßig nicht wesentlich. Sie sind einander gegenübergestellt, um eine gegenseitige Kontrolle zu geben. Die günstigen Berechnungsresultate beruhen in erster Linie auf der großen Gutschrift, die für Zement eingesetzt wurde. Zieht man die Kosten, die in der Zementfabrik entstehen, von der Summe A—G ab, so betragen die reinen Tonerdekosten ungefähr Mk. 179,—. Man sieht, daß vom Verkaufspreis für Zement und von dessen Absatz die Wirtschaftlichkeit der Tonerdeerzeugung in besonders starkem Maße abhängig ist. Hierin liegen die Schwächen derartiger Kombinationsverfahren, die bei gemeinsamer Betrachtung unter der Voraussetzung, daß beide Produkte marktgängig sind, die Ergebnisse leicht zu günstig erscheinen lassen[1]).

Hinzu kommt noch, daß die in der vorstehenden Tabelle genannten Zahlen nur geschätzte Selbstkosten wiedergeben. Hierauf muß noch ganz besonders hingewiesen werden. In derPraxis — uns lagen die Kosten der Anlage Rüdersdorf vor — wurden die vorgenannten Zahlen um ein Vielfaches überschritten. Trotzdem wurden hier die geschätzten Zielzahlen wiedergegeben, weil immer wieder derartige Vorberechnungen angestellt werden. Erfahren diese dann durch die Tonerdefachleute eine Ablehnung, so wird leicht der Eindruck erweckt, als sträube man sich grundsätzlich gegenüber neuen Vorschlägen. Gerade aus der Zahlenzusammenstellung der Tabelle 66 und unter Berücksichtigung des eben Gesagten möge der kritische Leser sich selbst ein Urteil bilden.

Zusammenfassende Beurteilung

Die gesamten Untersuchungen, die im vorstehenden in ihren wesentlichsten Ergebnissen wiedergegeben sind, haben gezeigt, daß der Aufschluß des Tones und tonerdehaltiger Substanzen mittels Schwefelsäure, Salzsäure, Salpetersäure und Schwefligsäure durchführbar ist. Die Verhältnisse sind in jedem Fall so weit durchgearbeitet und geklärt, daß es möglich ist, bei Anwendung dieser Verfahren in einem laufenden technischen Betrieb Tonerde zu erzeugen, die den Bedingungen des Marktes entspricht. In keinem Falle aber sind die Arbeitsgänge so einfach, daß man von vornherein sich für ein bestimmtes Verfahren entscheiden könnte. Dies hat zur Folge, daß die Beurteilungen der Aussichten für das einzelne Verfahren heute noch sehr auseinandergehen. Erfreulicherweise hat dies aber dazu geführt, die Arbeiten auf diesem Gebiet nicht zur Ruhe kommen zu lassen, was sich weiterhin in entsprechenden Fortschritten auch ausgewirkt hat.

Das Schwefligsäureverfahren ist in Deutschland bisher am weitesten entwickelt worden. Es ist das erste derartige Verfahren, welches in einer großtechnischen Produktionslage zur Anwendung gelangte. Dies ist bedingt durch die besonderen Eigenschaften der schwefligen Säure bezüglich des Tonaufschlusses und durch erfolgreiche Entwicklungsarbeiten, die schließlich, wie berichtet, zu einer relativ vereinfachten Arbeitsweise geführt haben.

Bezüglich der Kostenfrage wurden im vorhergehenden einige Angaben gemacht. — Wenn hochwertige Rohstoffe, d. h. normale Bauxitqualitäten, zur Verfügung stehen und infolgedessen das klassische Bayerverfahren angewendet werden

[1]) Vgl. hierzu W. Noll, Die Chem. Technik (18) (1945) S. 52.

kann, so werden die sauren Verfahren, die auf tonerdearmen Rohstoffen basieren, in jedem Fall teurer sein. Stehen aber der Aluminiumindustrie eines Tages nicht mehr gute Bauxite zur Verfügung, oder ist ein Land gezwungenermaßen nur auf eigene aluminiumsilikathaltige Rohstoffe angewiesen, so geben die bisher entwickelten sauren Verfahren zweifellos die Möglichkeit eine Tonerde zu erzeugen, die für die Weiterverarbeitung auf Aluminium technisch durchaus brauchbar ist. Die wirtschaftliche Seite zwar läßt sich nach dem bisher vorliegenden noch nicht sicher genug abschätzen.

Was schließlich die Aufschlußverfahren für Tonerdesilikate mit Kalk auf Basis von Kesselaschen und ähnlichen tonerdearmen Rohstoffen betrifft, so ist zu sagen, daß diese unter normalen wirtschaftlichen und politischen Verhältnissen mit den Bauxitverfahren nicht werden konkurrieren können. Ihnen gegenüber werden selbst die Tonerdeaufschlüsse mit Säuren für aussichtsreicher gehalten.

Über Verfahren, die die Erzeugung von Tonerde als Vorstoff zur Aluminiumgewinnung möglicherweise überflüssig machen, wird im zweiten Teil dieses Buches berichtet.

C. Anhang

I. Debeye - Scherrer - Diagramme der Aluminium-Oxydhydrate und -Oxyde

mit Fe gefilterter Kobaltstrahlung, Wellenlänge K 1,2 = 1,787 Å; Spannung: V = 25 KV

(a) Normales Trihydrat, γ-$Al_2O_3 \cdot 3H_2O$, aus dem Betrieb des Lippewerkes/Lünen,

(b) Bayerit, γ-$Al_2O_3 \cdot 3H_2O$, hergestellt aus Reinstaluminium nach H. Schmäh[1]) — Versuchslaboratorium Erftwerk,

(c) Böhmit, γ-$Al_2O_3 \cdot H_2O$, Abbau-Versuche des Trihydrats — Versuchslaboratorium Erftwerk,

(d) Diaspor, α-$Al_2O_3 \cdot H_2O$, aus Swerdlowsk (Ural), durch freundliche Vermittlung des Mineralogischen Institutes der Universität Bonn,

(e) Oxyd γ-Al_2O_3, Abbau-Versuche mit Böhmit bei 500° C — Versuchslaboratorium Erftwerk

(f) Korund α-Al_2O_3, kalzinierte Tonerde — Lippewerk/Lünen.

---

[1]) Hans Schmäh, Z. f. Naturforschung 1, 222 (1946).

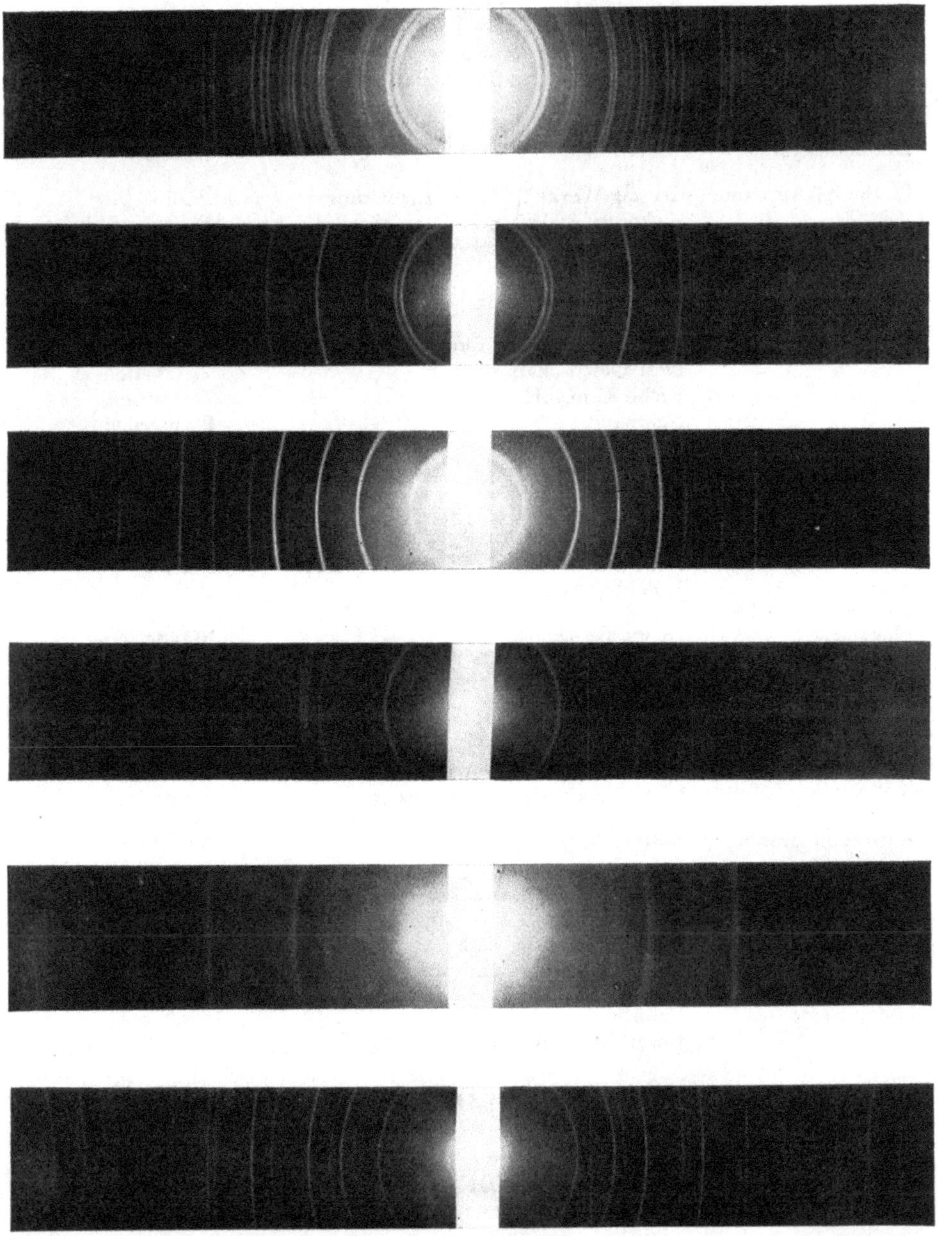

Apparate	Lieferfirma	Anschrift
Drehbänke	Stenzel & Co.	Braunschweig
Drehöfen	Gebr. Pfeiffer, Barbarossawerke AG.	Kaiserslautern
	Klöckner-Humboldt-Deutz AG.	Köln
	Krupp Grusonwerke AG.	Magdeburg
	Kühnle, Kopp & Kautsch,	Frankenthal, Pfalz
	Mühlenbau- und Industrie AG. (Miag)	Braunschweig
	Polysius AG.	Dessau
Druckförderer	Joh. Möller	Altona
Eindampf-Apparate	Bamag-Werke f. Eisenverarbeitung	Berlin
	Pokorny & Wittekind	Frankfurt/Main
	Sangerhauser Maschinenfabrik	Sangerhausen
	C. F. Sauerbrey	Staßfurt
	Wegelin & Hübner	Halle/Saale
Eindicker	Bamag-Werke für Eisenverarbeitung AG.	Berlin
	Dorr-Gesellschaft m. b. H.	Wiesbaden
	Jucho G.m.b.H.	Dortmund
	Neumann	Eschweiler
Elektr. Apparate (Sicherungen, Schalter usw.)	Spiek	Hornberg
	Voigt & Häffner	Frankfurt/Main
Elektrohängebahn-anlage	Bleichert Transportanlagen G.m.b.H.	Leipzig
	J. Pohlig AG.	Köln
Elevatoren	Georg Becker	Magdeburg
	Gebr. Pfeiffer, Barbarossawerke AG.	Kaiserslautern
	Wieger, Emil	Magdeburg
Entladeförderer	Joh. Möller	Altona
Entspannungsgefäße	Maschinenbau AG. Balcke	Bochum
	Maschinenfabrik Sangerhausen	Sangerhausen
Entstaubungsanlagen	Büttner-Werke	Krefeld-Uerdingen
	Curt v. Grueber	Berlin-Teltow
	Intensiv-Filter G.m.b.H.	Langenberg
	Klöckner-Humboldt-Deutz AG.	Köln
	Maschinenfabrik Beth	Lübeck
	Mühlenbau- und Industrie AG. (Miag)	Braunschweig
Fällapparate	Dehne	Halle/Saale
	Lurgi Apparatebau G.m.b.H.	Frankfurt/Main
Filter	Maschinenfabrik Imperial	(früher Meißen, jetzt München)
Filteranlage (Elektro)	Lurgi Apparatebau G.m.b.H.	Frankfurt/M.
	Pokorny & Wittekind	Frankfurt/Main
	Wegelin & Hübner	Halle/Saale
Filterpressen	Sangerhauser Maschinenfabrik	Sangerhausen
Förder-Riemen	Flämrich	Recklinghausen

Apparate	Lieferfirma	Anschrift
Förderschnecken	Georg Becker	Magdeburg
	Gebr. Pfeiffer, Barbarossawerke AG.	Kaiserslautern
	Klöckner Humboldt-Deutz AG.	Köln
	Mühlenbau- und Industrie AG. (Miag)	Braunschweig
	Wilhelm zur Nieden	Essen
	Schöninger Maschinenfabrik	Schöningen
Gasbrenner	Maschinenbau AG. Balcke Bochum	Bochum
Gefäße	Maschinenbau AG. Balcke	Bochum
Getriebe	Eisenwerk Wülfel	Hannover
	Heuer	Dresden
	Wetzel	Leipzig
Gummiständer	Franz Schulz	Köln
Handlaufkran	Ardeltwerke G.m.b.H.	Eberswalde
Kaminkühler	Maschinenbau AG. Balcke	Bochum
Kellyfilter	Dorr-Gesellschaft m.b.H.	Wiesbaden
Klassierer	Dorr-Gesellschaft m.b.H.	Wiesbaden
Kompressor	Borsig-Werke AG.	Berlin
	Demag AG.	Duisburg
	Frankfurter Maschinenfabrik AG.	Frankfurt/M.
	Karl Wittig	Schopfheim/B.
Kondensatsammelbehälter	Maschinenbau AG. Balcke	Bochum
	Maschinenfabrik Sangerhausen	Sangerhausen
Kräne	Demag AG.	Düsseldorf
Kübelaufzüge	J. Pohlig AG.	Köln
Kühlanlage	Körting Maschinen- und Apparatebau AG.	Hannover-Linden
Laufkatzen	Demag AG.	Düsseldorf
Laugebehälter	Bamag-Werke für Eisenverarbeitung AG.	Berlin
	Eisenwerk Kaiserslautern	Kaiserslautern
	Franke-Werke	Bremen
	Gutehoffnungshütte Oberhausen AG.	Oberhausen-Sterkrade
	Jucho G.m.b.H.	Dortmund
	Makow	Erfurt
	Mitteldeutsche Stahlwerke AG.	Riesa/Elbe
	C. F. Sauerbrey	Staßfurt
	Wieger Emil	Magdeburg
Laugenmengenmesser	Bopp & Reuter	Mannheim
	Fueß	Berlin
Löschemühle	Curt v. Grueber	Berlin-Teltow
Mehrfachschreiber	Dreyer, Rosenkranz u. Droop	Hannover
Meßinstrumente	Maihack A. G.	Hamburg
Mischer	Heinrich Esch G.m.b.H.	Düsseldorf
	Geb. Pfeiffer, Barbarossawerke AG.	Kaiserslautern
	Klöckner-Humboldt-Deutz AG.	Köln
	Krupp Grusonwerke AG.	Magdeburg
	Mühlenbau- und Industrie AG. (Miag)	Braunschweig
	Polysius AG.	Dessau

Apparate	Lieferfirma	Anschrift
Mühlen	Mühlenbau- und Industrie AG. (Miag)	Braunschweig
Muldengurtförderer	Eisenwerk Weserhütte	Bad Oeynhausen
	Klöckner-Humboldt-Deutz AG.	Köln
	Unruh & Liebig	Leipzig
Nutschen	Dehne	Halle/Saale
	Sangerhauser Maschinenfabrik	Sangerhausen
Ofen (Kalzinier)	Gebr. Pfeiffer, Barbarossawerke AG.	Kaiserslautern
Pressen (Filter)	Maschinenfabrik Sangerhausen	Sangerhausen
Pumpen	Amag Hilpert Pegnitzhütte	Pegnitz/Ofr.
	Karl Hesse	Chemnitz
	Klein, Schanzlin & Becker AG.	Frankenthal/Pfalz
	Maschinenfabrik Sangerhausen	Sangerhausen
	Richard Menzing	Neustadt/Haardt
	Naeher AG.	Chemnitz
	Siebtechnik G.m.b.H.	Mühlheim/Ruhr
	Sülzer	Mannheim
	G. Schiele & Co. Maschinenfabrik und Eisengießerei	Eschborn/Taunus und Hornberg
	Weise Söhne	Halle/Saale
	Weisse-Monsky	Halle/Saale
	Wernert Industrie G.m.b.H.	Mühlheim/Ruhr
Pyrometer	Hartmann & Braun	Frankfurt/Main
Rohrleitungen	P. Fischer & Co.	Frankfurt/Main
Rohrmühle	Klöckner-Humboldt-Deutz AG.	Köln
Rohrschnecken	Büttner-Werke	Krefeld-Uerdingen
Rührwerke	Franke-Werke	Bremen
	M.A.N.	Mainz
	Th. Zeise	Hamburg
Säurespeicher	Deutsche Ton- und Steinzeugwerke	Krauschwitz
Schnecken	Georg Becker	Magdeburg
	Gebr. Pfeiffer, Barbarossawerke AG.	Kaiserslautern
	Klöckner-Humboldt-Deutz AG.	Köln
	Krupp-Grusonwerke AG.	Magdeburg
	Mühlenbau- und Industrie AG. (Miag)	Braunschweig
	Polysius AG.	Dessau
	Wieger, Emil	Magdeburg
Sichter	Klöckner-Humboldt-Deutz AG.	Köln
Siebe	Krupp-Grusonwerke AG.	Magdeburg
	Westfalia Dinnendahl-Gröppel AG.	Bochum
Sinterpfannen	A/S. Almänna	Stockholm
Senkgrubenbehälter	Franke-Werke	Bremen
Schneckenschleuse	Klöckner-Humboldt-Deutz AG.	Köln
Telleraufgabe	Gebr. Pfeiffer, Barbarossawerke AG.	Kaiserslautern
	Klöckner Humboldt-Deutz AG.	Köln
	Mühlenbau- und Industrie AG. (Miag)	Braunschweig
	Unruh & Liebig	Leipzig
Temperaturschreiber	Siemens Halske AG.	Berlin

Apparate	Lieferfirma	Anschrift
Trockner	Büttner-Werke	Krefeld-Uerdingen
	Gebr. Pfeiffer, Barbarossawerke AG.	Kaiserslautern
	Klöckner-Humboldt-Deutz AG.	Köln
	Krupp Grusonwerke AG.	Magdeburg
	Mühlenbau- und Industrie AG.	Braunschweig
	Polysius AG.	Dessau
	Benno Schilde	Bad Hersfeld/Kassel
Trommeln (Magnet)	Klöckner-Humboldt-Deutz AG.	Köln
Trommeln (Misch)	Mühlenbau- und Industrie AG. (Miag)	Braunschweig
Vakuumanlage	Körting Maschinen- und Apparatebau AG.	Hannover-Linden
Vakuumfilter	Dorr-Gesellschaft m.b.H.	Wiesbaden
	W. Wolf	Aschersleben/Magdebg.
Ventilatoren	Büttner-Werke	Krefeld-Uerdingen
	Gebr. Pfeiffer, Barbarossawerke AG.	Kaiserslautern
	Klöckner-Humboldt-Deutz AG.	Köln
	Lurgi Apparatebau G.m.b.H.	Frankfurt/M.
Verdampferanlagen	Bamag-Werke für Eisenverarbeitung AG.	Berlin
	Maschinenfabrik Sangerhausen	Sangerhausen
Verdünner	Bamag-Werke für Eisenverarbeitung AG.	Berlin
	Eisenwerk Kaiserslautern	Kaiserslautern
	Franke-Werke	Bremen
Vorwärmer	Maschinenbau AG. Balcke	Bochum
	Maschinenfabrik Sangerhausen	Sangerhausen
Waagen	Bleichert Transportanlagen G.m.b.H.	Leipzig
	Librawerke	Braunschweig
	Schenk	Darmstadt
	Vogt	Leipzig
Wärmeaustauscher	Maschinenfabrik Imperial	München
Waggonkipper	Demag AG.	Düsseldorf
	J. Pohlig AG.	Köln
Walzenmühlen	Klöckner-Humboldt-Deutz AG.	Köln
Waschwasserkästen	Bamag-Werke für Eisenverarbeitung AG.	Berlin
Wasserreinigungsanlagen	Heinrich Scheven K.G.	Düsseldorf
Wasserring-Vakuum-Pumpen	Hesse	Chemnitz
	Siemens-Schuckert-Werke AG.	Berlin
Wasserstandsregler	Hannemann	Berlin-Friedenau
Windkessel	Bamag-Werke für Eisenverarbeitung AG.	Berlin
	Büttner-Werke	Krefeld-Uerdingen
	Gebr. Berg	Weiden/Sieg
Zellenzuteiler	Polysius AG.	Dessau
Zentrifugen	Gebr. Heine	Viersen
	Industrie-Werk Hirschau	Hirschau/Bayern
	Polysius AG.	Dessau
Zerkleinerungs-Maschinen	Westfalia-Dinnendahl-Gröppel AG.	Bochum

III. Verzeichnis der Abbildungen

IV. Verzeichnis der Tabellen

Stichwort-Verzeichnis

zu den Stoffen

(zu den Verfahren s. Inhaltsverzeichnis am Anfang des Buches)

Namen-Verzeichnis

FSC
www.fsc.org
MIX
Papier | Fördert gute Waldnutzung
FSC® C083411

Zeitfracht Medien GmbH
Ferdinand-Jühlke-Straße 7
99095 Erfurt, Deutschland
produktsicherheit@kolibri360.de